Records of
Ministry of Ecology and Environment
Press Conferences
2019

生态环境部
新闻发布会实录
2019

生态环境部 编

中国环境出版集团·北京

本书编写组

组　长：庄国泰

副组长：刘友宾

成　员：冯俊玲　高慧霞　杨立群
　　　　綦　健　张　涵　于晗潇
　　　　杜宣逸　牛秋鹏

前言

　　2019 年，生态环境部深入推进新闻发布工作。一年来，深入宣传习近平生态文明思想和全国生态环境保护大会精神，及时向社会公众权威、准确传递生态环境保护政策措施、工作进展等，回应社会关注的热点问题，进一步增强了媒体和公众对环保工作的理解和支持。

　　2019 年国庆前夕，生态环境部李干杰部长和黄润秋副部长、翟青副部长一同出席庆祝新中国成立 70 周年新闻发布会，介绍生态环境保护工作成效，并回答中外记者提问。全国两会期间，李干杰部长出席两会记者会和"部长通道"活动，介绍打好污染防治攻坚战的相关进展情况。此外，翟青副部长出席国新办《中央生态环境保护督察工作规定》新闻发布会；赵英民副部长出席国新办《中国应对气候变化的政策与行动 2019 年度报告》新闻发布会；刘华副部长出席国新办《中国的核安全》白皮书新闻发布会；庄国泰副部长出席国新办人大代表建议和政协委员提案办理情况政策例行吹风会。

生态环境部全年共举办 12 场例行新闻发布会，通报重点工作，回应热点问题，分别围绕大气污染防治、水污染防治、固体废物与化学品管理、环境执法督查、生态环境监测、深化"放管服"改革、生态环境法规标准、应对气候变化、自然生态保护、海洋生态环境保护、土壤污染防治、服务高质量发展等主题，介绍相关工作，极大地方便了社会公众了解、掌握我国生态环境保护相关政策举措，提高了公众环境意识，为全民共同参与生态环境保护营造了良好的舆论氛围。

　　本书共分为 4 个部分，第一部分，收录生态环境部李干杰部长、黄润秋副部长、翟青副部长出席新中国成立 70 周年新闻发布会实录；第二部分，收录李干杰部长出席两会记者会和"部长通道"实录；第三部分，收录翟青副部长出席国新办《中央生态环境保护督察工作规定》新闻发布会实录、赵英民副部长出席国新办《中国应对气候变化的政策与行动 2019 年度报告》新闻发布会实录、刘华副部长出席国新办《中国的核安全》白皮书新闻发布会实录、庄国泰副部长出席国新办人大代表建议和政协委员提案办理情况政策例行吹风会摘录；第四部分，收录生态环境部全年 12 场例行新闻发布会实录。希望本书能够对生态环保工作者、生态环境新闻工作者、关心和支持生态环保工作的社会各界读者有所借鉴。

　　由于编者水平有限，不妥之处，敬请批评指正。

本书编写组

2020 年 1 月

目录

国新办发布会实录

例行新闻发布会实录

新中国成立70周年新闻发布会实录

XINZHONGGUO CHENGLI 70 ZHOUNIAN
XINWEN FABUHUI SHILU

"提升生态文明，建设美丽中国"
新闻发布会实录

2019 年 9 月 29 日

新闻发布会现场

生态环境部部长李干杰

9月29日下午，庆祝中华人民共和国成立70周年活动新闻中心在梅地亚中心举办第四场新闻发布会，生态环境部部长李干杰，副部长黄润秋、翟青就"提升生态文明，建设美丽中国"相关问题回答中外记者提问。

庆祝中华人民共和国成立70周年活动新闻中心负责人田玉红：女士们、先生们，记者朋友们，大家下午好！欢迎参加由新闻中心举办的第四场新闻发布会。

生态文明建设是关系中华民族永续发展的根本大计，是"五位一体"总体布局和"四个全面"战略布局的重要内容。70年来，中国的生态环境保护工作取得了重大进展和实质成效。今天，我们非常高兴邀请到生态环境部部长李干杰先生、副部长黄润秋先生、副部长翟青先生，请他们向大家介绍"提升生态文明，建设美丽中国"的情况。

首先，请李干杰先生做介绍。

生态环境部部长李干杰：谢谢主持人。记者朋友们，大家下午好！今天我和我的两位同事黄润秋副部长、翟青副部长，很高兴有机会就"提升生态文明，建设美丽中国"这个主题向大家介绍有关情况，与大家进行交流。长期以来，生态环境保护工作得到了新闻界的理解、关心和大力支持。借此机会，我代表生态环境部向大家表示衷心感谢！

新中国成立 70 年来，我国生态环境保护事业从萌芽起步到蓬勃发展，取得了历史性成就、发生了历史性变革。尤其是党的十八大以来，以习近平同志为核心的党中央谋划开展了一系列具有根本性、长远性、开创性的工作，推动我国生态环境保护乃至生态文明建设从实践到认识发生了历史性、转折性、全局性变化。

具体体现在以下七个方面：

一是战略部署不断加强。70 年来，我国先后提出并确立保护环境为基本国策，可持续发展为国家战略，建设资源节约型和环境友好型社会，生态环境保护的战略地位不断提升。特别是党的十八大以来，形成并确立了习近平生态文明思想，生态文明写入了《宪法》《党章》，生态环境保护从来没有像今天这样重要和突出。

二是治理力度持续加大。70 年来，我国污染防治方式不断创新、领域不断拓展、力度不断加大。特别是党的十八大以来，坚决向污染宣战，发布了三个"十条"，就是大气、水、土壤污染防治三大行动计划（《大气污染防治行动计划》《水污染防治行动计划》《土壤污染防治行动计划》，以下简称《大气十条》《水十条》《土十条》），生态环境质量持续改善，人民群众的获得感、幸福感和安全感不断增强。

三是生态保护稳步推进。70 年来，我国坚持生态保护与污染治理并重，实施保护天然林、退耕还林还草等生态保护重大工程。特别是党的十八大以来，实施山水林田湖草生态保护和修复工程，推动构建以国家公园为主体的自然保护地体系，划定生态保护红线，中国人民生于斯、长于斯的家园日益美丽动人。

四是制度体系逐步完善。70 年来，我国坚持依靠制度保护生态环境，从"32 字"环保工作方针，到八项环境管理制度，再到生态环境指标成为经济社会发展的约束性指标。特别是党的十八大以来，加快推进生态文明顶层设计和制度体系建设，生态环境损害责任追究、排污许可、河（湖）长制、禁止洋垃圾入境等制度的出台实施，使生态环境治理水平得到有效提升。

五是体制改革不断深化。70 年来，从 1974 年国务院环境保护领导小组正式成立，到 1982 年在城乡建设环境保护部设立环境保护局，到 1988 年成立国务院直属的国家环境保护局，1998 年升格为国家环境保护总局，再到 2008 年成立环境保护部，成为国务院组成部门。特别是党的十八大以来，省以下生态环境机构垂管等改革举措加快推进。2018 年 3 月组建生态环境部，统一行使生态和城乡各类污染排放监管与行政执法职责，并整合组建生态环境保护综合执法队伍，生态环境保护职责更加优化、强化。

六是执法督察日益严格。70 年来，我国基本形成了以《环境保护法》为龙头的法律法规体系。特别是党的十八大以来，立法力度之大、执法尺度之严、守法程度之好前所未有。先后制（修）订 9 部生态环境法律和 20 余部行政法规，"史上最严"的《环境保护法》（2014 年修订）自 2015 年开始实施。第一轮中央生态环境保护督察及"回头看"累计解决群众身边的生态环境问题 15 万多个，第二轮第一批中央生态环境保护督察共交办群众举报问题约 1.9 万个，有力地推动落实了"党政同责""一岗双责"。

七是国际合作不断扩大。70 年来，我国批准实施 30 多项与生态环境有关的多边公约和议定书。特别是党的十八大以来，我国积极参与全球环境治理，率先发布《中国落实 2030 年可持续发展议程国别方案》，引领全球气候变化谈判进程，成为全球生态文明建设的重要参与者、贡献者、引领者。

下一步，生态环境部坚持以习近平新时代中国特色社会主义思想为指导，深入贯彻习近平生态文明思想，不忘初心、牢记使命，自觉扛起建设生态文明的政治责任，传承党的红色基因，擦亮国家发展的绿色底色，坚决打赢蓝天、碧水、净土保卫战，持续改善生态环境质量，让中华大地天更蓝、山更绿、水更清、环境更优美。

下面，我和黄润秋副部长、翟青副部长愿意回答各位记者的提问。谢谢大家。

田玉红：谢谢李干杰先生。下面进入问答环节，提问前请通报所在的新闻机构。

中央广播电视总台央视记者：请问李干杰部长，刚才您介绍了新中国成立 70 年来，生态环境保护工作取得的成就，可以说是令人印象深刻。

据我了解，您在生态环境保护系统工作多年，作为中国生态环境保护事业发展的见证者和亲历者，您认为中国的生态环境保护事业能够取得现在这样的成就，有哪些值得总结的做法和经验？谢谢。

李干杰：谢谢这位记者朋友的提问。正如我刚才在开场白中向大家介绍和报告的，新中国成立70年来，尤其是党的十八大以来，在以习近平同志为核心的党中央坚强有力领导下，在全国人民的共同努力下，我国生态环境保护领域、生态文明建设领域确实成绩斐然。

在此过程中，我们也确实探索和积累了许多实践证明是行之有效的好做法、好经验。其中有六条我认为是比较突出的，正如刚才你讲的我在生态环境保护领域工作很多年，是亲身参与者、经历者，也是见证者。我体会有六条：

第一，坚持以习近平生态文明思想为指引。习近平生态文明思想内涵丰富、博大精深，我认为其中有"八个观"很重要，对我们开展工作特别有针对性和指导性。一是生态兴则文明兴、生态衰则文明衰的深邃历史观；二是人与自然和谐共生的科学自然观；三是绿水青山就是金山银山的绿色发展观；四是良好生态环境是最普惠的民生福祉的基本民生观；五是山水林田湖草是生命共同体的整体系统观；六是用最严格的制度保护生态环境的严密法治观；七是建设美丽中国推进生态文明建设需要大家一起动手、全社会共同参与的全民行动观；八是共谋全球生态文明建设之路的共赢全球观。我认为这"八个观"很重要，对于生态环境保护工作，习近平生态文明思想既是重要的价值观，也是重要的方法论，是我们谋划工作、解决问题、推进事业的"定盘星""金钥匙"和"指南针"。

第二，坚持以人民为中心。这绝不仅仅是一句口号，而是有实实在在的内涵。一方面，我们要为了人民群众、服务人民群众，要着力解决人民群众身边的突出问题，努力改善生态环境质量，不断提供优质生态产品，满足人民日益增长的优美生态环境需要。另一方面，要紧紧地依靠人民群众、依赖人民群众，把人民群众当成我们的同盟军，把人民群众的信访举报当成我们发现环境问题、解决环境问题的"金矿"，使人民群众成为我们监督队伍中的一员，我们共同打一场污染防治攻坚战的人民战争。

第三，坚持"党政同责""一岗双责"。强化党的领导，明确各级党委和政府对本行政区域的生态环境质量负总责，明确各有关部门按照"一岗双责"的要求，管生产的、管发展的、管行业的也得管环保，将过去的"小环保"变成今天的"大环保"。所谓"小环保"就是环保部门一家单打独斗，"大环保"就是大家都参与进来。众人拾柴火焰高，齐抓共管就能见成效。

第四，坚持以生态环境质量为核心。过去我们是以总量为重点、为核心，现在我们是以质量为核心。这非常重要，因为它有利于调动地方政府的积极性，有利于聚焦解决突出的环境问题，也有利于增进老百姓的直观感受，增强他们的获得感。围绕这一点，我们不断建立健全一整套监测、预警、公开、排名制度，有效传递了压力，推动了工作开展。

第五，坚持"六个做到"。这"六个做到"，我在之前的新闻发布会上向大家介绍过，既是我们看待环保工作的基本态度和立场，也是推动工作的基本策略和方法。"六个做到"分别是：

一是做到稳中求进，既打攻坚战又打持久战，既要有坚定的决心和信心，又要有历史的耐心和恒心；二是做到统筹兼顾，既追求友好的环境效益，又追求友好的经济效益和社会效益；三是做到综合施策，既运用好行政和法治手段，特别是凡事都要坚持法治思维，依法行政、依法推进，同时运用好市场经济和技术手段；四是做到两手发力，既抓好宏观，做好顶层设计、面上的推动，同时更要着力抓好微观，通过微观上的着力，传递压力、抓好落实；五是做到点面结合，既整体推进又突出重点，通过重点突破，带动面上的工作；六是做到求真务实，既要妥善解决好历史遗留问题，更要夯实基础，为未来创造更好的条件。再苦再难，也不能再搞"口号环保""数字环保""形象环保"、弄虚作假这些东西。这"六个做到"作为基本的策略和方法，我认为也是非常好的、非常重要的做法和经验。

第六，坚持不断加强能力建设。不断加强机构队伍和技术能力建设，加快打造生态环境保护铁军，全力推进生态环境领域的治理体系和治理能力现代化。我体会到在很多好的做法和经验中，这六条是比较突出的。因此，这些宝贵的经验、好的做法，应该在后续工作中继续坚持发扬，并不断丰富完善，让它们在未来污染防治攻坚战以及整个生态环境保护、生态文明建设中发挥更大、更好的作用。谢谢。

中国日报社记者：我们注意到，生态环境部联合有关部门开展的"绿盾行动"，查处了一批违规自然保护区的问题。另外，我们也注意到，明年在昆明市将举办《生物多样性公约》第15次缔约方大会。能否介绍一下中国在自然生态保护方面面临的挑战，以及下一步将采取的措施。谢谢。

李干杰：谢谢您的问题。这个问题请黄润秋副部长来回答，他在部里分管这一块工作。

生态环境部副部长黄润秋

黄润秋：各位记者朋友，新中国成立70年来，我们一直秉承生态为民、生态利民、生态惠民理念，不断加大自然生态保护和修复力度，在许多方面我们都取得了令人瞩目的成就。总体有四个方面：

第一，生态保护的理念实现了从跟随到引领的历史性飞跃。特别是党的十八大以来，正像李干杰部长刚才谈到的，我们以习近平生态文明思想为指引，践行生态兴则文明兴、人与自然和谐共生、绿水青山就是金山银山、良好的生态环境是最普惠的民生福祉、山水林田湖草是生命共同体等理念，把提供更多的优质生态产品、更高品质的生态服务功能，作为发展的目标，坚持生态优先、绿色发展。应该说我们一系列的理念、一系列的思想，为全球生态保护提供了中国思想、中国方案和新的价值观。我们的生态保护理念也实现了从过去的借鉴、跟随到原创性引领质的飞跃。

刚才这位记者朋友提到，明年我们国家将主办《生物多样性公约》第15次缔约方大会。近期，我们经与大会秘书处协商，也征得缔约方相关国家的同意，确定会议主题为"生态文明：共建地球生命共同体"。这一主题充分彰显了习近平生态文明思想鲜明的世界意义，也体现了国际社会对中国生态文明建设和生态环境保护成就的高度认可。

第二，我们的生态治理体系实现了由粗放到严密的历史性转变。70年来，我国生态环境保护监管体制由过去的从属到现在的独立、由分散到系统，尤其以2018年组建生态环境部为标志，形成了与我国国情相适应的生态保护监管体系。比如制度建设方面，生态文明写入《党章》、写入《宪法》，生态保护红线列入《环境保护法》（2014年修订），生态安全纳入国家安全体系，近期，党中央发布《关于建立以国家公园为主体的自然保护地体系的指导意见》，党政领导干部生态环境损害责任追究、生态环境损害赔偿、生态补偿等制度也得到了逐步落实。应该说，生态环境保护监管的制度化、规范化、法治化建设不断增强。

第三，我们的自然生态保护实现了由弱到强的历史性跨越。70年来，我们国家建立了2750个自然保护区，其中国家级有474个，自然保护区的总面积达到147万平方千米，这个面积占到我们陆域国土面积的15%。如果算上我们国家其他的保护地，我们各类自然保护地是11 029处，这些面积加在一起占到陆域国土面积的18%。也就是说，我们提前实现了联合国《生物多样性公约》提出的到2020年保护地面积达到17%的目标。

第四，我们的生态状况实现了由局部改善到总体改善的历史性转折。

70年来，我国实施了天然林保护、退耕还林还草等一系列重大的生态保护工程。特别是党的十八大以来，我们创新开展了山水林田湖草系统性生态保护修复，开展了国土绿化行动，不断筑牢国家生态安全屏障，显著提升了生态系统的稳定性和质量。我给大家报告一下，全国的森林覆盖率已经由新中国成立之初的仅约8%提高到目前的22.96%。还有一些监测数据显示，近20年来我国新增植被覆盖面积约占全球新增总量的25%，居全球首位。

当然我们也清醒地看到，当前我国生态安全形势依然严峻。一是森林、灌丛、草地、湿地这样一些自然生态空间被挤占严重；二是部分区域生态退化问题依然突出；三是生态系统脆弱，存在生态风险隐患；四是优质生态资源供给和人民群众需求还有较大差距，我们的人均森林面积和湿地面积只有世界平均水平的1/5。

下一步，我们将深入贯彻落实习近平生态文明思想，加快建立完善我国的生态保护监管体系，守住守好生态保护红线，坚决维护国家生态安全，持续深入推进自然保护地强化监督，不断强化生物多样性保护工作，大力推动生态文明建设示范试点，不断提高我们的监管能力和水平，为打好污染防治攻坚战、建设美丽中国提供坚实的保障。谢谢。

新华社记者： 我们注意到，最近两年关于中央生态环境保护督察的报道常常见诸报端，社会关注度很高。请问，您怎么评价中央生态环境保护督察发挥的作用？另外，我们也注意到有些地方存在"督察来了就重视，督察一走就放松"的现象。请问，该怎么解决这个问题？谢谢。

李干杰： 谢谢你的提问。翟青副部长是分管生态环境保护督察工作的，请他来回答这个问题。

生态环境部副部长翟青

翟青：谢谢新华社记者同志的提问。中央生态环境保护督察是习近平总书记亲自倡导、亲自推动的一项重大改革举措，是加强生态环境保护、推进生态文明建设的一项重大制度安排。这项工作开展三年多来，从2015年年底试点到2017年，实现了所有省份的全覆盖，2018年我们对其中20个省份的整改情况进行"回头看"。今年上半年，对6个省份和2家中央企业进行了新一轮的例行督察。

这项工作开展以来取得了显著成效，集中体现在以下三个方面：

第一，各地、各部门对生态环境保护的思想认识发生了根本性变化。当前，习近平生态文明思想深入人心，"绿水青山就是金山银山"、绿色发展高质量发展理念，"共抓大保护、不搞大开发""共同抓好大保护、协同推进大治理"，习近平总书记关于生态文明建设的重要指示、批示精神得到了贯彻落实；还有"党政同责""一岗双责"，管发展要管环保、管行业也要管环保，工作责任体系初步建立起来。这些年，全国各地涌现出一批环保书记、环保市长。应该说，在思想认识上所发生的这些根本性的深刻变化，是做好生态环境保护工作的重大基础，非常重要。

第二，工作作风实现重大转变。这几年督察的过程，实际上也是我们生态环保领域正风肃纪的过程，通过严肃查处一些表面整改、敷衍整改，甚至是假装整改的突出问题和典型案例，推动生态环境保护工作求真务实、真抓实干。正像刚才李干杰部长讲到的，当前环保数据准了，环保任务实了，环保干部队伍敢于担当、敢于碰硬的铁军精神、铁军素质、铁军形象显著提升。特别是在督察过程中，把学习贯彻习近平生态文明思想、全面从严治党的各项要求，贯穿于督察的各环节、全过程，确保督察工作能够成为推进生态文明建设的实招和硬招。

第三，推动解决一大批问题。第一轮中央生态环境保护督察解决老百姓身边的问题约 15 万个，并且通过督察报告、专项督察等方式，推动各地解决了 2 100 多个比较大的生态环境问题。实际上这些问题也是地方多年来想解决的一些生态环境问题，地方借着中央生态环境保护督察的机会，推动解决这些问题。应该说，这些问题的整改得到了群众的欢迎和称赞。

下一步，我们将继续把习近平生态文明思想的宣传贯彻、生态文明建设政治责任的落实情况，作为督察工作的重中之重。刚才记者同志问下一步怎么办？我们将继续深化新一轮的中央生态环境保护督察，继续坚持问题导向，敢于较真、敢于碰硬，切实解决问题；继续坚持群众路线，大力推动解决群众身边突出的生态环境问题；继续坚持彻底的信息公开，保障群众的环境知情权、参与权和监督权，推动生态文明建设不断取得新的成效。谢谢。

李干杰：我补充一下。这位记者朋友以及社会各界对中央生态环境保护督察特别关心，基本上每次生态环境部的例行新闻发布会与记者交流的时候，都是必问之题、必答之题。感谢大家的关心，这确实是推动生态环境保护工作一个非常重要、有力有效的抓手。我们是从 2015 年年底开始中央生态环境保护督察工作的，到去年年底完成第一轮督察，用了三年时间，前两年是例行督察，2018 年是"回头看"。从 2019 年开始，我们准备用四年时间开展第二轮督察，前三年是例行督察，第四年是"回头看"。今年已完成第一轮第一批督察，下半年还有第二批督察，相关情况我们会及时向记者提供信息，也请大家关心支持这个非常重要的有效机制。我就补充这些。

毛里求斯快报记者：中国的二氧化碳排放相对于其经济增速来讲处于一个较低的水平，在 2% 左右。但是，与此同时，中国也在资助"一带一路"有关沿线国家修建火电厂。请问这样如何能够帮助中国更好地实现它在减排方面的承诺？谢谢。

李干杰：谢谢这位外国记者朋友的提问，也感谢您对"一带一路"绿色发展的关心。中国政府对绿色"一带一路"建设是非常重视的。习近平主席多次强调，要把"一带一路"建成"绿色之路"；要坚持开放、绿色、廉洁理念，将绿色作为底色，推动绿色基础设施建设、绿色投资、绿色金融。

"一带一路"倡议从发起到实施，五年多时间，从理念、愿景到实施落地取得了非常明显的进展和很大成效。在这个过程中，我们生态环境部一直大力推动"一带一路"的绿色发展，尽我们的努力来服务、支持、保障绿色"一带一路"建设。我们主要做了以下五项工作：

一是开展顶层设计。我们会同相关部门制定印发了《关于推进绿色"一带一路"建设的指导意见》，也制定了《"一带一路"生态环保合作规划》，从顶层角度明确了总体思路、目标和任务。

二是健全合作机制。我们与沿线国家的生态环境保护部门以及有关国际组织共签订了 50 多份合作文件。另外，我们正式成立了"一带一路"绿色发展国际联盟。关心这件事情的记者朋友都知道，因为参与面、影响面还是很大的，目前为止一共有 130 多家相关的政府机构、企业、智库和国际组织作为成员参与到这个联盟中，在推动"一带一路"绿色发展方面发挥着积极作用。

三是搭建合作平台。我们启动了"一带一路"绿色供应链平台，同时成立了澜沧江－湄公河环境合作中心；与柬埔寨合作成立了中柬环境合作中心，现在正在与非洲国家一起积极筹建中非环境合作中心；正式发布了"一带一路"生态环保大数据服务平台。

四是推动政策对话。今年 4 月，第二届"一带一路"国际合作高峰论坛期间，我们与国家发展改革委等相关部门一起举办了绿色之路分论坛，组织了一系列的研讨交流活动，每年 20 多次，参加人数非常多，影响也是非常广泛的。

五是加强能力建设。包括加强自身能力建设，也帮助沿线发展中国家加强生态环境保护方面、绿色发展方面的能力建设。我们帮助一些国家培训一些生态环保方面、绿色发展方面的人才，这几年每年都支持 300 多名外国人员来华进行交流培训。我们在深圳市正式设立了"一带一路"环境技术交流与转移中心。

应该说，这些工作为实现"一带一路"绿色发展发挥了一定的积极作用。通过这些实践也表明，"一带一路"既是经济繁荣之路，也是绿色发展之路，而且只有将生态环境保护融入"一带一路"建设的全过程各方面，"一带一路"才能行稳致远。应该说这既是我们理论的认识，也是我们实践的体会。我们既是这么想的，也是这么干的。实践证明，这确确实实是行之有效的。工作推进过程中，我们也发现了一些问题，并及时指导，帮助推动解决。

下一步，我们将继续围绕"一带一路"绿色发展国际联盟和生态环保大数据服务平台这些重点工作，把相关工作做好。进一步加强政策对话，包括法规、标准的对接，也包括推动建立禁止、限制、鼓励投资项目清单，也可能与相关方面联合开展项目环境绩效评估。另外，继续开展人员培训，加强能力建设，为推动"一带一路"重大战略的实施，尤其是为"一带一路"的绿色发展发挥好作用，做出我们的贡献。谢谢。

中新社记者：在 70 周年大型成就展中有一件特殊的展品，那就是 1979 年颁布的第一部环境保护法。这么多年来，国家又陆续出台了多部环境保护方面的法律法规，请问在推进生态环境领域的法治建设方面都开展了哪些工作？谢谢。

李干杰：谢谢您的提问，这个问题请黄润秋副部长回答。

黄润秋：我想借这个话题，和大家一起简单回顾一下 70 年来我们国家生态环境法治的进程。党中央、国务院历来高度重视生态环境法治建设。早在 41 年前，也就是改革开放之初，我们就将"国家保护环境和自然资源、防治污染和其他公害"载入《宪法》。40 年前，也就是 1979 年，第五届全国人大常委会第十一次会议审议通过了《环境保护法（试行）》。10 年以后，1989 年，第七届全国人大常委会第十一次会议审议通过了《环境保护法》。由此，我们国家的生态环境保护工作逐步进入了法治化轨道。

目前，经过努力，我们已经基本形成了以《环境保护法》（2014 年修订）为龙头，覆盖大气、水、土壤、自然生态、核安全等一些主要环境要素的法律法规体系。特别是党的十八大以来，按照习近平总书记坚持用最严格制度、最严密法治保护生态环境的重要指示精神，坚持高质量立法、立改废并举，生态环境法治体系得到不断完善。这几年，我们先后制（修）订了《环境保护法》（2014 年修订）、《大气污染防治法》（2018 年修订）、《水污染防治法》（2017 年修订）、《固体废物污染环境防治法》（2016 年修订）、《土壤污染防治法》《海洋环境保护法》（2017 年修订）、《环境影响评价法》（2018 年修订）、《核安全法》和《环境保护税法》（2018 年修订）9 部生态环境法律。也就是说，党的十八大以来，我们生态环境领域的主要法律都经过了一轮修订（修正），过去没有的，我们也填补了空白，进行了新的制定，包括《土壤污染防治法》《核安全法》。我们也制（修）订了《畜禽养殖污染防治条例》《建设项目环境保护管理条例》等 20 余部生态环境行政法规。

其中，尤其值得指出的是，《环境保护法》（2014 年修订），我们引入了按日连续罚款、查封扣押、限产停产、行政拘留、公益诉讼等措施，这被舆论评为"史上最严"的环境保护法。应该说，《环境保护法》（2014年修订）自2015年实施以来，在打击环境违法行为方面已经取得了显著效果。我这里有一组数据，2018年全国实施环境行政处罚案件18.6万件，2014年只有8.3万件，两相比较，增加了124%；罚款总数2018年已经达到152.8亿元，2014年只有31.7亿元，增加的比例是382%，这个比例还是相当可观的。

各位记者朋友，打好污染防治攻坚战、推进生态文明建设，必须依靠制度、依靠法治。下一步，生态环境部将采取积极的措施，以整合体系、填补空白为重点，推动加快构建与美丽中国目标相适应的生态文明法律法规体系，确保生态文明建设各领域有法可依。

我们下一步准备在两个方面努力：一是要进一步加强重点领域立法。配合立法机关抓紧制（修）订《固体废物污染环境防治法》、"长江保护法""排污许可条例""生态环境监测条例"等法律法规，为打好污染防治攻坚战提供坚强的法治保障；二是我们还会大力推动生态文明体制改革相关的法治建设，包括生态环境损害赔偿、自然保护地、生态保护红线等方面的立法，为生态文明体制改革提供法治保障。同时，也确保各项改革措施于法有据、落地见效。谢谢。

中央广播电视总台央广记者：近日，习近平总书记对中华民族的母亲河——黄河的保护和治理提出了要求。我们知道，黄河流域的生态环境比较脆弱，许多支流污染也比较严重。我的问题是，应该怎样解决这些矛盾和问题，保障黄河的长治久安？谢谢。

李干杰：谢谢这位记者朋友的提问。黄河是我们中华民族的母亲河，是中华文明的摇篮。2019 年 9 月 18 日，习近平总书记在郑州市亲自主持召开了黄河流域生态保护和高质量发展座谈会，并发表了重要讲话。习近平总书记强调，"保护黄河是事关中华民族伟大复兴的千秋大计"，黄河流域生态保护和高质量发展是国家重大战略，要"共同抓好大保护、协同推进大治理"，让黄河成为造福中国人民的幸福河。我本人非常荣幸参加了这次座谈会，聆听了习近平总书记的重要讲话，特别受教育、特别有感触。后续，我们将认真地把这次会议精神，尤其是习近平总书记重要讲话精神抓好贯彻落实。

因为黄河在七大流域中非常重要，近年来，我们会同沿黄 9 个省（区）以及相关部门，一起研究推动生态环境保护工作：

第一，积极推动落实生态环境保护责任。刚才给大家介绍了中央生态环境保护督察，沿黄流域一直是我们工作的重点。2016 年、2017 年对沿黄 9 个省（区）开展了督察，去年对 7 个省开展了"回头看"，今年又开展了第二轮第一批督察，通过督察推动了生态环境保护工作"党政同责""一岗双责"的落实和推进。

第二，开展生态系统保护和修复。包括开展"绿盾"自然保护地监督检查专项行动（以下简称"绿盾"行动），沿黄流域自然保护区、各类自然保护地也是重点，"绿盾"行动发现解决了一大批突出的生态环境问题。我们还会同相关方面，积极推进山水林田湖草试点工程，包括把三江源、祁连山纳入支持范围。同时，还组织沿黄 9 个省（区）开展生态保护红线划定。这里我也补充一句，刚才黄润秋副部长提到我们国家的自然保护地，自然保护区约占陆域国土面积的 15%，各类自然保护地加在一起占 18%，这超过全球确定的 2020 年达到 17% 的目标，实际上这还没包括我们现在新划定的生态保护红线，如果把这一块纳入进去，会大幅超过全球 17% 的目标，当然这项工作我们还在推进。我继续给大家汇报围绕黄河流域，我们做了哪些工作。

第三，强化流域污染防治。这也是打好污染防治攻坚战的重点。尽管黄河没在七大标志性战役之中，不像长江保护修复攻坚战，作为七大战役之一，黄河没有单列，但实际上黄河流域相关工作一直是我们的重点，包括饮用水水源地整治、黑臭水体治理、基础设施建设，应该说也取得了比较好的成效。

第四，严格把好生态环境准入关口。我们组织沿黄相关省（区）、城市开展"三线一单"编制和实施工作，所谓"三线一单"，就是生态保护红线、环境质量底线、资源利用上线、生态环境准入清单，这些工作也取得了积极进展。同时，还开展了一些重点行业的战略环评、规划环评等。

通过开展这些工作，我们会同相关部门、地方，一起使生态环境质量改善有了明显成效。例如，黄河流域水质的改善，这两年是比较明显的。在这里我给大家报个数，大家知道，2018 年全国地表水环境质量好于Ⅲ类的比例，同比提高了 3.1 个百分点，劣Ⅴ类下降了 1.6 个百分点，黄河流域 2018 年地表水环境质量好于Ⅲ类的提高了 8.7 个百分点，大大超过全国的平均水平，劣Ⅴ类下降了 3.7 个百分点。可见，黄河流域污染治理、生态环境保护，都取得了明显成效。水环境质量的改善，不仅仅是治污减排的结果，也是生态系统保护修复的结果。我们知道，水质的改善既要减排做减法，还可以通过生态系统保护和修复来扩容、增容，二者相加效果会更好。按照党中央的要求，也鉴于黄河流域生态环境非常脆弱敏感，底子比较薄，后续，我们要做好黄河流域生态保护和高质量发展工作，还有大量的事情要做。对我们来讲，确实还要下更大的功夫、更大的力气来全力推动。

我想未来着力的方向有以下四个方面：一是继续做好顶层设计。二是推动分区、分类生态保护修复。黄河流域上、中、下游情况差别非常大，不能搞"一刀切"，还得因地制宜，上游是上游的问题、上游的办法；中游是中游的问题、中游的办法；下游是下游的问题、下游的办法，得分类指导。三是继续大力推进治污行动，黄河流域生态环境质量尽管改善得比较快，但从绝对值来讲，仍是比较差的，相对长江来说，差距还是比较明显的。四是大力推进高质量发展，着力提升相关能力建设。我们要提升环境治理能力，为落实好党中央要求，尤其是落实好习近平总书记提出的黄河流域生态保护和高质量发展、让黄河成为造福人民的幸福河的要求，继续做出努力、发挥作用，做出贡献。谢谢。

香港阳光杂志社和瞭望中国杂志社记者：自从习近平总书记提出建设美丽中国，坚决打赢蓝天、碧水、净土保卫战以来，国家在生态环境保护方面取得的成就，大家有目共睹。请问我们在沙漠治理保护方面取得了哪些成就？谢谢。

李干杰：谢谢这位香港记者朋友的提问。我们讲生态环境保护一般是两大方面：污染防治和生态保护与修复。你提的问题是有关生态保护与修复的。我刚才给大家介绍和报告了黄河流域的生态保护与修复取得的成绩，实际上就包括了沙漠的治理。黄河流域的沙漠，我记得大小有五个，包括大家熟知的腾格里、巴丹吉林、毛乌素、库布齐、乌兰布和，大概是五大沙漠。这些年，我们一直在加强沙漠治理，并且取得了成效。

毛乌素是新中国成立以来，在沙漠治理方面一个非常突出的亮点。毛乌素原来是一片沙漠，现在到处都是绿洲。最近，我看延安市播出了有关毛乌素治理的成效，看了以后很有感触，很受启发。另外一个是库布齐，库布齐沙漠治理最主要的一个主力就是亿利集团，2017年，亿利集团的董事长王文彪先生获得了联合国地球卫士奖，表彰亿利集团在沙漠治理方面取得的重大成效以及创造的好经验。这些经验不仅对中国有非常重要的借鉴作用，对全球其他各地的沙漠治理也有非常重要的借鉴作用。我几次到库布齐参观，确确实实感受非常深刻，也很受启发，并且也很感振奋。

我觉得只要是有毅力、有恒心，当然也要依靠科学、依靠技术，我们的沙漠治理、沙漠生态系统的保护和修复一定能取得更大、更好的成效。当然要讲科学，找到一个好路子。我们还是非常有信心的。

中评社记者：近年来，我国空气质量已经得到了明显改善，特别是最近两年大家感觉更加明显。但是进入秋冬季，重污染天气仍然不时发生。请问李部长，您如何评价这几年来大气污染防治工作所取得的进展？另外，您之前也提到过目前我们仍然处在一个"靠天吃饭"的阶段，今后将如何进一步采取措施来摆脱这种局面？谢谢。

李干杰：谢谢这位记者朋友的提问，看来这位记者朋友可能参加了今年3月的两会新闻发布会，在那个发布会上，我讲我们仍然处在一个"靠天吃饭"的阶段。当然之前我也讲过，也可能你参加的是其他场。就像刚才讲的督察问题一样，大气污染防治问题也是大家非常关心的生态环境领域的一个突出问题，也是每场必问、每场我必答的问题。应该说，对大气污染防治工作，党中央、国务院一直高度重视，这些年来一直作为污染防治攻坚战的重中之重在全力推进，应该讲也取得了比较明显的成效。

我这里给大家报一些数据，以说明为什么讲取得了明显成效。以大家关心的细颗粒物（$PM_{2.5}$）为例，2013 年是我们向污染宣战、《大气十条》实施的第一年，仅仅六年时间，第一批开展 $PM_{2.5}$ 监测的 74 个重点城市，2018 年相对 2013 年，$PM_{2.5}$ 平均浓度下降了 41.7%。北京市更为突出一些，下降了 43%，尤其是这两三年更加明显，每年都是下降两位数，2017 年同比下降了 20.5%，2018 年同比下降了 12.1%，今年依然保持了比较好的势头，1—8 月同比下降 14.3%。所以，大家感觉北京市的空气质量变好了，确实跟我们的数据是相吻合的。这也说明我们的治理还是有成效的。

另一个大家比较关心的是二氧化硫，因为过去我们的二氧化硫浓度是比较高的，由二氧化硫引发的酸雨区面积比较大，程度也是比较严重的。这几年二氧化硫下降幅度非常大，全国地级以上城市二氧化硫浓度由 2013 年的 35 微克 / 米 ^{3}，下降到了 2018 年的 14 微克 / 米 ^{3}，下降了 60%。另外，重污染天气影响的范围、发生的频次以及每次发生后的严重程度都明显减轻。

我们自己跟自己比，感觉还是比较快的。我们也做了国际比较，与很多国家相比，我们这些年的重视程度之高、治理力度之大、环境质量改善速度之快都是比较罕见的，在国际社会上很难找到这么一个先例。我们还是做得不错的，也确确实实赢得了大家的一致肯定和好评。

之所以能够取得这样的成就，主要是做了这样一些工作。

一是不断完善顶层设计和治理格局。2013年制定发布《大气十条》，五年过去，去年接续制定发布了《打赢蓝天保卫战三年行动计划》。国务院成立了京津冀及周边地区大气污染防治领导小组，建立了汾渭平原、长三角大气污染防治协作机制。通过这些工作把我们的顶层设计、治理格局确定了下来，这是非常重要的。

二是大力调整优化"四大结构"（产业结构、能源结构、运输结构、用地结构）。治理大气污染"四大结构"是最为重要的，必须进行调整优化，不调整优化"四大结构"，大气污染治理肯定做不好。产业结构、能源结构、运输结构、用地结构，这几年变化都非常大。比如产业结构方面，火电超低排放改造比例已经达到80%以上，钢铁的超低排放改造也取得了相当大的进展。我们煤炭所占的比重过去一直很高，2011年、2012年是70%左右，去年降到59%，这是很不容易的。非化石能源比重去年提高到14.3%。另外，其他方面也是如此。比如运输结构方面，这些年我们淘汰了老旧车、黄标车2 400多万辆，这方面大大减少了污染排放。

三是持续加强能力建设和科技支撑。这些年我们建立健全国家大气环境质量监测网络，设立1 436个监测点位，基本上实现了全国地级以上城市空气质量的有效监控，并确保数据真实准确，使得数据和老百姓的感受是完全一致的，也解决了过去"两张皮"的问题。另外，我们成立了国家大气污染防治攻关联合中心（以下简称大气攻关中心），为摸清污染来源，以及主要传输规律发挥了很好作用，为打赢蓝天保卫战提供了很好的支撑保障。

四是着力强化执法督察和公众参与。这方面我们下了很大功夫，既抓宏观又抓微观。微观方面，一个机制就是强化监督，实施常态化的强化监督，并且效果非常好。2017 年，通过强化监督，我们发现和交办了 3.89 万个涉气环境问题，去年发现和交办了 5.2 万个问题。这些问题整改率很高，达到了 99% 以上。今年我们继续"照单抓药"，现在看起来效果仍然非常好。正因为抓好微观压力的传导、工作的落实，所以使得顶层设计的一些要求都落地见效。同时，我们还积极推动公众参与，尤其是发挥公众包括非政府组织等各个方面，在发现问题、解决问题方面的主观能动性上，发挥他们的积极作用，也成为我们很好的帮手。比如我们发现交办的问题里面，有差不多一半都是群众的举报、各个方面提供给我们的信息，这也使我们的工作效率成倍提高。我们借此机会也要感谢记者朋友，感谢社会各个方面。正是因为有了大家的帮助支持，才有这么好的效果。

确实正如您刚才讲的，一方面我们取得了成效，我们也有信心，说明现在的方向、路子是对的。但是，另一方面确确实实现在仍然不容乐观，甚至可以说蓝天保卫战、大气污染防治的形势依然严峻，仍然还处在一个"靠天吃饭"的阶段。这个"靠天吃饭"阶段没有变，仍然处在气候敏感型、气象条件敏感型阶段，污染排放还是太大。如果气象条件好，我们的日子就好过，气象条件不好，仍然还会有重污染天气。我们大气攻关中心的专家也做了深入评估，气象因素对 $PM_{2.5}$ 浓度的影响大概是多大呢？以年度为单位，一般性的城市大概在正负 10%，个别城市在正负 15%，如果是月度，那就更高，可达正负 30% 以上。什么概念呢？污染排放恒定不变，其他的条件、其他的因素也不变，就是气象条件变，如果天帮忙，它能够帮你将 $PM_{2.5}$ 浓度拉低 10%，如果天不帮忙，它能够帮你抬高 10%。去年帮忙了，压低了 10%，今年不帮忙，又抬高了 10%，前后可以差出 20%。所以，从这个意义上讲，现在有些波动也是正常的。

这里我特别想跟大家讲，我们一方面取得了成效，要有信心，另一方面确确实实任重道远。因此，要打攻坚战，要有决心和信心，包括天不帮忙，人就得更加努力。同时，确实还得要有打持久战的耐心和恒心，包括有时候看待问题要客观，要有平常心。因为有些工作有它的规律和过程，慢不得也急不得。请大家放心，我们生态环境部作为主责部门，一定继续努力，坚决把蓝天保卫战打好，让老百姓有更多的蓝天幸福感，切切实实落实好《打赢蓝天保卫战三年行动计划》确定的目标任务。谢谢。

新加坡海峡时报记者：王毅外长最近在联合国的讲话，是否意味着中国有可能提前实现 2030 年碳排放峰值目标呢？

李干杰：谢谢这位记者朋友的提问，这个问题很重要。气候变化是当今国际社会普遍关心，也是共同面临的重大全球性挑战。中国政府一直对应对气候变化非常重视，习近平主席多次强调，应对气候变化不是别人要我们做，而是我们自己要做。因为它是可持续发展、高质量发展的内在要求。我们也一直是这么做的。

9 月 23 日，联合国召开了气候行动峰会，王毅国务委员作为习近平主席的特别代表，出席会议并做了发言。在发言中，全面阐述了中国政府有关应对气候变化的立场和主张。我领会王毅国务委员的发言，强调就国际社会而言，一定要把握正确方向，坚持信念不动摇、力度不降低，应对气候变化要有"三个心"：要有必胜的决心、行动的恒心、合作的诚心；强调在应对气候变化过程中，要坚持多边主义，恪守"共同但有区别的责任"这些基本原则；强调要充分尊重广大发展中国家的发展权、发展需要和特殊国情。另外，发达国家一定要帮助发展中国家提高他们的应对能力。这是就国际社会而言。

就我国而言，王毅国务委员讲，我们作为国际社会负责任的一员，言必信，行必果，无论国际风云怎么变化，我们应对气候变化应保持"三个不变"：一是应对气候变化的行动不变，二是深化应对气候变化的意愿不变，三是推进应对气候变化多边治理进程的努力不变。我觉得王毅国务委员的发言，把我们的立场和态度讲得非常明确、鲜明。

这些年，中国在应对气候变化方面做了大量卓有成效的工作。比如我刚才给大家报告的，我们非化石能源现在已达到 14.3%，单位 GDP（国内生产总值）碳排放强度比 2005 年降低了 45.8%，森林蓄积量比 2005 年增加了 45.6 亿米³，这些都是非常可观的。我们新能源汽车发展非常快，去年一年新增 125 万辆，这在全球遥遥领先。在减排、碳汇、森林蓄积量等方面，我们付出了很大努力，并且取得了很好的成效。前不久，报道说 2000 年以来，全球新增绿化面积约 1/4 来自中国。后续我们还会把这些工作抓好落实。

这里我必须向大家说明一点，中国作为全球最大的发展中国家，取得这样的进展和成效，是非常不容易、不简单的，付出了艰苦卓绝的努力，不是说说就能够做得到的。我们作为最大的发展中国家，在经济社会发展过程中，还有诸多困难和挑战，并且有些困难和挑战还非常大，我们要实现这些目标非常不容易。当然，我们会继续认真履行好《联合国气候变化框架公约》和《巴黎协定》相关义务，如期实现向公约秘书处提交的自主承诺目标。同时，在推进气候变化进程中不断迈出新的步伐。我就回答这些，谢谢你。

田玉红：再次感谢三位发言人，也谢谢大家。今天发布会到此结束！

两会记者会实录

LIANGHUI JIZHEHUI SHILU

两会"部长通道"答记者问实录

2019年3月3日

生态环境部部长李干杰

3月3日下午4点半，在全国政协十三届二次会议开幕会结束后，2019年全国两会首场"部长通道"在人民大会堂北大厅正式开启。生态环境部部长李干杰走上"部长通道"，并回答媒体记者提问。

中央广播电视总台央视记者：过去这一年，很多人感受到蓝天、碧水、净土越来越多了，但是环境质量问题有时候有反复的情况，这也在提示我们，污染防治攻坚战也是一场持久战。请问您如何评价过去一年污染防治攻坚战取得的成效，新的一年生态环境部有哪些新举措？谢谢。

李干杰：谢谢你的提问！我也借这个机会，感谢记者朋友们、媒体朋友们长期以来给予生态环境保护工作的关心、支持、参与和贡献。

污染防治攻坚战是党的十九大确定的决胜全面建成小康社会的三大攻坚战之一。一年多来，各地区、各部门、社会各界深入贯彻习近平生态文明思想和全国生态环境保护大会精神，按照党中央、国务院的决策部署，扎实推进蓝天、碧水、净土保卫战。总的来说，这场攻坚战开局良好，生态环境质量持续明显改善。

2018年，全国338个地级以上城市$PM_{2.5}$平均浓度同比下降9.3%，其中北京市下降了12.1%，这是在2017年同比大幅下降20.5%的基础上又下降了12.1%，应该说还是来得很不容易。水方面，全国地表水好于Ⅲ类的水体比例同比增长3.1个百分点，劣Ⅴ类水体比例下降1.6个百分点。总体来讲，生态环境保护领域的各项目标指标都圆满地完成了年度计划，同时也都达到了"十三五"规划的序时进度要求。

进展和成效毫无疑问确确实实还是比较不错的。从这个意义上讲，说明我们污染治理的方向和路子是对的、是正确的，对此我们应该充满信心。但与此同时，确确实实我们也应该看到，当前污染防治攻坚战面临的困难和问题还不少，挑战还很多、还很大，形势一点也不容乐观，甚至可以说还相当严峻。北京市这几天的污染天气就足以充分说明这一点。作为这场污染防治攻坚战的主责部门，我们生态环境部也深感责任重大，可以说是压力山大，天天神经紧绷，时时心中忐忑，决不敢有丝毫、半点的懈怠和马虎。

下一步，污染防治攻坚战总的考虑就是深刻领会和坚决贯彻习近平总书记在中央经济工作会议上的重要讲话精神，坚守阵地、巩固成果，不能放宽放松，更不能走"回头路"，要保持方向、决心和定力不动摇。

就我们生态环境部具体推进推动这场攻坚战的思路和举措而言，我概括为"四、五、六、七"。

所谓"四"就是要有效克服"四种不良情绪和心态"，也就是自满松懈、畏难退缩、简单浮躁、与己无关。

所谓"五"就是要始终保持"五个坚定不移"，即坚定不移深入贯彻习近平生态文明思想，坚定不移全面落实全国生态环境保护大会精神和党中央、国务院相关决策部署，坚定不移打好污染防治攻坚战，坚定不移推进生态环境治理体系和治理能力现代化，坚定不移加快打造生态环境保护铁军。

所谓"六"就是要认真落实"六个做到"。这"六个做到"在我们生态环境部摆布和具体推动污染防治攻坚战相关工作中，既是我们总体的立场和态度，也是我们具体的工作策略和方法。

第一个做到，就是要做到稳中求进。既打攻坚战又打持久战；既尽力而为，又量力而行。

第二个做到，就是要做到统筹兼顾。在推动每一项工作的时候，既要追求好的环境效益，也要追求有好的经济效益和社会效益。每一件事情都力争能够同时实现"三个有利于"，即有利于污染的减排、环境质量的改善，有利于结构的调整优化、经济的高质量发展，还要有利于解决好老百姓身边的环境问题，消除和化解社会矛盾，促进社会和谐稳定。

第三个做到，就是做到综合施策。既运用好行政和法治的手段，同时也更多地运用好市场、经济和技术的手段。特别强调要依法行政、依法治理、依法推进。

第四个做到，就是要做到两手发力。既抓宏观又抓微观。宏观层面上做好顶层设计、政策制定、面上的指导推动。微观方面强化督察执法、传递压力、落实责任。

第五个做到，就是要做到点面结合。既整体推进，又重点突破。通过点上的突破带动整体发展，不搞"胡子眉毛一把抓"。

第六个做到，就是要做到求真务实。既妥善解决好一些历史遗留问题，又攻坚克难、夯实基础，为未来持续发展创造良好的条件。坚决避免形式主义、表面文章、弄虚作假、"数字环保""形象环保""口号环保"这一套，确保环境质量的改善是没有"水分"的，能够经得起历史和时间的检验。

所谓"七"就是聚焦打好七场标志性战役，即蓝天保卫战、柴油货车污染治理攻坚战、长江保护修复攻坚战、渤海综合治理攻坚战、城市黑臭水体治理攻坚战、水源地保护攻坚战、农业农村污染治理攻坚战，确保污染治理成效能够确确实实显现出来，也能够以实实在在的成效取信于民。

主持人：还有一个他们共同关注的问题，有的记者很清楚，去年3月您在"部长通道"曾经说，组建生态环境部有助于实现"五个打通"。大家关心的是这一年来，"五个打通"打通得怎么样了？成效如何？

李干杰：谢谢主持人！这也是各位记者朋友普遍关心的问题。去年两会，我介绍了新的生态环境部的组建方案实现了"五个打通"：第一，打通了地上与地下；第二，打通了岸上和水里；第三，打通了陆地和海洋；第四，打通了城市和农村；第五，打通了一氧化碳和二氧化碳。因此意义很大。

一年来，我们会同相关部门认真严格地遵照中央改革要求，扎实推进相关改革工作，在积极推进相关机构、职能、人员、编制整合优化的同时，我们也着力推进了一些具体的业务工作，尽快地融合增效。应该说一年来的工作确确实实比较好地达成了改革的目标，效果也是比较好的，既有"物理变化"又有"化学变化"，应该说基本做到了"表里如一""形实一致"。

那么在"表"和"形"，也就是"物理变化"方面，我们按期顺利地与相关7个部门一起，很好地完成了机构、人员、设施的转隶。同时按照中共中央办公厅印发的"三定"规定，我们制定落实了生态环境部"三定"规定的细化方案。生态环境部的"三定"规定情况之前已经向媒体和公众做了通报，这里就不再详细介绍了。

那么在"里"和"实"，也就是"化学变化"方面，我们通过职能的理顺优化、力量的整合凝聚，特别是确保一项工作由一个部门全链条地贯通、贯彻、落实，应该说确确实实产生了"化学反应"，有了"化学变化"，产生了新的能量、新的产品，从而推动了我们的一些工作更加有力、有序、有效地开展。

这里我给大家举一个例子。大家知道海洋、河流、湖泊的生态环境保护都有一个共同的特点，就是问题在海里、在水中，但实际上根子是在陆地、在岸上。我们讲开方子吃药，药一定要到根，这样疾病才能治愈。这次我们在两个标志性战役，就是渤海综合治理攻坚战以及长江保护修复攻坚战中，按照海陆统筹、以海定陆和水陆统筹、以水定岸这么一个原则，把入海、入河排污口的排查和整治摆在优先的位置，作为关键一招和首要的一项工作来推动。具体是做"查、测、溯、治"四项工作，就是排查、监测、溯源、整治。目前，相关工作都在紧锣密鼓地推进，并取得了一定成效。坦率地讲，如果没有这次机构改革，还是像过去一样，"环保不下水、不下海""海洋不登陆""水利不上岸"，这些"痛点""堵点"不打通，即使行动计划能够制订发布，相关工作由于分散在各个部门，"查、测、溯、治"恐怕要真正见到成效还是很困难的。

因此，事实已经充分证明，党中央有关生态环境部的组建这一改革决策是非常正确的，确实解决了过去长期以来存在的职责交叉重复、九龙治水、多头管理、力量分散的问题，这也为我们今天打好这些标志性战役，打好污染防治攻坚战创造了良好的条件，提供了重要的支撑。

下一步，生态环境部将继续会同相关方面，在做好部系统本级改革的同时，我们也将大力、积极地指导、帮助、支持、推动地方层面的相关改革工作，力图改革能够不断地释放出红利，切实增进人民群众对于改革的获得感。谢谢！

    主持人：还有一个问题，就是您在两会期间有没有记者会？

    李干杰：有。现在安排是 3 月 11 日下午 3 点有一个记者会，欢迎各位记者届时莅临提出问题。

"打好污染防治攻坚战"

记者会实录

2019 年 3 月 11 日

生态环境部部长李干杰

41

记者会现场

主持人： 各位记者朋友，大家下午好！欢迎参加十三届全国人大二次会议记者会，本场记者会的主题是"打好污染防治攻坚战"。今天，我们很高兴地邀请到生态环境部部长李干杰先生，来回答大家提出的与这一主题有关的问题。首先，有请李部长。

李干杰： 谢谢主持人。各位记者朋友，大家下午好！在3月3日的"部长通道"上，我与记者朋友们相约今天下午再次见面,很高兴能够如约而至,有机会继续就生态环境保护工作向大家介绍相关情况，回答大家的提问，同大家交流。3月5日，李克强总理在政府工作报告中把生态文明建设和生态环境保护工作作为重要内容之一，进行了总结和部署。一方面，总理肯定了过去一年的成绩，讲污染防治攻坚战开局顺利、开局良好，$PM_{2.5}$

浓度继续下降，生态文明建设成效显著。另一方面，总理也对今年的工作提出了明确具体的要求，强调要聚焦蓝天保卫战等重点任务，持续推进污染防治，加强生态系统保护修复，壮大绿色环保产业，大力推动绿色发展，统筹兼顾、标本兼治、精准发力、务求实效，使生态环境质量继续得到改善。

今年是新中国成立70周年，在这样一个历史时点上，我们深感肩负的重任和使命。下一步，我们将在以习近平同志为核心的党中央坚强领导下，坚持以习近平新时代中国特色社会主义思想为指导，认真抓好政府工作报告中确定目标任务的落实，全力推动生态环境保护和生态文明建设取得新的更大成效。我就先讲这些。下面，我非常愿意回答大家的提问。谢谢大家。

主持人：下面请提问。

人民日报社记者：习近平总书记到内蒙古代表团参加审议时强调，要保持加强生态文明建设的战略定力，探索以生态优先、绿色发展为导向的高质量发展新路子。请问，探索新路子，生态环境部将如何抓好落实呢？谢谢。

李干杰：谢谢您的提问。大家都知道，习近平总书记对生态文明建设特别重视。党的十八大以来，习近平总书记围绕生态文明建设和生态环境保护发表了一系列重要讲话，做出了一系列重要指示、批示，提出了一系列新理念、新思想、新战略和新要求，系统形成了习近平生态文明思想，指导推动我国生态环境保护和生态文明建设发生了历史性、转折性、全局性变化，取得了历史性成就。

3月5日下午，习近平总书记在参加内蒙古代表团审议时，就生态文明建设再次发表了重要讲话。我本人非常荣幸列席参加了这次内蒙古代表团的审议，在现场聆听了习近平总书记的重要讲话，确实是深受教育、深受启发，也倍感鼓舞和振奋。习近平总书记的重要讲话，我体会主要包括两大方面的内容：

第一，强调生态文明建设的极端重要性。习近平总书记讲了"四个一""三个体现"，即在"五位一体"总体布局中生态文明建设是其中一位；在新时代坚持和发展中国特色社会主义基本方略中坚持人与自然和谐共生是其中一条基本方略；在新发展理念中绿色是其中一大理念；在三大攻坚战中污染防治是其中一大攻坚战。这"四个一"体现了我们党对生态文明建设规律的把握，体现了生态文明建设在新时代党和国家事业发展中的地位，体现了党对建设生态文明的部署和要求。

第二，习近平总书记就当前推进生态文明建设和生态环境保护工作，强调了"四个要"。尤其是"第一个要"，就是要保持加强生态文明建设的战略定力。习近平总书记讲，保护生态环境与发展经济从根本上是有机统一、相辅相成的。道理大家都明白，难就难在能否做到知行合一。不能道理是道理、干事归干事，说起来重要、做起来次要，抓一阵松一阵，上面督察得紧就抓一下，风头过去了又放一边。更不能因为经济发展遇到一点困难，就开始动铺摊子上项目、以牺牲环境换取经济增长的念头，甚至想方设法突破生态保护红线。习近平总书记讲，在我国经济由高速增长阶段转向高质量发展阶段过程中，污染防治和环境治理是需要跨越的一道重要关口。我们必须咬紧牙关，爬过这个坡，迈过这道坎。要保持加强生态环境保护建设的定力，不动摇、不松劲、不开口子，否则不仅会前功尽弃，也会为今后发展埋下更大的隐患。习近平总书记的重要讲话非常有针对性、指导性，也有很强的政治性和思想性。我们一定要深刻地领会好、贯彻落实好。

作为生态环境部，我们后续打算从以下四个方面来抓好贯彻落实。

第一，深入学习、宣传、领悟、贯彻好习近平生态文明思想。习近平生态文明思想对我们而言，我体会既是重要的价值观，又是重要的方法论，是我们解决问题、推动工作的"定盘星""指南针""金钥匙"，我们在实践中有非常多的体会。因此，后续首要工作就是要进一步深入学习好、宣传好、领悟好、贯彻好习近平生态文明思想。

第二，坚决打好污染防治攻坚战。3月3日，我在"部长通道"上已经向大家报告，我们的思路和举措就是"四、五、六、七"，这里我不再重复展开了。

第三，夯实三大基础。这三大基础分别是要大力推动形成绿色生产方式和生活方式，要大力加强生态系统的保护和修复，还要大力推进生态环境治理体系和治理能力现代化。这三大基础既是我们打好、打胜污染防治攻坚战的保障，也是生态文明建设的重要内容。

第四，积极开展试点示范。开展生态文明示范创建，开展"绿水青山就是金山银山"实践创新基地建设。通过这些试点示范，努力探索以生态优先、绿色发展为导向的高质量发展新路子。另外，通过试点示范能够探索积累一些经验，形成一种在全国可推广、可复制的模式。谢谢。

中央广播电视总台国广记者： 从3月3日全国政协开幕到今天，北京市好像没有几个蓝天。去年，国务院印发了《打赢蓝天保卫战三年行动计划》。请问部长，蓝天保卫战进展如何？哪些地区是今年蓝天保卫战的重点监督目标地区？今年还将有哪些新举措？另外，蓝天碧水不能只出现在统计中，更要百姓认可。今年在生态环境保护领域，针对形式主义、官僚主义方面还将有哪些硬措施出台？谢谢。

李干杰：谢谢您的提问。蓝天保卫战在七大标志性战役里排在首位，也是大家最为关注的。今天天气不错，这也让我回答这个问题的时候，有更多底气。蓝天保卫战开展以来，应该说总体上进展和成效还是不错的。具体体现在四个方面：

一是顶层设计已完成。《打赢蓝天保卫战三年行动计划》去年7月发布之后，我们又陆续制定发布了《柴油货车污染治理攻坚战行动计划》，京津冀及周边地区、长三角、汾渭平原2018—2019年秋冬季大气污染综合治理攻坚行动方案。另外，各地也结合自己的实际推出了各自的行动计划、行动方案。

二是治理格局基本成形。国务院设立了京津冀及周边地区大气污染防治领导小组和汾渭平原大气污染防治协调小组，同时还进一步完善了先前就已经建立的长三角大气污染防治协作机制。结合这次机构改革，还在生态环境部挂牌设立了京津冀及周边地区大气环境管理局，这个局是负责京津冀及周边地区的"六统一"——统一规划、统一标准、统一环评、统一执法、统一监测和统一应急。同时，也承担了京津冀及周边地区大气污染防治领导小组的日常工作。

三是重点任务有力推进。火电行业超低排放改造已经达到8.1亿千瓦，比例占到80%，"煤改气""煤改电"，也就是北方地区清洁取暖顺利推进，试点城市由 12 个增加到 35 个，在前一年完成将近 400 万户的基础上，2018 年又完成了 480 余万户。另外，煤炭等大宗物资运输，公路改铁路也推进得不错，铁路运输量同比增加了 9.1%。所以，这些重点工作、重点任务都在有力有序有效地推进之中。

四是成效逐步显现。2018 年，全国 338 个地级以上城市优良天数比例提高了 1.3 个百分点，达到了 79.3%，$PM_{2.5}$ 浓度同比下降了 9.3%。三个重点区域改善得更多一些，京津冀及周边地区 $PM_{2.5}$ 浓度同比下降了 11.8%，长三角是 10.2%，汾渭平原是 10.8%，北京市是 12.1%。总体讲，一年多来，蓝天保卫战的进展和成效还是不错的。

但是，确确实实还是感到压力很大，形势不容乐观，甚至还可以说相当严峻，任重道远。当前的问题和困难，我总结了一下有"五个性"，是非常明显和突出的。第一，思想认识的摇摆性。抓一阵松一阵，有外在压力的时候就抓一下，风头一过就放一边。第二，治理任务的艰巨性。攻坚越来越难，骨头越啃越硬，好做的事做得差不多了，后面要做的就是更加难的事，更加艰巨的事。第三，工作推进的不平衡性。区域与区域之间、城市与城市之间、行业与行业之间，有的快一些，有的慢一些，有的好一些，有的差一些。第四，工作基础的不适应性。这与打大仗、硬仗、苦仗相比，我们的各个方面，包括硬件、软件、人力、装备、思想、能力、作风都还有相当的差距。第五，自然因素、气象条件影响的不确定性。正是因为这"五个性"，使得我们当前的形势还是非常严峻的，我们要有清醒的认识。

后续生态环境部怎么做，蓝天保卫战行动计划、路线图、时间表、任务书都已经确定，关键是抓落实。蓝天保卫战总的思路要求非常明确，就是"四个四"。一是扭住"四个重点"，重点区域、重点时段、重点行业、重点因子。二是优化"四大结构"，产业结构、能源结构、运输结构、用地结构。三是强化"四项支撑"，督察执法、科技创新、联防联控和宣传引导。四是实现"四个明显"，让 PM$_{2.5}$ 浓度明显下降，重污染天数明显减少，大气环境质量明显改善，要让人民群众的蓝天幸福感明显增强。对我们来讲，就是落实落实再落实。同时，我们也相信，只要狠抓落实，就一定会见到成效，我们的蓝天就一定会越来越多。谢谢。

北京青年报北京头条客户端记者：我们注意到，中央生态环境保护督察开始以来，有一些地方政府因为担心被问责，他们开始出现了不分青红皂白地紧急停产、停业这种"一刀切"的方式来应对中央生态环境保护督察。政府工作报告当中也指出，对需要达标整改的企业，要给予合理的过渡期，避免处置措施简单粗暴、一关了之。请问，生态环境部如何落实上述政府工作报告的要求，有哪些举措来避免"一刀切"的现象再次发生？谢谢。

李干杰：谢谢您的提问，这个问题很重要。首先，我想讲明三点。

第一，企业是污染防治的主体，依法履行环保责任，依法运行达标排放，这是应尽职责。生态环境部门作为监管部门，依法履行监管职责，依法监督，对违法行为依法进行查处，这也是应尽职责，这一点不能混淆，不能含糊。

第二，所谓"一刀切"指的是一些地方、一些部门平常不作为、不担当，到了中央生态环境保护督察、强化监督、年终考核开展的时候，就急急忙忙临时抱佛脚，采取一些敷衍的办法、应付的办法，也包括对一些需要达标改造的企业不给予合理的过渡期、整改时间，平时不闻不问，到了检查的时候，紧急要求停工、停产、停业，采取一些简单粗暴的做法。

第三，对于"一刀切"，我们的态度一直是非常鲜明的，坚决反对，坚决制止，严格禁止。"一刀切"是我们生态环境领域形式主义和官僚主义的典型表现，它既影响和损害了我们的形象和公信力，也损害了合法、合规企业的基本权益。坦率地说这个问题在全国而言并不是普遍的，也不是主流，但是它确实在一些地方、一些时候是存在的、发生过，并且产生了十分不好的影响，所以我们坚决反对，坚决制止。

其次，两年来，在这方面我们实际上做了这样四项工作：

一是号召。不管大会小会，什么场合、什么活动，我们都是旗帜鲜明地坚决反对，要求大家不要这么做，因为这对于我们打好污染防治攻坚战没好处，没有什么裨益，相反，影响很不好，"一粒老鼠屎搞坏一锅汤"。

二是规范。我们下发相关文件，明确对禁止"一刀切"提出要求。

三是查处。我们在开展中央生态环境保护督察、开展强化监督过程中，坚持"双查"，既查不作为、慢作为，又查乱作为、滥作为。不作为、慢作为就是该做的事、能做的事、容易做的事不做，滥作为、乱作为就是平常不做事，到时候就乱做，典型的"一刀切"。大家注意到，我们对外公布的一些典型案例中，两方面的案例都有。并且，我们每查出一个案例，接到举报第一时间核查，第一时间纠正，查处以后也对媒体、对社会公开曝光，以起到警示作用。

四是带头。在我们开展中央生态环境保护督察和强化监督过程中，我们发现企业有问题，交办给地方政府，由地方政府环保部门跟企业商量，也给予企业相应的整改时间，需要半个月就是半个月，需要一个月也可以，更长时间也可以，三个月也好甚至半年。包括我们在排污许可证制度改革过程中也是如此，对于那些未批先建的、还不能做到达标排放的企业，也是先发许可证，在许可证里明确有整改期限，整改期限也根据情况，有的短有的长。整改期限到了，如果还没做好，才采取相应的处罚措施。应该说，我们做了这四项工作以后，"号召""规范""查处""带头"，对于遏制和制止"一刀切"的现象还是发挥了很好的作用。

下一步，我们在继续做好这四项工作的同时，还有两个方面的工作：第一，规范好环境行政执法行为，进一步在这方面做好工作，尤其是规范好自由裁量权的适用和监督工作。第二，我们还要增强服务意识和水平，既监督又帮扶，真真正正设身处地帮企业排忧解难，解决他们在生产过程中环保方面存在的一些问题和困难，增进这方面的意识。总而言之，对"一刀切"我们是坚决反对、坚决制止的，后续在履行好职责、做好监管的同时，我们也会更多地想方设法帮助企业解决好他们面临的问题，推动企业实现绿色发展、高质量发展。谢谢。

湖北日报全媒体记者：我从长江边来，我们想为长江而问。习近平总书记曾说"长江病了"，而且病得还不轻。贯彻绿色发展理念，湖北省为长江大保护做了许多工作。请问部长，保护长江母亲河下一步有何考虑和安排？建立健全长江经济带上下游生态补偿机制有什么举措？谢谢。

李干杰：谢谢您的提问。推动长江经济带"共抓大保护、不搞大开发"，是党中央做出的一项重大决策，也是事关国家发展全局的一项重大战略。这几年，我们生态环境部会同沿江 11 个省（市）和相关部门，主要做了以下四个方面的工作：

第一，制订规划计划。我们先后制定了《长江经济带生态环境保护规划》和《长江保护修复攻坚战行动计划》，为抓好长江保护提供了基础和指南。

第二，夯实地方责任。我们在对长江经济带 11 个省（市）开展中央生态环境保护督察、例行督察全覆盖的基础上，去年，又对其中 8 个省开展了中央生态环境保护督察"回头看"，通过督察进一步夯实了地方责任，传递了压力。

第三，推动绿色发展。我们指导支持 11 个省（市）初步划定了生态保护红线，同时还开展了"三线一单"实施方案的编制试点工作。所谓"三线一单"，指的是生态保护红线、环境质量底线、资源利用上线和环境准入清单。

第四，解决突出问题。这两年，我们抓住重点，推动相关工作，还是取得了积极成效的。一是饮用水水源地的保护。经过两年的时间，长江沿线县级以上城市饮用水水源地一共 1 474 个，存在的问题基本上都得到了整治，完成率达到 99.9%。二是黑臭水体的整治。这个问题大家也很关心，到目前为止，长江沿线省会以上城市的 12 个城市黑臭水体整治已经超过了 90%，其他地级城市现在也在积极推进过程中。三是把长江沿线的固体废物、危险废物非法倾倒、非法转移问题当成重点来进行专项整治，也取得了很好的效果。去年，我们排查出 1 308 处，最后 1 304 处得到了很好的整改，完成了任务。四是开展"绿盾"行动。将长江流域作为重点，也推动解决了一批在自然保护区、其他各类保护地中存在的一些突出生态环境影响和破坏问题。五是夯实基础，推动建立健全相关监测体系。另外，我们还组织开展了长江生态环境保护修复的联合研究，向沿线 58 个地市派出专家组进行现场跟踪研究和对当地的技术指导，也取得了很好的成效。

但我们必须要说，长江当下在生态环境保护方面存在的问题很多，面临的挑战还是很大。去年 8—11 月，我们生态环境部会同相关方面组织了一支专门力量，到 11 个省（市）40 多个地市进行了暗查、暗访、暗拍，发现了不少问题，统计下来有 160 多个。这些问题说实在的触目惊心，让人警醒，充分说明我们的长江确实如习近平总书记讲的"长江病了"，而且病得还不轻，形势还是非常严峻。

下一步，我们要把《长江经济带生态环境保护规划》，尤其是《长江保护修复攻坚战行动计划》里面确定的目标任务狠抓落实，尽快能够见到成效。对生态环境部来讲，2019 年我们主要抓八个方面的工作，有四个方面是前两年已经开展的，前面我已经给大家报告了成效。一是饮用水水源地的保护，二是城市黑臭水体整治，三是"绿盾"相关行动，四是进一步深化"清废行动"，进一步排查和整治沿江的固体废弃物非法转移和倾倒的问题。

除了这四项工作以外，还有四项新的工作：一是劣 V 类水体专项整治。整个长江流域有 540 个国控点，还有 12 个是劣 V 类水体，我们要把这 12 个当成重点来推动进行整治。二是入江、入河排污口的排查整治。三是"三磷污染"的专项整治。"三磷"指的是磷矿、磷化工企业、磷石膏库，这个对长江的污染影响也是比较大的。四是 11 个省（市）的省级以上工业园区污水处理设施的专项整治。要把这新的四项工作一并做好。

您刚才的提问还有生态补偿的问题。我们治理环境，一方面需要运用好行政和法治的手段，另一方面也要运用好市场经济和技术手段。生态补偿恰恰就是一个非常好的经济手段、市场手段，这些年我们也一直在推动落实，从当年新安江的上下游补偿，到后来的汀江、韩江、九洲江、滦河等都取得了非常好的成效。长江的生态补偿现在也在积极推动中，财政部会同生态环境部、国家发展改革委和其他相关部门在积极推动这项工作，我们联合下发了文件，也召开了会议进行部署。去年，中央财政资金拿出50亿元用于推动支持长江流域生态补偿工作，也取得了很好的成效。下一步，我们会进一步扩大、深化、运用好生态补偿机制。谢谢。

日本经济新闻记者：这几年，中国加大了环境监管力度，效果也比较明显，而目前，中国经济下行压力加大，国内有一些声音提出，为了应对这个压力，环境监管力度是不是有所放宽了？您对此有哪些评论？谢谢。

李干杰：谢谢您的提问。这个问题实际上在今年两会首场新闻发布会上，就是3月2日第一场新闻发布会上，我记得就有记者提出了一个类似的问题，只不过您讲的是"有一种声音"，他讲的是关于环保"有两种声音"，一种声音讲环保搞"一刀切"，影响了经济发展，刚才有记者也提到了。第二种声音就是由于经济下行压力比较大，有些地方放宽了、放松了。首场新闻发布会上，全国政协新闻发言人郭卫民先生就此做了解答，我觉得那个解答非常好，我也完全赞成。这里我想补充说明强调三点。

第一，这两种声音反映的现象、情况确实在一些地方是存在的，是发生过的。但是，就全国而言，它不是主流，不是一个普遍现象。

第二，对这两种现象、两种倾向、两种问题，我们生态环境部都是坚决反对的，发现了也是坚决制止，严肃查处。关于"一刀切"，刚才我已经说过了，很明确，见一起查处一起，决不含糊。关于第二种现象，我们当然也是坚决反对，因为它完全不符合中央的要求。刚才我也跟大家分享了习近平总书记在内蒙古代表团审议时的重要讲话，讲得非常清楚，不能因为经济发展遇到一点困难，就开始动铺摊子上项目、以牺牲环境换取经济增长的念头，甚至想方设法突破生态保护红线。这是很清楚的，所以我们坚决反对放松、放宽环境监管，我们也在中央生态环境保护督察中把这个当作重点。如果发现哪些地方该做的事、能做的事，你不做，为了一时的利益，让保护为发展让路，那我们是盯住不放，该追责的要求严肃追责，非常清楚。

第三，后续我们还会继续把这些工作做好，保持污染防治攻坚战现在的力度和势头，确保能够见到实实在在的成效，尽快补齐生态环境短板，让全面建成小康社会能够得到人民认可，经得起历史的检验。至于污染防治攻坚战的打法，我在"部长通道"上也向各位进行了汇报，"四、五、六、七"。我们一定继续把这"四、五、六、七"贯彻好，争取能够见到更好的成效。谢谢。

英国路透社记者：我们关注到，目前很多地方企业和地方政府呼吁想得到党中央更多治污方面的支持。在地方经济下滑的形势下，您对地方企业和政府达到他们的治污目标是否有信心？生态环境部会推出哪些具体措施来支持地方政府和企业参与污染治理？谢谢。

李干杰：谢谢您提的这个问题。确实，在当前的形势下，我们的污染防治攻坚战一方面取得了进展和成效，另一方面也确实面临的困难挑战还不小、不少。但是与此同时，我们也一定要看到，我们面临的好机遇、好条件也不少、不小，甚至是更大、更多。最起码，可以说我们面临的好机遇和条件有五个方面：一是党中央、国务院高度重视生态环境保护，尤其是习近平总书记亲力亲为、率先垂范，为我们提供了重要的方向指引和根本政治保障。同时，我们各地各部门、社会各界保护生态环境、推进生态文明建设的意识也大幅提升。今非昔比，齐抓共管的局面，应该说已经基本形成。二是高质量发展有利于生态环境保护，有利于从源头上根本解决污染的问题。三是宏观经济和财政政策支持生态环境保护。改革开放40年来，我们形成的物资、技术，包括人才基础，这都有利于支持、支撑我们打好污染防治攻坚战，加强生态环境保护。资金方面，大家注意到，前几天，在财政部新闻记者会上，财政部领导宣布，中央财政对污染防治攻坚战的支持今年将达到600亿元，同比增加35.9%。四是党的十八大以来，生态环境领域推出了很多改革举措，这些改革举措释放的红利惠及我们生态环境保护。在这里，我就不一一列举了。五是这些年通过反复探索、积累，我们形成了推动工作的一些好做法、好的工作策略和方法，这些正确的策略和方法能够切实推进好生态环境保护。从这个意义上来讲，我们尽管压力不小、挑战很大，但是机遇大于挑战，我们应该充满信心。

下一步，关于如何支持地方和企业，我们也正在研究，准备采取一些新的举措，把过去的一些老措施继续坚持好、实施好，同时再采取一些新的改进措施、强化措施。在对地方的支持和帮扶方面，一是继续加大资金政策方面的支持力度。二是加强在技术方面进行帮扶。刚才我说了，长江经济带沿线58个地市我们都派了专家组。实际上在此之前，大气方面，京津冀及周边地区的"2+26"个城市，还有汾渭平原的11个城市都派了专家组去支持，帮助地方解决他们在生态环境保护工作推进过程中遇到的困难和问题。三是继续加强中央生态环境保护督察和强化监督工作。加强这些督察和监督，一方面督促，另一方面也是帮扶。比如我们强化监督工作组到各地以后，帮助地方进一步发现问题、解决问题，取得了很好的成效。

在支持企业方面，我们也准备采取三方面的措施。一是进一步深化"放管服"改革。我们印发了关于进一步深化"放管服"改革的意见，提出了15条重要举措，我们将逐一抓好落实。二是主动为企业治污提供技术上的支持和帮助。企业有什么困难，我们帮他们找到一个合理解决的办法。三是进一步完善环境经济政策。通过环境经济政策的进一步建立完善，使企业绿色发展有更大的内在动力。我们将从这三个方面帮助企业解决好环境问题，实现绿色发展。谢谢。

中国网记者：明年我国将承办联合国生物多样性保护大会，其实去年的大会成果不多，但是中国依然取得了很好的成绩，有成绩就有经验，中国可以给国际社会提供哪些宝贵的经验？明年大会上是否可以提供中国解决方案？大会的筹备情况也请介绍一下。谢谢。

李干杰：谢谢您的提问。"生物多样性是生命，生物多样性是我们的生命"，2010年，当时是联合国确定的国际生物多样性年，我刚才讲的这句话就是当时的主题。当时，我在环境保护部分管这块工作，所以我印象非常深刻。这也说明了生物多样性保护这项工作的重要性和必要性。

中国是世界上生物多样性最为丰富的国家之一。长期以来，我们对生物多样性保护工作非常重视，也取得了好的成效。2011年，我国就成立了中国生物多样性保护国家委员会，制定印发了《中国生物多样性保护战略与行动计划》，这个战略计划是管20年的，从2011年到2030年。我们还深入开展了"联合国生物多样性十年中国行动（2011—2020年）"。经过努力，应该说进展和成效还是非常明显的，也得到了国际社会的认可。某种意义上讲，之所以《生物多样性公约》第15次缔约方大会能够在中国召开，这也充分说明了国际社会对中国生物多样性保护进展和成效的肯定。

这些进展和成效，具体体现在五个方面：第一，我们把生物多样性保护纳入了各类规划，并且在其中都是摆在重要位置来推动。第二，生物多样性就地和迁地保护都取得了很好的进展。我国各级、各类自然保护区已经达到了2 750处，其中国家级是474个。各类陆域自然保护地面积达到了170多万平方千米。应该说，通过这些保护措施，很好地保护了很多自然生态系统和大多数重要的野生动植物种群，并且通过这些保护措施，使得一些珍稀濒危的动植物种群得到了恢复，大熊猫就是其中最典型的。第三，启动实施了生物多样性保护重大工程。第四，我们长期把这个作为监督执法的一个重要方面，查处了许多违法违规问题。第五，科学研究、人才培养力度不断加大，同时，我们还着力于开展国际交流与合作，也取得了很好的成效。

但是，生物多样性保护的形势和污染防治一样，也不容乐观，生物多样性下降的总趋势还没有得到根本遏制。另外，生物多样性保护与经济开发活动之间的一些矛盾一定程度上也存在。下一步，我们要继续认真落实好《中国生物多样性保护战略与行动计划》明确的任务要求，包括要实施好生态保护修复的一些重大工程，进一步构建完善生物多样性保护网络，进一步提高我们保护和监管的能力，做好生物多样性的调查、观测、评估。同时，要进一步扩大公众、企业参与的渠道，提高他们的参与度，力争把我们中国的生物多样性保护工作做得更好，取得更多的成效，也为全球生物多性保护做出我们的贡献。

《生物多样性公约》第15次缔约方大会明年召开。这次大会很重要，重要任务之一就是要确定2030年全球生物多样性保护的目标，同时还要确定未来十年生物多样性保护的全球战略。我们作为东道国，责任非常大，任务也很重，目前正在积极地协同、会同地方和相关部门抓紧筹备。筹备方案已经经过中国生物多样性保护国家委员会的审议，目前相关工作已经启动。我们将尽全力履行好东道国的义务，尽力把这届大会办成一届顺利、圆满、成功的大会。谢谢。

贵州广播电视台动静新闻记者：今年全国两会，我们感受到了北京市热烈的氛围，也感觉到了一点空气污染。请问，旨在解决大气重污染成因与治理攻关的总理基金项目搞清楚污染来源了吗？现在基金项目的进展怎么样了？谢谢。

李干杰：谢谢您的提问。刚才在上场之前，我还说这个问题一定会问到，因为大家对蓝天保卫战非常关心，对大气重污染的成因非常关心，当然也对大气重污染成因与治理攻关项目的进展情况非常关心。大气重污染成因与治理攻关项目（以下简称攻关项目）是前年正式设立的，相关工作是从前年9月正式展开，截至目前，一年半左右的时间，预期是到今年年底全部结束。这个项目应该说是党中央、国务院高度重视，集中了全国将近两千名一线专家，其中包括很多院士参与研究。我刚才跟大家讲，我们在大气方面，向地方派了若干专家组到现场，既帮助地方，又支持他们的科研，其中就包括大气攻关项目，我们许多专家都参与了相关工作。经过一年半的努力，应该说总体上进展和成效还是不错的，取得了阶段性成果，也包括大家最为关注的大气重污染成因，现在应该说有了个基本的说法，但最后还是要等到项目结束以后，由我们专家、由我们攻关项目正式向社会发布。

就我的理解，大气重污染成因及来源主要是以下三个大的方面：

第一，污染排放。污染排放是主因和内因，并且经过专家研究，已经更加明确具体。在污染排放中有四大来源是主要的，这四大来源占比要达到90%以上，当然城市与城市稍微有点差别。一是工业，二是燃煤，三是机动车，四是扬尘。另外，在$PM_{2.5}$组分里面也基本搞清楚了，主要的组分也是四大类，硝酸盐、硫酸盐、铵盐和有机物，这个比重达到70%以上。所以，来源搞清楚了，组分搞清楚了，也就是主要矛盾清楚了，主攻方向清楚了。你要治理这四大来源，就要针对主要的组分开展工作。

第二，气象条件。气象条件尽管是外因，但是这个外因的影响对大气重污染而言还是非常明显、非常大的。专家的评估结果表明，我们气象条件的影响，年度与年度之间，上下10%。也就是说，同样的污染排放，不同年份气象条件有的可能拉高10%，有的可能拉低10%，个别城市可能还会达到15%。大家可以想见，连续两三年之间，前年如果气象条件好，今年如果气象条件差，实际上由于气象条件本身的影响是比较大的，上下波动也是比较大的。另外，容易造成重污染的不利气象条件也搞清楚了，风速低于2米/秒、湿度大于60%，近地面逆温、混合层高度低于500米，这样的天气极容易形成重污染天气。也正是如此，在预测到有这样气象条件的时候，一定要进行重污染天气的预警应急，要采取应急措施，把污染排放降下来，这样才能使重污染过程不那么重，可以减轻一些。

第三，区域传输。这个基本上也搞清楚了，在一个传输通道内，比如京津冀及周边，"2+26"城市这个范围内，相互之间的影响平均是20% ~ 30%，重污染气象天气发生的时候，会提高15% ~ 20%，也就是说可能达到35% ~ 50%，个别城市可能会到60% ~ 70%，也就是说相互之间的影响还是比较明显的。从这个意义上来讲，必须要实施联防联控，大家要一起行动，因为相互之间是影响的。

所以，从成因角度、来源角度讲，我想给大家做这样一个我理解的归纳。三大影响因素，污染排放、气象条件和区域传输，基本上搞清楚了。也正因为如此，我们现在关键是要优化"四大结构"，关键是要做好重污染天气条件下的预警应急工作，关键要实施联防联控。过去这些年，我们也是这样做的，实践证明还是有成效的，研究结果进一步印证说明了这一点，也使得我们有信心继续按照这个路子、按照这个方向、按照这个方法做下去，相信一定会见到更大的成效。

我这里特别想说的是，大气重污染成因主要是这三方面共同作用的结果。所以在天气好的情况下，不要自满松懈，你以为一段时间很好就自满松懈，放松要求，搞不好就会反复。遇到重污染过程、重污染天气又来的时候，也不要丧失信心，不要否定我们的改善成果，更不要轻易地调整和否定治污路线。要有定力，要科学客观，自信坚定，不要反复摇摆，不要五心不定。谢谢。

光明日报全媒体记者：请问李部长，在当前欧洲无力、美国无心的情况下，中国在应对气候变化方面持有何种观点和立场？都采取了哪些行动？预计会面临什么样的挑战？谢谢。

李干杰：谢谢您的提问。气候变化是国际社会普遍关心的一个重大全球性挑战，中国的态度和立场非常明确，并且是一贯的，不管外面怎么变化，我们的态度和立场一直是明确的、坚定的。正如习近平总书记多次讲的，应对气候变化不是别人要我们做，而是我们自己要做，是我国可持续发展的内在要求，是推动构建人类命运共同体的责任担当。我们也不仅是说说，而且行动上我们也是这样做的。我们作为最大的发展中国家，始终是百分之百地履行自己的义务，始终是百分之百地信守对外做出的承诺，并且也取得了好的进展和成效，有以下两个方面：

第一，积极参与全球气候治理。我们一直是全球气候变化多边进程的积极参与者和坚定维护者。《巴黎协定》的达成和生效，中国发挥了重要作用，尤其是习近平总书记本人。在此基础上，2018年，我们又为卡托维兹大会的成功举办发挥了积极作用，推动这次大会达成了一揽子全面、平衡、有力度的成果。在双边方面，我们也围绕气候变化积极开展深入交流与合作，也取得了很好的成效。这是一方面，始终积极参与全球气候变化的治理进程。

第二，认真实施积极应对气候变化的国家战略。我们采取调整产业结构、优化能源结构、提高能效等一系列政策措施，使得温室气体的排放得到了比较好的控制，可以说是扭转了一段时期我们碳排放快速增长的局面。2018年相对于2005年，单位GDP碳排放下降了约45.8%，已经提前完成了我们提出的到 2020 年下降 40% ~ 45% 的目标；非化石能源占一次能源消费比重达到了 14.3%。其他一些工作进展也比较顺利，比较好。另外，在国内层面，我们积极推动建立中国的碳排放权交易市场，在前些年试点的基础上，2017 年 12 月已经正式启动了全国碳排放交易体系，相信碳排放交易市场体系的建立会为我们减排温室气体、应对气候变化发挥很好的作用。

我们的立场是一贯的，态度是一贯的，行动也是很坚定、很深入的，并取得了进展。但是，确实这方面问题也不少，挑战也很大，我们现在的产业和能源结构还是偏重，化石能源占比还是比较高。尽管这些年有比较明显的下降，比如煤炭占比，2012 年的时候是 68.5%，去年降到了 59%，但是大家知道我们的量很大，每降一个百分点，都意味着很大的贡献，59% 仍然还是高。其他方面的工作，在抓落实方面也还有空间，也还有不足，也还有问题。

下一步，我们准备主要从以下五个方面来着手，坚定不移地实施好积极应对气候变化的国家战略。第一，加强工作协调和政策协同，支持各类低碳技术的研发和推广。同时，加快建立和完善重点行业温室气体排放标准体系。第二，加强碳排放权交易市场管理制度建设、基础设施建设和能力建设，有效控制温室气体排放。第三，主动适应气候变化的影响，推进绿色低碳转型发展，同时倡导简约适度、绿色低碳的生活方式。第四，继续深度参与和引领全球气候治理，把握好全球低碳发展的新机遇。第五，培育经济发展新动能，更好地发挥低碳发展对经济转型的引领作用、对生态文明建设的促进作用、对环境污染治理的协同作用，持续为应对全球气候变化做出新的贡献。谢谢。

法制日报全媒体记者：近期，环保数据造假问题一直是社会公众关注的问题，环保数据造假无疑是最严重的治理之难。请问部长，我们以后将采取什么样的举措来杜绝环保数据造假这个问题？

李干杰：谢谢您的提问，这个问题很敏感，大家也很关心。您刚才讲的环保数据造假，我体会您讲的是监测数据造假。在实践中，过去最突出的也是这方面的问题。对监测数据造假，我们是深恶痛绝！我本人一再讲，我们现在生态环境的管理、生态环境的治理就像一座大厦，这座大厦，你要让它屹立不倒，最关键的是中间这个柱子一定要坚实可靠，而我们的监测就是这个大柱子。如果这个大柱子撑不住，这个大厦就撑不住，它一定会倒塌。换句话说，环境监测数据的质量也是我们环保工作的生命线，不能出毛病，不能有问题。这几年，我们着力推动监测网络建设，按照党中央的要求，这也是党中央确定的一项重要改革任务，解决环境监测质量的真实、准确、可靠的问题。我们对环境监测数据提出三个字的要求，"真""准""全"，也就是真实、准确、全面。

应该说，经过这几年的努力，环境监测数据有了根本性的转变。之前我不敢说，但今天我可以负责任地告诉大家，我们的监测数据是真实、准确、全面的。如果说全面，现在还有点差距，因为现在大气监测国控点是 1 436 个，大家认为可能还要设得再密一点，水的国控点是 1 940 个，可能有些地方还没有设。但是数据是真实、准确的，我们心里是有底的。一方面，通过体制机制的改革创新，保证了这一点。另一方面，与前后两方面的信息情况是相匹配的。前面与我们掌握的治理工程的推进、实物量的完成是匹配的，后面与我们听到的、社会反映的、老百姓的感受是一致的，不像过去是"两张皮"，我们说环境质量好了，老百姓不认账，过去这种情况确确实实存在。

对于监测数据造假的问题，我们是怎么办的呢？采取了什么样的措施来使今天的情况有大的转变和好转呢？有以下三句话：

第一，做到让其不敢。发现问题立刻查处、严肃查处，并且不是一般的追责、问责，不是蜻蜓点水。比如已经向社会发布的最典型的两个案例，一个是西安的监测数据造假案，另一个是山西临汾监测数据造假案，不仅有行政处罚，而且还有刑事处罚。临汾一个案子，进去了16个人，这在过去大家想都想不到，为了一个监测数据，有16个人受到刑事处罚。

第二，做到让其不能。通过体制机制的改革创新，以及人防加技防，做到让其不能。过去，我们国控点监测都是由地方负责的，名义上是国控点，但实际上是地方进行运行维护的，是考核谁，谁监测。我们现在体制创新，谁考核，谁监测。我们考核国控点，就是我们监测，我们请第三方进行监测，不再由地方进行监测，并且我们对第三方有一套严格的管理制度。另外，我刚才讲到，人防之外还有技防，我们采取了一系列措施，确保对监测的干扰能够避免，一旦发现问题，马上就能知道。比如国控监测点位，不仅是监测设备本身，而且也包括其他一些视频设备，全是与我们监测总站联网的，一有动静，这边马上知道，此外还有其他一系列的技术手段。

第三，做到让其不愿。当然让其不愿坦率说还有差距，因为考核的压力大，他完成不了的时候就容易动歪脑子。我们反复强调，做宣传，同时发现问题严肃查处、倒逼，还有对于确确实实做得好的，我们在一些政策和其他方面，也给予奖励、鼓励和支持，宣传引导大家认识到它的重要性，把监测工作做好。

下一步，我们还会继续把不敢、不能、不愿这三件事做好，进一步创新体制机制，进一步完善我们的规章制度。同时，最重要的是加强质量管控，发现问题严肃查处，确保我们监测这个顶梁柱、这条生命线能够不出毛病，确确实实发挥好它的作用，我们还是有这个信心的。谢谢。

检察日报全媒体中心记者：近日，最高人民检察院（以下简称最高检）和生态环境部等九部委联合印发了《关于在检察公益诉讼中加强协作配合依法打好污染防治攻坚战的意见》，今年年初最高检内设机构改革，其中第八检察厅作为承办公益诉讼检察业务的专门机构，也更好地为履行检察公益诉讼职责提供了组织保障。请问李部长，下一步，在合力打好污染防治攻坚战中，最高检需要在哪些方面与生态环境部等部门加强协作配合，怎样更好地发挥公益诉讼职能？谢谢。

李干杰：谢谢您的提问。党的十八大以来，我国生态环境保护工作进展成效明显，取得了历史性成就，发生了历史性变革。原因很多，其中一个重要的原因就是小环保变成了大环保。过去一讲环保，就是环保部门一家单打独斗，小马拉大车。现在情况完全变了，大家都积极参与，积极工作，发挥好各自的优势，齐心努力来打污染防治攻坚战。

刚才您讲的最高检就是一个典型的例子。我们特别赞赏也特别感谢最高检，包括全国检察系统把生态环境保护作为一个重要的领域，开展相关工作，发挥积极的作用。你刚才提到，包括设立了一个专门的公益诉讼机构。据介绍,公益诉讼这一块,环保占的比重是最大的,在全国公益诉讼方面,检察机关办理的案件占了四成以上,对提高人们的认识、解决相应问题发挥了很好的作用。我们也特别期待和希望能够继续发挥好公益诉讼的作用,从生态环境部的角度来讲,我们也一定会尽全力配合、支持检察机关做好相关工作。

实际上,我们跟最高检之间也建立了合作机制,包括人员交流。春节之后,我们就已经开始相互派人员到对方单位挂职。生态环境部派了一位同志到最高检,最高检也派了一位同志到我们这儿来。过去,我们挂职是上下挂职比较多,部门之间还很少,恰恰我们现在跟最高检之间已经开始了这样一个机制。另外,共同把这个工作做好,对双方都是非常重要的,也都是我们应尽的职责。后续还有很多其他的工作,我们都会进一步扩大和深化。相信在污染防治攻坚战、在整个生态环境保护工作中,检察机关的作用和贡献一定会越来越大。

中国环境报记者: 李部长您好,我的问题是,渤海综合治理攻坚战是污染防治攻坚战七大标志性战役之一,去年机构改革后,生态环境部刚刚承担了海洋生态环境保护的职责,请问您对渤海的相关情况了解吗?生态环境部在科技监管机制、队伍建设等方面能否跟得上渤海综合治理攻坚战的要求呢?今年改善渤海的生态环境质量又有什么计划?谢谢。

李干杰: 谢谢你的提问,谢谢我的同事的提问。首先问我对渤海了解吗?可以说,又了解,又不够了解,这是实话。了解,对渤海当然是了解一些,不仅是一般性的了解,过去虽然环境保护部在海洋环境保护方面的了解不如国家海洋局那样全面深入,但是,毕竟我们也是负责全国生态环境保护的部门，所以对渤海的情况多多少少也掌握一些。这次机构改革，海洋环境保护职能整合到新的生态环境部之后，说实在的，确确实实是一项新的任务，也是一个新的挑战，我们要把这个工作做好，我们需要下更大的功夫、更大的力气，去研究、推动。目前，从人力、能力方面，也还有不小的差距，现在，我们也在相关方面大力支持下，尽快推动相关能力建设起来、运行起来。

正如你刚才讲的，渤海综合治理攻坚战是污染防治七大标志性战役之一，方方面面非常关注。怎么打？能不能打好？渤海，大家知道，它的地位和作用非常重要，它既是环渤海三省一市经济社会发展的一个重要支撑，同时也是我们海洋生态环境安全的一个重要屏障，对应对气候变化来讲，它还是全球应对气候变化的重要缓冲区。前些年，在地方和相关部门的共同努力之下，渤海的生态环境保护工作也是有进展和成效的，这也反映到了它的生态环境质量改善方面。但是，问题确实也不少，包括陆源污染物排放量长期以来居高不下，包括海洋资源开发强度也一直很高，我们一些重点港湾、海水水质也一直有反复，不太稳定，更没有得到根本性的改善。所以整个形势同样也是比较严峻的。

下一步渤海综合治理攻坚战怎么打，实际上去年11月，我们会同国家发展改革委和自然资源部，经报国务院批准，印发的《渤海综合治理攻坚战行动计划》（以下简称《行动计划》）已经明确了任务书、时间表、路线图，甚至是施工图。这个《行动计划》总体的思路和举措，包括两句话，第一句话，围绕"一个目标"；第二句话，实施"三管齐下"。"一个目标"就是以建设"清洁、健康、安全渤海"作为战略目标，坚持以改善渤海生态环境质量为核心，以解决现在存在的突出环境问题为主攻方向，综合施策，确保渤海的生态环境不再恶化，三年综合治理能见到实效。"三管齐下"就是"减排污、扩容量、防风险"，实际上讲的是要污染防治、生态保护、风险防范"三位一体"一并推进、协同推进、协同增效。

在污染防治方面，主要是查排口、控超标、清散乱。查排口就是排查入海排污口，控超标就是治理那些超标的企业，清散乱就是清理整顿"散乱污"的企业。在生态保护方面，主要是守红线、治岸线、修湿地。守红线就是一定要划定和守住渤海的生态保护红线，治岸线就是治理岸线开发的问题，修湿地就是修复沿海这些湿地。在风险防范方面，主要是查源头、消隐患、强应急。查好风险的源头，尽力排除、消除这些隐患，同时还要把我们的应急准备做得更加充分、更加具体，一旦有事，确保能够喊得响、拉得出、打得赢。希望不出事，如果真出了事，能够第一时间做出响应，把污染、把事件的后果减小到最低程度。所以这个《行动计划》是比较明确的，围绕"一个目标"，实施"三管齐下"。

下一步，落实好这个《行动计划》，我们主要做两件事。

第一件事，指导推动沿海三省一市抓紧结合自身实际来制定各自的实施方案，并且把相关目标任务分解落实到相关地市和相关区县，把目标任务传递下去、分解下去，让大家赶紧行动起来。

第二件事，在地方工作的基础上，直接组织开展环渤海入海排污口的排查和整治工作。因为我们认为，在整个渤海综合治理工作中，入海排污口的排查整治是"当头炮""牛鼻子"。这个"牛鼻子"抓住了，《行动计划》的实施就有了比较大的把握。排污口的排查和整治即"查、测、溯、治"。"查"就是排查，有一算一，全部把它排查出来，实行清单式管理，拉条挂账。"测"就是监测，看看这些排污口究竟是达标还是不达标，究竟什么情况。"溯"就是溯源，把污染源找到。"治"就是整治。这项工作，生态环境部直接操盘，直接组织开展，力图把这项工作尽快推动落地见效，大幅减少陆源污染向渤海的排放。只要陆源污染向渤海的排放能够明显得到控制和降低，渤海的海水水质、生态环境的改善就很有希望，就一定能够做得到。

所以，我们目前在去年工作的基础上，正在狠抓这两件事，一是让地方赶紧编制行动计划，二是积极推进入海排污口"查、测、溯、治"这四项工作。大家可以关注，我们现在通过中国环境报、通过我们的媒体，对外也发布了相关信息。我们还是很有信心，通过这个标志性战役，《渤海综合治理攻坚战行动计划》的实施，能够为改善渤海的生态环境发挥重要作用。谢谢。

主持人：谢谢李部长，记者会到此结束，感谢各位记者参加，再见。

《中央生态环境保护督察工作规定》
发布会实录

2019 年 6 月 27 日

生态环境部副部长翟青

6月27日上午，国务院新闻办公室举行新闻发布会。发布会邀请生态环境部副部长翟青介绍《中央生态环境保护督察工作规定》有关情况，并答记者问。国务院新闻办新闻局寿小丽主持发布会。

寿小丽： 女士们、先生们，大家上午好。欢迎出席国务院新闻办新闻发布会。近日，中共中央办公厅、国务院办公厅印发《中央生态环境保护督察工作规定》，为了帮助大家更好地了解相关情况，今天我们非常高兴邀请到生态环境部副部长翟青先生，请他为大家介绍解读这个文件，并回答大家的提问。现在，先请翟青先生做简要介绍。

翟青： 各位记者朋友，大家上午好。非常感谢大家参加今天的政策解读会。

党的十八大以来，习近平总书记围绕生态文明建设和生态环境保护提出了一系列新理念、新思想、新战略，创立了习近平生态文明思想，推动我国生态环保事业取得了显著成效，实现了历史性的变革。我国大气环境和水环境的质量明显改善，生态破坏问题也得到了有效遏制，污染防治攻坚战顺利推进，老百姓的生态环境获得感、幸福感明显增强。

但是，我们要清醒地看到，我国生态文明建设和生态环境保护如逆水行舟，不进则退，依然任重而道远。在第二轮中央生态环境保护督察即将启动之前，印发实施《中央生态环境保护督察工作规定》（以下简称《规定》）意义重大，进一步彰显了党中央、国务院加强生态文明建设、加强生态环境保护工作的坚强意志和坚定决心，将为依法推动中央生态环境保护督察向纵深发展发挥重要作用。《规定》已经正式印发，并且对外公开，今天还给大家专门准备了一份文件。这个《规定》发布以后，媒体已经做了大量解读、宣传报道，包括新华社、人民日报、新京报、澎湃新闻等媒体，我看今天记者朋友们都过来了，写了大量文章，进行宣传、解读，写得非常好，包括这周二人民日报刘毅同志发表了一篇文章，非常深刻。除此以外，我认为《规定》还有三个鲜明特点：

一是政治性强。中央生态环境保护督察是一项政治任务和政治责任，必须旗帜鲜明讲政治。《规定》把政治建设摆在了首要位置，通篇体现了习近平生态文明思想；通篇体现了坚持以人民为中心的发展理念，强调要解决突出生态环境问题、改善生态环境质量、推动经济高质量发展；通篇体现了夯实生态环境保护政治责任，推进各项工作落实。

二是纪律性强。《规定》作为党内法规，具有很强的纪律刚性。一方面，对被督察对象明确了严格的政治纪律和政治规矩；另一方面，对督察组和督察人员提出了更加严格的政治纪律和政治规矩。这些政治纪律和政治规矩，对于双方而言，都是不可触碰的红线和底线。

三是引领性强。《规定》另一个鲜明特点就是坚持问题导向和结果导向。习近平总书记多次做出重要批示、指示，强调督察就是要坚持问题导向，要在发现问题上下大气力，敢于动真格的，就是要对发现的问题盯住不放，不解决问题决不松手。

《规定》出台以后，当务之急是要抓好贯彻落实。怎么抓好贯彻落实呢？我认为最重要的就是要时时刻刻牢记督察的初心和使命。督察的初心和使命是什么呢？就是要贯彻落实习近平生态文明思想，就是要解决突出生态环境问题，改善生态环境质量，就是要推动高质量发展。具体而言，要做到6个方面12个字：

一是坚定。就是要始终坚持问题导向，敢于动真碰硬，不怕得罪人，不做"稻草人"，要始终保持"钉钉子"的精神，抓住问题，不解决问题决不松手。

二是聚焦。就是要聚焦习近平生态文明思想贯彻落实，不断推动解决人民群众身边突出的生态环境问题。

三是精准。要把问题查实、查透、查准、查深，做到见事、见人、见责任，确保督察结果、督察案例经得起历史检验、经得起实践检验。

四是双查。既要查生态环境违法、违规问题，又要查违规决策者和监管不力者；既要查不作为、慢作为，还要查乱作为和滥作为。

五是引导。强化信息公开，接受社会监督，回应社会关切。在引导上，我们第一轮督察过程中在信息公开方面也是下了很大功夫。

六是规范。要严格按照《规定》的要求来开展督察工作。

寿小丽：谢谢翟部长，下面开始进行提问，提问之前请通报一下自己所代表的新闻机构。

中央广播电视总台央视记者：《中央生态环境保护督察工作规定》首次以党内法规的形式确立了督察基本制度的框架、程序规范、权限责任等。请问为什么要用党内法规的形式来规范督察工作，与之前的环境保护督察方案相比，这个《规定》又有哪些变化？为什么要做出这些改变？谢谢。

翟青：这是一个非常重要的问题。

第一，党内法规是规范各级党组织的工作、活动和党员行为的党内各种规章制度的一个总称。《规定》以党内法规的形式发布实施，意义重大。《规定》本身是生态环境保护领域的第一部党内法规，是一个里程碑，具有历史性的意义。开展中央生态环境保护督察是以习近平同志为核心的党中央为推动生态文明建设和加强生态环境保护而采取的一项重大改革举措和重大制度安排。《规定》以党内法规的形式来规范督察工作，充分体现了党中央、国务院推进生态文明建设、加强生态环境保护工作的坚强意志和坚定决心。特别是在第二轮中央生态环境保护督察即将启动之前发布这个《规定》，意义更加重大。

第二，充分说明了生态环境保护工作是各级党委、政府一项重要的政治任务。《规定》之前有一个方案，中央生态环境保护督察开始于一个督察工作方案。2015 年 8 月，经过中央批准，中共中央办公厅、国务院办公厅发布实施了《环境保护督察方案（试行）》（以下简称《督察方案》），我们按照要求，经过三年努力，对被督察对象开展了第一轮督察，2018 年对 20 个省（区）开展了"回头看"，应该说，督察的效果还是非常明显的。在这个过程中，《督察方案》还是发挥了很重要的作用。在工作过程中，我们也发现有些要求、有些工作还缺少一些细化规定，还有就是督察工作的法制基础需要进一步提升。正是在这样的背景之下，为深入贯彻落实习近平总书记关于中央生态环境保护督察要向纵深发展的重要批示、指示精神，生态环境部会同有关部门在深入调查研究，反复评估论证的基础上，提出《规定》初稿，经党中央批准之后，现在已经正式印发实施。《规定》和原先的《督察方案》相比有不少变化，主要体现在三个方面：

一是更加强调督察工作要坚持和加强党的全面领导。《规定》明确提出中央生态环境保护督察要坚持和加强党的全面领导，在第四条第一句话就是要"提高政治站位"，强调督察应当严明政治纪律和政治规矩，并且在《规定》里明确提出来，中央生态环境保护督察组在进驻地方开展督察的时候，要组建临时党支部，组建临时党支部的目的，就是在进驻督察期间，要严格落实全面从严治党的要求。

二是更加突出和强调了纪律责任。在原先的《督察方案》中，对纪律责任有要求，对督察组有五方面要求，对被督察对象也有一些原则性的要求，在《规定》里纪律要求大幅增加，专门设了一章，就是第五章，一共9条10款，既对被督察对象提出了纪律要求，也对中央生态环境保护督察组、督察人员，生态环境部，中央生态环境保护督察办公室都提出了明确要求。在9条10款中，其中6条7款都是针对督察组和督察人员提出的，分别占到了这一章总的条数和款数的67%和70%。也就是说，这个《规定》对被督察对象有纪律要求，但是更多的还是对督察人员提出了严格的纪律要求。

三是更加丰富和完善了督察的顶层设计。原先的《督察方案》中更多的侧重在操作层面，大体上原先的《督察方案》有五个方面2 300多字，《规定》现在是6章42条，5 600多字。《规定》进一步细化，增加了可操作性。此外，《规定》更加注重顶层设计，比如这里明确了中央生态环境保护督察是两级督察体制，中央一级、省一级。比如还进一步明确了三种督察方式，例行督察、专项督察、"回头看"等。因此，这个《规定》的印发实施，将为我们更加深入地做好督察工作奠定重要基础。谢谢。

光明日报记者：请问翟部长，第一轮中央生态环境保护督察及"回头看"已经完成了，现在大家都很关注第二轮情况，那么第二轮计划何时启动？与第一轮相比，第二轮有哪些新的特点和安排？在此前的督察中，有一些地方被曝存在"一刀切"的问题，在第二轮督察过程中，会有哪些针对性措施来避免这些问题？谢谢。

翟青：大家非常关注第二轮督察启动的时间和督察的对象，根据党中央、国务院的决策部署，从 2019 年开始，2020 年、2021 年，利用三年时间对被督察对象开展新一轮督察。再利用 2022 年一年的时间，对一些地方和部门开展"回头看"。目前第二轮第一批督察进驻的准备工作已经基本就绪，待党中央批准之后，将于近期启动新一轮督察，具体的督察地方，包括其他的督察对象待党中央批准之后，我们会立即向社会公开。

关于第二轮督察和第一轮相比有哪些变化，哪些没有变化？不变的，就是督察的初心和使命，就是坚持贯彻落实习近平生态文明思想，解决突出的生态环境问题，推动高质量发展，这一点没有变化。

当然有些方面也做了调整，比如在督察的对象上，《规定》明确把国务院有关部门和有关中央企业作为督察对象，这点有些变化。

在督察内容上也有些变化。这次《规定》把落实新的发展理念、推动高质量发展作为了督察内容，进一步丰富了督察内涵。因为在第二轮督察过程中，我们会聚焦于污染防治攻坚战、聚焦于山水林田湖草生命共同体，以大环保的视野来推动督察工作向纵深发展。

在督察方式上也有一些变化，包括会进一步强化宣传工作，进一步强化典型案例的发布，还有进一步采用一些新技术、新方法来提高督察效能。

第二个问题，关于"一刀切"，确实是一个老的话题，社会各界高度关注，"一刀切"既损害了合法、合规企业的切身利益，对于生态环保工作而言也是一种"高级黑"。对于这种情况，我们的态度非常明确，就是坚决反对，一旦发现，严肃查处。在第一轮督察过程中，我们也发现有这些情况，包括有些县里知道要督察，把一个工业园区的企业统统关掉。2016年前后，某地的一个区县为了数据好看，为了没有冒烟的情况，怎么办呢？把蒸馒头的店统统关掉了。对于这些情况，我们发现以后立即要求地方进行整改，制止这种行为，并且我们还查处了一些典型案例并向社会公开，发挥警示作用。第二轮督察开始以后，在"一刀切"的问题上，我们的态度依然非常明确，就是坚决反对，一旦发现立即要求地方坚决查处。在进驻之前会发布具体要求，对督察对象提出要求，要求高度重视"一刀切"的问题，要求坚决禁止"一刀切"现象，要求坚决禁止紧急停工、紧急停业、紧急停产等这些简单、粗暴的方式。当然在这个过程中，如果再有这些问题，我们仍然会像第一轮督察一样坚决查处，并向社会公开，发挥警示震慑作用。

第一财经日报记者：有一些上市公司在股价暴涨的同时，也会因为污染的问题受到督察组的点名批评。比如，正邦科技在2018年仅仅因为污染问题就被点名批评了10多次，直到现在，正邦科技在江西的部分养殖基地污染问题依然很严重，根据当地的村民反映，目前好像饮用水洁净问题也被影响了，对这种我们已经点出来的问题，仍然没有改善，对这样的问题有没有一些后续的措施呢？谢谢。

翟青：你讲的这个问题，媒体有报道，我们已经关注到了。目前，我们生态环境部有关单位正在和地方一起研究解决这个问题。不管是什么样的企业，不管是多大规模的企业，只要是违反了生态环境的法律法规，一定会受到严肃的查处。这是第一点。

对于第一轮中央生态环境保护督察发现的这些问题，特别是一些重大的问题，我们都通过非常正式的程序和机制向地方进行了移交移送。督察结束以后，对移交移送的这些问题的整改情况，中央生态环境保护督察不会不管的，一定会盯住不放，一定会以"钉钉子"的精神来确保这些问题得到彻底解决，问题不解决，决不会松手。这是第二点。

中国日报社记者：我们注意到，《规定》要求后续的督察以解决突出的生态环境问题、改善生态环境质量、推动经济高质量发展为重点。请问中央生态环境保护督察如何推动经济高质量发展？谢谢。

翟青：中央生态环境保护督察开展三年多了，这三年多来的实践证明，通过督察不仅推动地方解决了一批突出的生态环境问题，也在促进地方树立新发展理念，推动高质量发展方面发挥了重要作用。具体有四个方面的表现。

第一，督察可以有效地提升地方落实新发展理念的自觉性，在意识和认识上不断提高自觉性。督察不仅是一个"工作体检"，更是对贯彻落实习近平生态文明思想的一种"政治体检"。通过这几年督察，我们深刻感受到地方各级党委政府生态环境保护责任意识明显增强。刚才在休息室的时候，我跟主持人还在讨论这个问题，主持人在地方挂职期间，感受到这些年地方确实非常重视生态环境保护，这点我相信大家都有相同的感受，就是地方各级党委政府在责任意识方面明显增强了。我们也感到落实新发展理念的自觉性、主动性明显增强，不重视、忽视生态环境保护的情况，有明显的变化。这些年来，特别是党的十八大以来变化很大。这些思想上的变化，对于推动经济高质量发展发挥了重要作用。

第二，督察可以有效倒逼产业结构调整和产业布局优化。举几个例子，比如在新疆，通过督察统一大家的思想，明确禁止"三高"项目进疆，就是"高污染、高能耗、高排放"的项目不能进新疆。比如在内蒙古实施了以水定产，有多少水，发展多少产业，使得一些高耗水产业得到了有效遏制，过度发展得到有效遏制。比如在广东东莞有一个华阳湖地区，之前污水遍地、垃圾遍地、臭气熏天，经过这几年的整改，现在已经变成了国家级湿地公园，实现发展的华丽转身，督察的倒逼作用已经显现出来了。

第三，督察可以有效解决"劣币驱逐良币"的问题。通过对一些污染重、能耗高、排放多、技术水平低的"散乱污"企业的整治，有效规范了市场秩序，创造了公平的市场环境，从更深层次激发了生产要素的活力，有效解决了"劣币驱逐良币"的问题，使合法、合规企业的生产效益逐步提升，这些年也有大量的例子。

第四，督察可以有效推动一批绿色产业加快发展，对一些绿色产业的发展起到了很大的推动作用。比如大家非常关注的黑臭水体的治理。这些年在中央生态环境保护督察的强力推动之下，全国36个重点城市的黑臭水体治理取得了显著成效。大家知道，污水管网是解决水环境问题的一个非常重要的措施，不修管网，城市的水环境好不了。在这个治理过程中，初步统计，政府累计投资了1 140亿元，新增污水管网19 872千米，新建污水处理厂（设施）305座，新增污水处理能力1 415万吨/日。这一方面解决了生态环境问题，另一方面也拉动了经济增长，同时还提升了城市的品位，应该说经济效益、社会效益、环境效益都得到了提升，实现了多赢。谢谢。

中国新闻社记者：今年 4 月，生态环境部党组审议通过了《中央生态环境保护督察纪律规定》。我想请问一下翟部长，在督察别人的同时，如何做到自己不出问题？谢谢。

翟青：在督察别人的时候，怎么保证自己不出问题？这也是作为督察工作组织者非常关注的一个问题。早在 2017 年 8 月，原环境保护部党组就出台《中央环境保护督察纪律规定（试行）》。这份文件对督察组、督察组成员提出了严格要求，这份文件当时定了 10 个方面要求，从政治纪律、政治规矩等方面提出了明确要求，并且要求在督察进驻的当天，就要把这个纪律规定通过当地的新闻媒体和政府网站等向社会发布出去，让被督察对象和社会各界监督督察组和督察人员的行为。另外，我们制定了《中央生态环境保护督察组临时党支部工作规范》，也是部党组制定的另外一份文件，要求督察组在进驻的当天，就要组建临时党支部，要加强学习，要落实全面从严治党的各项要求，也就是说在督察期间，是有党组织的，党组织要发挥作用的。此外，督察组还要实施"一督察两报告"制度，在督察结束以后，不仅要提交督察报告，而且还要提交党风廉政建设报告。

为了进一步加强政治建设，近期，我们根据《中央生态环境保护督察工作规定》等最新要求，对《中央环境保护督察纪律规定（试行）》又做了新的补充完善，新修订的《中央生态环境保护督察纪律规定》（以下简称《纪律规定》）在今年 5 月已经施行。一是充分体现了督察的政治属性，明确提出要全面贯彻落实习近平生态文明思想，要加强政治建设、严明政治纪律和政治规矩，要增强"四个意识"、坚定"四个自信"、做到"两个维护"，这在《纪律规定》里非常明确地提出了。二是要坚决反对形式主义、官僚主义，在督察工作中我们要坚持依规依法，要坚持客观公正，我们要求每个督察组、每位督察人员都要聚焦、精准、深入，要防止形式主义、官僚主义，特别是提出严格禁止表面文章，搞形式、走过场，对这些《纪律规定》都提出了明确要求。另外，还要切实减轻被督察对象的负担，这也是我们经过认真研究，写进新修订的《纪律规定》里的。

《纪律规定》要求督察组的同志们在进驻期间，要轻车简从，对地方的陪同、接待都有明确的要求。如果有人搞层层陪同，也必须亮明我们的态度，要坚决制止。打铁必须自身硬，在督察工作中，我们就是要严格落实好《规定》相关要求，严格落实好中央八项规定及其实施细则精神，严格落实好《纪律规定》相关要求，管住我们的口、管住我们的手、管住我们的腿、管住我们的眼，做好"四管"，我们要树立一个良好的形象，要为督察的深入开展奠定重要基础。谢谢。

中央广播电视总台国广记者：每次中央生态环境保护督察都会公开一批突出的生态环境问题，这一方面是好事，但是从另一方面来看，地方的日常监督执法在哪里？为什么这些问题没有在日常的监督执法时被发现？中央生态环境保护督察和地方日常监督执法是什么样的关系？谢谢。

翟青：这个问题的角度还是挺新的，同志们看到的、媒体上发布的大多是一些反面的典型案例，我们看到的更多的是这些案例。实际上，党的十八大以来，我们生态文明建设和生态环境保护取得了显著成效，实现了历史性的变化。这些变化得益于地方各级党委政府深入贯彻落实习近平生态文明思想，加大生态环境保护的工作力度，严肃查处各类生态环境问题，大家想想是不是这个道理。地方所发现的问题、查处的问题，远远多于中央生态环境保护督察所发现的问题，这是一个基本的事实。中央生态环境保护督察和地方日常监督执法之间的关系其实是一个相辅相成的关系。中央生态环境保护督察就是要通过发现一些典型的案例，发现一些突出的问题，发现一些点上的问题，通过以点带面来督促地方进一步加强生态环境保护工作，进一步建立长效机制，进一步加强日常监管，相互之间是这么一个最基本的关系。谢谢。

经济日报记者：关于这次的《规定》提出对国务院有关部门和有关央企开展督察，这与之前对地方的督察有什么不同？另外，这次督察工作领导小组也是由中共中央办公厅、中组部等8个部门组成，为何是这8个部门？是出于什么考虑？谢谢。

翟青：关于这个问题，对国务院有关部门和有关中央企业开展督察，这确实是一个很大的变化。对于督察工作而言，无论是对地方还是对国务院有关部门，还是对有关中央企业的督察，我们都始终坚持几个基本点，就是坚持问题导向不会变、坚持信息公开不会变、坚持强化督察问责不会变。通过坚持问题导向、做好信息公开、强化督察问责，切实推动习近平生态文明思想的贯彻落实，推动落实生态环境保护"党政同责""一岗双责"，推动落实生态文明建设和生态环境保护政治责任。这些方面都是基本点，都是一样的。

具体对部门、对中央企业的督察而言，也还是有一些不同。比如对中央企业而言，督察将会更多地关注其污染防治主体责任是不是得到很好的落实，以及落实新发展理念、推动高质量发展的情况如何。对部门而言，我们会更多地关注其在规章、政策、规划、标准等制定过程中，是不是贯彻落实了习近平生态文明思想，是不是做到了统筹经济发展和生态环保的关系。这些方面还是有所侧重的。

您刚才还提到了领导小组的问题，这确实也是一个非常重要的问题。中央生态环境保护督察工作领导小组有 8 个组成部门，中央生态环境保护督察办公室设在生态环境部，负责中央生态环境保护督察工作领导小组的日常工作。这个考虑主要还是由督察工作的性质决定的，这种协调机制的设立、领导机构的设立，有利于强化督察的权威，有利于督察结果的运用，确保督察形成的报告、形成的结论能够得到有效运用，现在的设置是非常有利的。另外，还有利于把生态文明建设和生态环境保护的政治责任进一步夯实，进一步落实到位。我觉得这是领导小组组成部门的一个基本考虑。谢谢。

寿小丽： 好的，谢谢翟部长。也谢谢各位记者朋友，今天新闻发布会就到这里，大家再见。

《中国应对气候变化的政策与行动 2019 年度报告》发布会实录

2019 年 11 月 27 日

生态环境部副部长赵英民

11 月 27 日上午，国务院新闻办公室举行新闻发布会，请生态环境部副部长赵英民、应对气候变化司司长李高介绍《中国应对气候变化的政策与行动 2019 年度报告》有关情况，并答记者问。国务院新闻办新闻局副局长、新闻发言人袭艳春主持发布会。

袭艳春：女士们、先生们，上午好，欢迎大家出席国务院新闻办新闻发布会。今年联合国气候变化大会即将举行，今天《中国应对气候变化的政策与行动 2019 年度报告》正式发布。为了帮助大家更好地了解相关情况，我们今天非常高兴地邀请到生态环境部副部长赵英民先生，请他为大家介绍相关情况，并回答记者朋友们的提问。出席今天发布会的还有生态环境部应对气候变化司司长李高先生。下面先请赵英民先生做介绍。

赵英民：各位记者朋友们，女士们、先生们，大家上午好，非常欢迎大家参加《中国应对气候变化的政策与行动 2019 年度报告》的新闻发布会。借此机会，我也代表生态环境部对大家长期以来对中国应对气候变化工作的关心和支持表示衷心的感谢。

中国始终高度重视应对气候变化工作。习近平主席多次强调，应对气候变化不是别人要我们做，而是我们自己要做，是中国可持续发展的内在需要，也是推动构建人类命运共同体的责任担当。在全国生态环境保护大会上，他明确指出，要实施积极应对气候变化国家战略，推动和引导建立公平合理、合作共赢的全球气候治理体系。今年 7 月，李克强总理主持召开国家应对气候变化及节能减排工作领导小组会议，研究部署应对气候变化领域的重点工作。近日，党的十九届四中全会指出，完善绿色生产和消费的法律制度与政策导向，推进市场导向的绿色技术创新，更加自觉地推动绿色循环低碳发展。

多年来，我们将应对气候变化作为生态文明建设、推动经济高质量发展、建设美丽中国的重要抓手，采取了应对气候变化的积极行动。2018 年以来，各地方、各部门坚持以习近平生态文明思想为指导，贯彻落实全国生态环境保护大会的部署和要求，共同推动应对气候变化工作取得了新进展。

在系统总结应对气候变化工作的基础上，我们组织编制了《中国应对气候变化的政策与行动 2019 年度报告》（以下简称《年度报告》）。《年度报告》这项工作从 2009 年开始，至今已经连续发布了 10 年，今年是第 11 年。今年的《年度报告》内容涵盖了减缓气候变化、适应气候变化、规划编制和制度建设、基础能力、全社会广泛参与、积极参与全球气候治理、加强国际合作与交流，以及《联合国气候变化框架公约》第 25 次缔约方大会的基本立场与主张等 8 个方面内容，全面反映了 2018 年以来中国在应对气候变化领域的政策行动和工作情况，展示了中国积极应对气候变化的成效，有助于大家了解中国应对气候变化的最新进展。

2018 年以来，中国继续深入推进应对气候变化工作，采取了一系列政策措施，控制温室气体排放，碳排放强度持续下降。适应气候变化工作持续推进，体制机制不断完善，碳排放权交易市场建设有序推进，公众应对气候变化意识不断提高。

同时，中国政府积极建设性参与全球气候治理，坚持《联合国气候变化框架公约》确定的公平、"共同但有区别的责任"和各自能力原则，与各方携手推动全球气候治理进程，推动《巴黎协定》实施细则的谈判取得积极成果，在联合国气候行动峰会上贡献中方倡议和中国主张。我们还不断加强与各方在气候变化领域的对话交流及务实合作，继续为广大发展中国家提供力所能及的帮助，深入开展气候变化"南南合作"，始终坚持多边主义，不断为全球气候治理和全球生态文明建设注入新的生机与活力。

下一步，我们还将坚定实施积极应对气候变化国家战略，有效控制温室气体排放，主动适应气候变化影响，推进绿色低碳发展，积极参与全球气候治理，更好地发挥应对气候变化对高质量发展的引领作用、对污染治理的协同作用、对生态文明建设的促进作用。

《联合国气候变化框架公约》第 25 次缔约方大会召开在即，中国将继续发挥建设性作用，维护多边主义制度框架，全力支持大会取得积极成果。

下面，我和我的同事愿意回答媒体记者朋友们的提问。谢谢大家！

袭艳春：感谢赵英民先生的介绍。下面开始提问，提问前请通报所在新闻机构。

中央广播电视总台央视记者：请问，中方对即将召开的《联合国气候变化框架公约》第 25 次缔约方大会有何期待？希望达成哪些目标？谢谢。

赵英民：谢谢您的提问。《联合国气候变化框架公约》第 25 次缔约方大会，是一次承上启下的重要会议。坚持绿色低碳发展，已经成为潮流和趋势。当前，全球经济发展还存在着很多不确定性因素，各种复杂因素交织，所以在当前的形势下，我们应当坚持多边主义、坚定地维护《联合国气候变化框架公约》及其《京都议定书》和《巴黎协定》明确的全球应对气候变化的原则和框架，积极兑现承诺、加强合作，共同应对气候变化所带来的挑战。

我们认为，这次大会主要有四个任务需要重点解决：

一是努力完成《巴黎协定》实施细则遗留问题的谈判。这是全面有效实施《巴黎协定》的重要基础，因为只有全面结束《巴黎协定》实施细则的谈判，我们才能在 2020 年以后开启全面实施《巴黎协定》的阶段。同时，这也事关多边机制的权威性和有效性。

二是推动资金问题取得积极进展。当前气候多边进程面临的最大问题是发达国家提供支持的政治意愿不足，很多不同名目的资金都被贴上了"气候"的标签重复计算。我们希望发达国家以透明、可预见、基于公共资金的方式，向发展中国家提供充足、持续、及时的支持，包括兑现到 2020 年每年向发展中国家提供 1 000 亿美元的气候资金承诺，并在此基础上提出加强对发展中国家资金支持的目标、路线图和时间表，同时切实提高资金支持的透明度。

三是做好 2020 年前行动和力度的盘点。国际社会应清晰地梳理 2020 年前发达国家在减排力度、为发展中国家提供支持等方面的差距，针对进一步弥补差距，做出明确安排，确保不在 2020 年后向发展中国家转嫁责任。

四是坚定发出支持多边主义的强烈政治信号。应对气候变化是全人类面临的共同挑战，需要各国在多边框架下携手应对。因此要防止单边主义、保护主义损害世界经济增长前景，进而影响国际社会共同应对气候变化的意愿和信心，避免最终影响全球应对气候变化的集体努力和效果。

中国作为最大的发展中国家，始终坚定支持多边主义，立足国情，百分之百落实自己的承诺，积极建设性地推进气候多边进程。我们愿与各方共同努力，全力支持 COP25 主席国以公开、透明、协商一致、缔约方驱动的方式推动大会取得成功，为《巴黎协定》全面有效实施奠定坚实的基础。

香港经济导报记者：请介绍一下全国碳排放权交易市场的建设情况，存在哪些问题？下一步将有何举措？谢谢。

赵英民：这个问题请李高同志回答。

李高：谢谢赵部长，谢谢记者的提问。全国碳排放权交易市场的建设受到各方面的关注，我们也在过去一段时间，特别是本次机构改革，气候变化职能转隶到新组建的生态环境部以后，相关的工作也取得了积极进展。这项工作也受到了生态环境部党组的高度重视、积极推动。

全国碳排放权交易市场建设是一项非常复杂的工作，它是用市场机制来控制和减少温室气体排放、推动绿色低碳发展的一项重大制度创新。在过去很多年当中，我们学习借鉴国外的碳排放权交易市场经验，包括他们出现的一些问题和教训，同时通过国内试点来探索积累经验，在这个基础上推进全国统一的碳排放权交易市场建设。

在过去一段时间，特别是转隶以来，我们按照《全国碳排放权交易市场建设方案》提出的任务要求，积极稳妥地推进全国碳排放权交易市场建设，取得了积极进展。主要体现在以下四方面：

一是在制度体系建设方面，起草完善《碳排放权交易管理暂行条例》，这是为碳交易奠定法律基础的重要文件，在起草过程中还专门向社会公开征求意见，当然也广泛征求了企业、地方政府、行业部门的意见。我们还积极推动制定相关配套制度，包括重点排放单位温室气体排放报告管理办法、核查管理办法、交易市场监督管理办法等一系列的制度性文件，这些制度性文件对于全国碳排放权交易市场的运行发挥着非常重要的作用。

二是在技术规范体系建设方面，我们组织开展了 2018 年度碳排放数据的报告、核查及排放监测计划制订工作，进一步完善发电行业配额分配的技术方案，同时组织各省（市）报送了发电行业的重点排放单位名单，从技术层面推进全国碳排放权交易市场建设。

三是在基础设施建设方面，我们在原有全国碳排放权注册登记系统和交易系统的建设方案提出以后，又组织专家做了优化评估，下一步，这个方案要根据专家的意见再进一步修订完善。在修订完善后，将会开展注册登记系统和交易系统建设，这对于全国碳排放权交易市场来讲将是向前迈进的一大步。

四是在能力建设方面，我们也开展了一系列工作，这次机构改革后，气候变化工作由生态环境系统牵头，碳交易的工作在地方层面也由地方生态环境系统来负责，他们可能还缺乏一些经验，还有发电行业的企业，我们针对这个情况开展了大规模培训行动，目的是做好相关的能力建设支撑准备。

全国碳排放权交易市场的建设确实非常复杂，尽管有国际碳排放权交易市场和我们试点积累的一些经验，但仍然是一项非常具有挑战性的工作，特别是我们在我国碳排放还在上升的情况下开展碳排放权交易市场的设计，推动碳排放权交易市场的运行。这个挑战与当年欧盟或者美国加利福尼亚州的碳排放权交易市场面临的挑战是不一样的，所以，我们要立足中国国情和现实情况来开展相关制度创新，确保碳排放权交易市场平稳起步和稳定运行，发挥好其作用。

下一步，我们要围绕几个重要方面积极推动。我们将加快出台重点排放单位的温室气体排放报告管理办法、核查管理办法、交易市场监督管理办法，把制度体系构建起来，形成比较完整的体系，为碳排放权交易市场运行奠定制度基础。同时，作为全国碳排放权交易市场建设和运行非常重要的一个基础性文件，《全国碳排放权配合总量设定和分配方案》的工作，我们要抓紧推动发布。全国碳排放权交易市场以发电行业为突破口，《发电行业配额分配技术指南》已经基本制定完成，下一步也要抓紧发布，为市场配额分配方法体系奠定坚实的基础。还要抓紧推动全国碳排放权注册登记系统和交易系统建设，确定纳入全国碳排放权交易市场的发电行业重点排放单位名单，并在注册登记系统和交易系统中开户，做好在发电行业率先开展交易的一系列准备工作。

我们也有信心在部党组的领导下，在各部门、各行业和企业的支持下，积极稳妥地推进全国碳排放权交易市场建设，实现碳排放权交易市场的平稳启动、稳定运行，发挥市场机制在控制和减少温室气体排放、降低全社会减排成本方面的作用。

香港有线电视记者：关于中国承诺的 2020 年的一些目标，二氧化碳排放的目标已经达到，可再生能源占一次能源比重目前达到百分之多少，距离 15% 的目标还有多少距离呢？另外，我们留意到，在今年的《年度报告》中应对气候变化新增了"人体健康领域"的章节，新增这个章节有什么考虑？在 2017 年《年度报告》中提到的"绿色低碳金融"，今年的《年度报告》好像没有提及，因为我是粗略地看，可能我忽略了，没有提及是什么原因呢？

赵英民：我先简要地回答关于可再生能源方面的情况、人体健康的情况，绿色金融的问题请李高同志回答。

中国政府一直高度重视支持清洁能源和可再生能源的开发利用，推动能源生产和消费革命，特别是落实《可再生能源促进法》，依法推动不断完善可再生能源规划和产业政策体系，稳步推进水电领域各项工作，继续保持风电平稳有序发展，大力推动太阳能产业健康有序发展，积极推进地热能开发利用，推进生物质能可持续发展，协调解决清洁能源的消纳问题。

全国人大常委会目前正在开展《可再生能源促进法》的执法检查。截至 2018 年年底，中国可再生能源发电装机达到 7.3 亿千瓦，占全部电力装机的 38.3%。其中，水电装机 3.5 亿千瓦，风电装机 1.8 亿千瓦，光伏发电装机 1.7 亿千瓦，生物质发电装机 1 781 万千瓦，同比增长 2.5%、12.4%、34.0%、20.7%。从数字可以看出来，中国可再生能源的发展还是非常迅速的。

2018 年，可再生能源发电量达到 1.9 万亿千瓦时，占全部发电量比重的 26.7%。其中，水电 1.2 万亿千瓦时，风电 3 660 亿千瓦时，光伏发电 1 775 亿千瓦时，生物质发电 906 亿千瓦时。这是一些具体的数字。应该说，随着《可再生能源促进法》的深入推进，中国可再生能源的清洁能源替代作用正在日益显现。

关于健康的问题。的确，应对气候变化对全人类的影响是深远的，不仅对自然环境有影响，而且也通过自然环境直接作用到人体健康。科学界关于气候变化对人体健康影响的研究也在增多，中国政府对此高度重视，我们正在努力提升适应气候变化的公共服务能力和管理水平，推进建立健康监测、调查和风险评估制度以及标准体系，同时不断加强与气候变化密切相关的疾病防控、疫情动态变化监测和影响因素的研究，制定与气候变化密切相关的公共卫生应急预案、救援机制，建立高温热浪与健康风险的早期预警系统。我们还不断地强化适应气候变化人群健康领域的研究，组织开展相关的健康项目，增强公众应对高温热浪等极端天气的能力。

应该说，对人体健康的影响反映出气候变化的影响是全局性和长期性的，与社会福祉和人民群众密切相关。一方面，我们还需要进一步加强相关研究；另一方面，也需要和国际社会携手共同应对，不断强化应对气候变化的行动，努力减少气候变化带来的各种不利影响。

第三个问题请李高同志回答。

李高：您翻到我们2019年《年度报告》的第31页，那上面有两个小标题，是"发展绿色金融"和"气候投融资"，实际上我们的报告里反映了这方面的内容。

2018年以来，绿色金融方面，一个比较重要的工作是发布了一系列文件，还有一个是2018年中国人民银行和中国证监会共同推动绿色债券标准委员会成立，这是一个重要的进展。从去年到今年，气候投融资领域的相关工作取得了很重要的进展。一是在这次机构改革当中充分考虑到金融系统对于推动气候变化工作的重要性，所以在国家应对气候变化及节能减排工作领导小组的成员单位当中纳入了中国人民银行，目的就是要推动金融系统、金融政策对中国应对气候变化，包括实现国家自主贡献目标做出系统性响应，这是一个很重要的进展。二是生态环境部也加强与金融监管部门、财政主管部门、投资主管部门的联系，动员金融政策、投资政策、财政政策更好地为应对气候变化服务，我们也在推动发布相关的政策性文件，使应对气候变化的政策能够与金融、投资的相关政策形成合力，更好地推动应对气候变化的目标实现。

还有一项重要工作，生态环境部牵头，会同中国人民银行、中国银保监会、国家发展改革委、财政部，推动成立气候投融资专业委员会。专业委员会的目标是促进应对气候变化的政策与金融投资政策更好衔接，作为一个平台，更好地发挥政策研究、政策协同的作用。我们也希望这个平台促进产融对接，使产业和金融机构利用这个平台增进交流，促进金融手段更好地为气候友好的相关产业和项目服务。同时，我们也希望它发挥沟通交流平台的作用。气候投融资在国际上非常流行、非常普遍，相关国际金融组织、各国相关政府部门以及一些机构，对与中国开展气候投融资相关工作非常感兴趣，我们也希望气候投融资专业委员会能发挥在这个领域深化相关国际合作的作用。我们也希望气候投融资专业委员会能够得到相关部门的大力支持，发挥好作用，为应对气候变化工作进展起到积极的促进作用。

中国新闻社记者：2018 年以来，中国应对气候变化工作取得了哪些进展？存在哪些问题？生态环境部作为应对气候变化的主管部门，对下一步工作如何考虑？谢谢。

赵英民：应对气候变化工作是机构改革之后，生态环境部承担的一项非常重要的职能。在党中央、国务院的坚强领导下，各部门、各地方积极落实《"十三五"控制温室气体排放工作方案》确定的目标任务，全国应对气候变化工作取得明显成效。今天发布的《年度报告》，比较全面地反映了这些成效的具体内容。归纳起来主要有六个方面：

一是减缓气候变化工作全面推进。持续落实"十三五"碳强度下降目标，初步核算，2018 年全国碳排放强度比 2005 年下降 45.8%，保持了持续下降，而且这个数字已经提前达到了 2020 年碳排放强度比 2005 年下降 40% ~ 45% 的承诺，基本扭转了温室气体排放快速增长的局面，非化石能源占能源消费的比重达到 14.3%。

二是适应气候变化工作有序开展。适应和减缓同样重要，农业、水资源、森林、海洋、人体健康、防灾减灾等领域在适应气候变化方面做了大量工作，也取得了积极进展。气候适应型城市试点工作继续深化，中国还参与发起了全球适应委员会，积极推动适应气候变化的国际合作。

三是应对气候变化体制机制不断完善。我们不断强化应对气候变化与生态环境保护工作的统筹协调，完善国家应对气候变化及节能减排工作领导小组的工作机制，领导小组统一领导、主管部门归口管理、各部门相互配合、各地方全面参与的应对气候变化工作机制已经初步形成。目前，全国各地应对气候变化机构改革和职能调整已经全部完成。

四是碳排放权交易市场建设持续推进。我们陆续发布了 24 个行业的碳排放核算报告指南和 13 项碳排放核算的国家标准，碳排放权交易市场相关制度建设、基础设施建设、能力建设扎实稳步推进。

五是积极参与全球气候治理。在《巴黎协定》实施细则的谈判中，我们积极提出中国方案，为谈判取得成功做出了重要贡献。坚持多边主义，坚持"共同但有区别的责任"等原则，中国在全球气候治理中不断发挥着重要的建设性作用。

六是气候变化宣传持续强化。这方面要感谢广大媒体界的朋友们。各部门和地方积极开展"全国低碳日"活动，开展各种各样内容丰富的宣传活动，及时向全社会通报应对气候变化工作的最新进展。通过近些年的努力，全社会应对气候变化的意识在不断提高。

但是，我们在看到这些进展和成绩的同时，也清醒地意识到，中国作为世界最大的发展中国家，我们取得这些成绩的背后付出了艰苦卓绝的努力。我简单举几个例子。比如我们采取了淘汰落后产能、推动散煤替代、关停"散乱污"企业等强有力的措施，大力推动产业结构调整、能源结构优化、节能、提高能效、推进各地低碳转型，付出了很多努力和艰辛。刚才给大家通报的，2018 年碳排放强度同比下降约 4%，超过年度预期目标 0.1 个百分点，比 2005 年累计降低 45.8%。这个数字相当于中国减排 52.6 亿吨二氧化碳，非化石能源占能源消费总量比重达到 14.3%。所以，这些成绩的取得是非常不容易的，另一方面也说明了中国推动绿色循环低碳发展的成效。

同时，我们还面临着发展经济、改善民生、消除贫困、环境治理等艰巨任务。尽管面临很多困难和挑战，但是我们应对气候变化的决心、信心不会动摇，我们将百分之百地履行应对气候变化的国际承诺，推动国内经济低碳转型和高质量发展。

下一步，应对气候变化工作还要继续深入贯彻落实习近平生态文明思想和全国生态环境保护大会精神，认真落实国家应对气候变化及节能减排工作领导小组会议有关气候变化各项工作的决策部署，坚定不移地实施积极应对气候变化国家战略，积极维护多边主义，继续积极建设性地参与气候变化的国际谈判。同时，我们将继续采取措施落实国家自主贡献的目标承诺，将应对气候变化融入国民经济和社会发展规划，强化温室气体排放控制，加强适应气候变化工作，继续开展气候变化"南南合作"，倡导绿色、低碳的生活生产方式，推动应对气候变化工作不断取得积极进展。

路透社记者：中国已经在应对气候变化方面做出了自己能力范围内最高的承诺，在明年更新承诺的时候，会有什么新变化呢？同时，中国也提出在 2030 年前后实现碳排放峰值的问题，还有涉及火力发电厂的相关情况，是否会限制新增火力发电厂的数量？

赵英民：2015 年，中国向联合国提交了国家自主贡献，提出了一系列到 2030 年应对气候变化的目标，这些目标是基于中国现阶段的发展水平和现实国情，经过科学论证确定的。刚才我给大家也介绍了，这些目标是需要经过艰苦卓绝的努力才能实现的。这个目标既体现了中国作为负责任大国的担当，也反映了中国目前所处的发展阶段和国情能力。作为世界上最大的发展中国家，我们一方面不断努力推进应对气候变化工作，另一方面的确也面临着发展经济、改善民生、消除贫困和治理污染等多重挑战。我们有压力、有挑战，但我们还是会尽最大努力，认真落实已经做出的承诺。

中国将按照《巴黎协定》的要求，以及"共同但有区别的责任"、公平、各自能力的原则和国家自主决定的精神，按时通报提交国家自主贡献目标以来应对气候变化工作的进展，以及落实国家自主贡献目标准备采取的政策措施，为应对全球气候变化做出应有贡献。

中国日报社记者：目前，各部门都在积极谋划"十四五"有关工作，我想问一下生态环境部对于"十四五"期间应对气候变化工作有何考虑？谢谢。

赵英民："十四五"期间是我们推动高质量发展、建设美丽中国的重要时期，也是落实国家自主贡献目标的关键时期，我们将继续实施积极应对气候变化国家战略，将应对气候变化融入"十四五"国民经济和社会发展规划纲要和生态环境保护规划当中。按照推动经济高质量发展和建设美丽中国的要求，继续加强应对气候变化工作，为落实到 2030 年国家自主贡献目标奠定坚实的基础。目前，我们按照国家统一要求，也在积极地谋划"十四五"期间的应对气候变化工作。初步考虑有五个方面：

一是继续采取措施控制温室气体排放。积极稳妥地支持和鼓励部分地方和重点行业结合自身经济社会发展实际开展达峰行动，制定明确的达峰目标、路线图和落实方案。继续将单位GDP二氧化碳排放量作为一个指标。开展非二氧化碳温室气体排放管理，强化温室气体排放数据管理，建立健全统筹协调、多部门参与、相互配合、各负其责的温室气体统计核算和管理机制，强化应对气候变化和污染防治、生态环境保护工作的全面融合，进一步加快低碳技术的推广应用和低碳产业发展。

二是进一步加快碳排放权交易市场建设。在"十四五"期间，我们期望基本建成制度完善、交易活跃、监管严格、公开透明的全国碳排放权交易市场，实现全国碳排放权交易市场的平稳有效运行。

三是进一步完善体制机制，健全应对气候变化的法律法规。进一步强化国家应对气候变化及节能减排工作领导小组的统筹协调，不断完善工作机制，加强各部门和各地方的协调配合，同时强化人员队伍和能力建设。

四是推动构建更加公平合理、合作共赢的全球气候治理体系。积极参与全球气候治理，坚持多边主义，坚定维护《联合国气候变化框架公约》《京都议定书》和《巴黎协定》及其实施细则确定的全球气候治理的框架和原则，坚持公平、"共同但有区别的责任"和各自能力的原则，推进全球气候治理进程。同时，加强气候变化"南南合作"，继续为其他发展中国家提供力所能及的支持和帮助。

五是坚持减缓与适应并重，强化适应气候变化的工作。根据适应气候变化工作需要，我们计划更新国家适应气候变化战略，开展落实战略的具体行动，继续推动农业、水资源、森林、海洋、人体健康、防灾减灾等领域的适应气候变化行动，加强适应气候变化的能力建设，进一步加强这一领域的国际合作。

中央广播电视总台国广记者：我们注意到，今年的《年度报告》中提到"全社会广泛参与"，我的问题是如何提高公众应对气候变化意识？怎样促进公众参与？对于青年参与应对气候变化我们应持怎样的态度？谢谢。

赵英民：应对气候变化需要全社会的积极参与，特别是需要全社会形成绿色低碳的生活方式。中国政府高度重视提升公众应对气候变化的意识，积极宣传普及相关的气候变化知识，积极倡导绿色低碳的生活方式，鼓励公众参与。我们每年开展"全国低碳日"活动，就是一个非常好的公众宣传教育活动。"全国低碳日"活动每年一个主题，鼓励地方、行业、学校、社区开展活动，践行低碳生活理念。同时，各部门也根据自己的领域和行业特点，开展多种形式的宣传活动。新闻媒体也高度关注这方面的情况，进行了大量报道。在大家的共同努力下，公众气候意识逐渐提高，全社会越来越多的人关心关注气候变化问题。

青年是可持续发展的现在和未来，积极应对气候变化也是为子孙后代留下绿色青山和永续发展的空间。当前，气候变化将对当代以及下一代人产生深远影响，所以我们欢迎广大青年朋友关心、关注气候变化问题，在"全国低碳日"和相关会议当中，鼓励青年广泛参与。同时也希望青年朋友们加强学习，不断筑牢应对气候变化的知识和本领，做好积累，从自身做起，采取实际行动减少温室气体排放，共同为全球应对气候变化做出贡献。谢谢。

《中国的核安全》白皮书发布会实录

2019 年 9 月 3 日

生态环境部副部长、国家核安全局局长刘华

9月3日，国务院新闻办公室发表《中国的核安全》白皮书，并于当日上午在国务院新闻办新闻发布厅举行新闻发布会，请生态环境部副部长、国家核安全局局长刘华，国家核安全局副局长、生态环境部核设施安全监管司司长郭承站和国务院新闻办公室新闻发言人袭艳春出席，介绍和解读白皮书有关情况，并答记者问。

袭艳春：女士们、先生们，上午好。欢迎大家出席国务院新闻办新闻发布会。今天，国务院新闻办公室发表《中国的核安全》白皮书，同时举行新闻发布会，向大家介绍和解读白皮书的主要内容。

出席今天发布会的有生态环境部副部长、国家核安全局局长刘华先生，国家核安全局副局长、生态环境部核设施安全监管司司长郭承站先生。我是国务院新闻办公室的新闻发言人袭艳春，首先，我向大家简要介绍一下白皮书的主要内容。

《中国的核安全》是中国政府发表的第一部核安全白皮书，白皮书全面介绍了中国核安全事业的发展历程，阐述中国核安全的基本原则和政策主张，分享中国核安全监管的理念和实践，阐明中国推进全球核安全治理进程的决心和行动。白皮书全文约1.1万字，由前言、正文和结束语组成。

白皮书指出，中国始终把保障核安全作为重要的国家责任，始终以安全为前提发展核事业，不断推动核安全与时俱进、创新发展，保持了良好的安全记录，走出了一条中国特色核安全之路。

白皮书强调，党的十八大以来，中国的核安全事业进入安全高效发展的新时期。习近平主席提出理性、协调、并进的核安全观，强调发展和安全并重，倡导打造全球核安全命运共同体，为新时期中国核安全发展指明了方向，为推进核能开发利用国际合作、实现全球持久核安全提供了中国方案。

白皮书强调，中国作为构建公平、合作、共赢的国际核安全体系的重要倡导者、推动者和参与者，在做好自身核安全的同时，认真履行核安全国际义务，大力推动核安全双边、多边合作，积极促进核能和平利用，造福全人类，为全球核安全治理贡献了中国智慧、中国力量。

《中国的核安全》白皮书以中、英、法、俄、德、西、阿、日8个语种发表，由人民出版社、外文出版社分别出版，在全国新华书店发行。

刘华：女士们、先生们、朋友们，大家上午好。非常感谢大家长期以来对中国核安全事业的关心和支持。很高兴能在这里与媒体朋友们见面，介绍和解读《中国的核安全》白皮书。

中国自发展核事业以来，始终把保障核安全作为重要的国家责任，坚持以安全为前提发展核能核技术，按照最严格标准实施监督管理，不断推动核安全与时俱进、创新发展，保持了良好的安全记录。党的十八大以来，以习近平同志为核心的党中央把核安全纳入国家总体安全体系，提出理性、协调、并进的核安全观，为新时期中国核事业安全发展指明了方向。在核安全观的引领下，中国逐步建立起以法律规范、行政监管、行业自律、技术保障、人才支撑、文化引领、社会参与、国际合作等为主体的核安全治理体系。

《中国的核安全》白皮书是中国政府发表的首部综合性核安全白皮书，介绍了中国核安全事业发展历程、核安全基本原则和政策、监管理念和实践经验，阐明了中国加强核安全国际合作、推进核安全命运共同体的决心和行动。主要内容包括：

第一，系统阐述理性、协调、并进的核安全观。中国核安全观是习近平新时代中国特色社会主义思想在核安全领域的集中体现，是总体国家安全观的重要组成部分。其核心内涵是"发展和安全并重、权利和义务并重、自主和协作并重、治标和治本并重"。

第二，整体介绍核安全政策法规。中国全面构建核安全法规体系，实施国家核安全战略，制定核安全中长期发展规划，完善核安全法规标准，确保核安全管理要求从高、从严。

第三，全面分享中国核安全监管实践。中国持续完善"独立、公开、法治、理性、有效"的核安全监管体系，从监管机构、审评许可、监督执法、辐射监测、事故应急、队伍建设、技术研发、安全改进等方面开展了卓有成效的核安全监管实践。

第四，客观评价中国核安全水平。中国长期保持良好的核安全记录，核电运行安全指标保持先进水平，核技术利用安全水平大幅提升，核材料管控有力，公众健康和环境安全得到充分保障。

第五，积极展示中国核安全文化与公众沟通工作成效。中国大力倡导"核安全事业高于一切，核安全责任重于泰山，严慎细实规范监管，团结协作不断进取"的中国核安全精神，积极培育和发展核安全文化。建立中央督导、地方主导、企业作为、公众参与的核安全公众沟通机制，引导公众了解、参与和维护核安全。

第六，充分展现中国为构建核安全命运共同体做出的贡献。中国忠实履行国际义务和政治承诺，支持和加强核安全的多边努力，加强核安全国际交流，倡导构建透明、公平、合作、共赢的国际核安全体系。

白皮书全面介绍了中国核安全的整体状况，具有以下五个特点：

第一，全方位阐释中国核安全理念。中国以理性、协调、并进的核安全观为指引，坚持依法治核，明确了安全第一、预防为主、责任明确、严格管理、纵深防御、独立监管、全面保障的核安全工作基本原则，在确保安全的基础上开展核能和平利用，统筹安全与发展、当前与长远、局部与全局、国内与国际，为全面系统推进核安全进程提供了方法和路径。

第二，全过程梳理中国核安全政策法规。在核能利用起步发展、适度发展、积极发展、安全高效发展的四个阶段，中国始终坚持安全第一的方针，每五年制定和实施核安全规划，建立了接轨国际、符合国情、系统完备、全面覆盖的安全标准体系，推动发展和安全两个目标相互促进、相互融合。

第三，全景式展现中国核安全监管实践成果。对中国核安全监管体制机制、方法手段、技术能力、队伍面貌进行了立体化、多维度展示。中国建立了"三位一体"的核安全监管机构，对核设施、核材料、核活动和放射性物质实行全链条审评许可，对选址、设计、制造、建造、运行、退役等环节实施全过程监督执法，开展全覆盖、全天候的辐射环境监测，统一领导、分级负责开展事故应急工作，充分体现了监管的独立性、权威性和有效性。

第四，全领域呈现中国核安全状况。全面公布核电站及其他核设施安全、放射性废物安全、核技术利用安全、核安保、辐射环境质量等领域的"成绩单"，描绘了中国持续保持高水平核安全的全貌。

第五，全视角阐明打造核安全命运共同体的重大意义。核安全没有国界，和平利用核能是世界各国的共同愿望，确保核安全也是世界各国的共同责任。中国本着务实精神，推动国际社会携手共进、精诚合作，共同推进全球核安全治理。

以上是我的基本介绍，谢谢大家。下面我和我的同事愿意回答各位记者朋友的提问。

袭艳春：感谢刘华先生的介绍，下面进入答问环节，提问前请通报所在的新闻机构。

中央广播电视总台央视记者：白皮书中提到，我国实施核安全战略规划，请问我国当前有什么样的核安全战略，进展如何？谢谢。

刘华：谢谢。中国始终坚持安全第一的核安全战略，实现发展和安全两个目标的相互促进，在国民经济和社会发展五年规划的总体框架下，每五年制定和实施核安全规划，目前正在实施的是《核安全与放射性污染防治"十三五"规划和2025年远景目标》（以下简称《规划》）。这个《规划》分析了我国核安全的形势和任务，阐明了核安全的指导思想和基本原则，明确了核安全的目标、重点任务、重点工程项目，是统领"十三五"各项核安全工作的一个总纲。

去年，我们开展了核安全"十三五"规划的中期评估，预计的各项目标基本满足进度要求，重点任务和重点工程如期完成，《规划》的实施总体进展良好。

一是核电厂的安全保持了世界先进水平。实施福岛核事故后的安全改进行动，开展核电厂安全管理提升年专项行动，近五年，世界核电运营者协会（WANO）统计的数据显示，我国核电厂运行机组80%的指标优于世界中值水平，其中70%的指标达到了世界先进值。应该说总体的运行指标是处于世界前列的。

二是研究堆和核燃料循环设施安全水平持续提升。加强了我国研究堆、核燃料循环设施的安全改造，实施定期的安全审查。

三是核设施退役和放射性废物治理取得成效。13项早期核设施完成了退役，放射性废物的处理处置工作也在有序推进。

四是核技术利用装置管理更加完善。我国将放射源百分之百纳入安全管理，建立了高风险移动源的在线监控系统，放射源的事故发生率持续降低。

五是铀矿冶设施退役取得进展。完成了29个2010年以前关停的铀矿冶设施的退役、127个历史遗留的铀矿冶地质勘探设施的退役治理。

六是核安全设备监管进一步加强。推进了核电设备自主化和安全水平、质量水平的提升。对违规操作、弄虚作假的企业严厉打击、严肃查处。

七是核安保水平进一步提升。7家核电厂开展了安保系统的升级改造，10个省（市）的城市放射性废物库进行了安保升级。

八是核与辐射事故应急体系不断完善。组建了10个国家核应急专业救援队，建立了3个集团公司应急支援基地。

九是核安全科研取得成效。建成了3个核安全研发创新平台，开展了13个领域39项核安全技术研究。

十是核安全监管能力持续提升。国家核与辐射安全监管技术研发基地建成投入使用，辐射环境监测网基本建成。

以上这些体现了我们在"十三五"核安全规划实施过程当中取得的各项成绩，基本内容就是这些。谢谢。

香港中评社记者：请问我国如何在核安全和核能开发之间取得平衡？谢谢。

刘华：谢谢你的提问。应该说，中国始终把核安全作为国家安全的重要责任，在确保安全的前提下发展核能和核技术。我觉得在核能发展和安全管理过程中，我们做了以下三方面的工作：

第一，始终明确安全责任。《核安全法》从2018年1月开始实施，明确规定，营运单位承担核安全的全面安全责任。国务院核安全监管部门负责核安全监管，国务院核工业主管部门、能源主管部门在各自职责内负责有关的核安全管理。国家建立了核安全工作协调机制，统筹、协调有关部门推进核安全工作。生态环境部（国家核安全局）是履行国家核安全监管职责的职能部门，由局机关、六个监督站和两个技术支援中心构成，共约1 100人。同时，我们还有对放射源管理、辐射环境监测、事故应急监测实施支持和管理的省级环保部门，设立了国家核安全专家委员会，作为技术咨询机构。

第二，依法依规做好核安全。

一是国家监管部门制定核安全的法规标准。我们国家的法规标准是与国际标准完全同步的，因为我们是参考国际原子能机构的安全标准转换为中国的安全标准，所以我国的核安全标准是国际水平。

二是强化企业的安全责任，落实企业的核安全主体责任。这体现在核企业特别是核电厂在选址、建造、调试、运行，还包括核电厂的设计方面，全面落实安全第一、质量第一的原则。

三是严格监管。中国实施了与国际类似的核安全审评，进行严格的技术审查。在核设施现场我们有中国的核安全监管人员每周 7 天、每天 24 小时的安全监督，确保核设施的各项活动置于国家的监督管理之下。

四是推进核安全文化建设。核安全文化建设确实让企业的领导者、管理者和企业的一线工作人员都把核安全作为最重要的内容、最重要的因素去考虑。在生产过程中，在进度、资金和安全出现冲突的过程中，我们要求要以安全作为最重要的考虑。推进核安全文化建设，从而促进核企业不断追求安全方面好的业绩和卓越的表现。同时，我们也设立了底线，就是对于违规操作、弄虚作假"零容忍"，发现一起查处一起。

第三，监管成效还是显著的。

刚才我说过，截至今年的 6 月底，中国大陆共有 47 台运行核电机组、19 座在役民用研究堆和临界装置、18 座核燃料循环设施、2 座中低放废物处置厂。应该说这些设施的运行都保持了良好的安全记录，特别是核电厂的指标，我们从来没有发生过国际核与放射事件分级表（INES）2 级及以上的事件或事故，1 级事件发生率每年是非常低的，零级的偏差是没有安全意义的，仅用于经验反馈，零级的偏差每年呈下降的趋势，我们国家核安全水平保持在世界前列。14.2 万枚在用放射源、18.1 万台（套）射线装置安全水平也是非常高的，事故率每年每万枚低于 1 起。11 台在建核电机组的建造质量是受控的，在我们的监督管理之下，发现的建造质量问题都一一得到了妥善解决。

2000 年、2004 年、2010 年和 2016 年，我们四次接受了国际原子能机构对中国核安全管理体系的同行评议。我把 2016 年的结果给大家介绍一下，国际原子能机构在 2016 年对中国开展核与辐射安全监管体系的综合评估，它的结论是中国监管有效性在不断增强，监管的法治化、规范化、国际化水平不断提升，中国的监管机构是一个有效的、可靠的监管机构。这是国际组织对我们的评估。

所以，我从这三个方面介绍我们在发展和监管方面始终坚持安全第一，同时，我们也意识到核能总是伴随着风险，所以我们始终兢兢业业、如履薄冰，时刻保持高度的警惕，克服出现的自满情绪，保持底线思维，对发现的各种苗头性事件进行严肃查处和经验反馈。谢谢。

路透社记者：第一个问题，请问目前中国和法国的核电集团进行合作的项目进展如何？我们知道，在此之前连云港市的有关项目因为一些原因被放弃了，那么中国政府如何能够让中国的民众对核安全放心？第二个问题，我知道年初中国又新近批准了新的核反应堆项目，请您更新一下这方面的信息。谢谢。

刘华：谢谢您的问题。一个是关于中法乏燃料后处理合作项目，这个项目在中法两国领导人的高度重视和推动下，目前正在积极推进，有关商务谈判基本接近尾声。在这方面除了商务谈判以外，同时推进的还有两国在安全标准方面的统一，在核安全监管方面加强两国的合作。所以，应该说这个项目本身在正常进行过程当中。我相信在不久的将来，两国会在乏燃料后处理方面的合作项目上取得更大进展。

中国实行的是乏燃料闭式循环，反应堆使用过的燃料卸出来以后我们称之为乏燃料，这个乏燃料本身还可以继续把里面的铀通过核化工厂提炼出来，进行进一步的资源再利用。所以乏燃料的后处理工厂就是一个核化工厂，而且这个核化工厂是一个低温／常温、常压的工厂，通过化学工艺把乏燃料里面的铀和钚提取出来以后，制造新的燃料元件，用于核电的运行。在中国的核燃料闭式循环里，乏燃料后处理是一个重要的环节，所以中国实行乏燃料后处理，必然要建设后处理厂。在这方面，有我们自主建设的，也有计划通过中法合作建设的商用后处理厂，这些工作都在积极推进过程中。在这个过程中，涉及的公众沟通问题，实际上就是乏燃料后处理厂在选址过程中，可能需要更多地与当地政府、当地老百姓积极进行沟通，宣传后处理厂的安全选址、安全设计、安全建造、安全运行，并确保后处理厂在运行过程中不会向周边环境排放放射性物质，不会对周边公众造成影响。中国的后处理厂也是中国的 I 类核设施，对这类设施我们国家有严格的安全标准。谢谢。

第二个问题，关于新的项目，前不久，中国能源局已经发布了国务院在今年年初核准的几个新核电项目，目前这些核电项目正在积极的前期准备过程中。在未来几个月，像福建省的漳州核电项目、广东省的惠州太平岭核电项目，就会在通过安全审查以后，陆续进入到正式的开工建设过程中，现在都在进行厂址的前期准备。谢谢。

中央广播电视总台央广记者：请问一个公众参与的问题，目前公众有哪些渠道可以获知核安全的信息？另外，公众应该如何参与到核安全的决策之中？谢谢。

刘华：谢谢。关于公众参与，应该说核能在发展过程中一直伴随着公众参与问题，也是"邻避"问题。破解"邻避效应"在国际上也是一个难题，需要理性、客观、辩证地处理。一方面，反映了公众法律意识和环境意识的提高，另一方面也是对我们工作提出更高的要求，无论是核企业，还是政府有关部门，都应该加大核设施前期的工作力度。在选址阶段、建造前就应该强化科普宣传，开展信息公开和公众参与，确保公众的知情权、参与权和监督权。同时，在核设施运行过程中，也要及时公开核设施的安全状况，《核安全法》规定，在核设施运行过程中，政府和企业都要公开核设施的运行安全状况，所以我们现在也在政府的官方网站上对发生的事故事件进行了及时的公开，这在生态环境部（国家核安全局）网站上可以看到，同时相关企业也应该依法公开运行安全状况。

协调核电发展、解决"邻避"问题，我觉得要做好以下四个方面工作：

一是提高认识。相关政府和企业一定要把"邻避"问题作为一个重要的问题来处理。在项目前期做好规划，把工作做在前面，协调好各方面的利益关系。

二是落实各项法规制度。《核安全法》在第五章专门规定了信息公开和公众沟通的要求。对公众参与做出了制度性的安排，所以一定要依法做好公众的公开和沟通。

三是加强科普宣传。要充分发挥媒体、企业、社会组织的作用，加强核安全的宣传，包括对大、中、小学生核安全知识的普及和教育，对核设施周边利益相关的老百姓的宣传和普及。

四是完善利益补偿机制。通过税收、财政以及用地补贴等各项政策，完善核设施周边居民的利益补偿机制，既要让大家了解核设施的安全状况，也要让大家通过核能的发展对周边地区的经济发展、教育事业、老百姓的福利给予关注，形成一个良性的互动。

我觉得做好这些方面的工作，就可以把公众沟通工作做得更好。谢谢。

中国日报记者： 在中美贸易摩擦过程中，美国发布了对华核限令，并将中广核集团及其部分企业列入实体名单中。请问这些对我国核能发展和核安全会有哪些影响？我们有什么应对的措施？谢谢。

刘华： 谢谢您的问题。我们注意到美国商务部8月中旬将中广核集团有限公司和下属的三家公司列入出口管制的实体清单。美方此举泛化了国家安全概念，滥用出口管制措施，不仅对中国企业造成伤害，也对包括美国在内的相关国家企业造成了影响。对此，中方坚决反对美方通过单边主义和保护主义政策伤害中国以及世界各国的利益，希望美方停止有关错误做法，坚持通过平等协商解决问题。同时，我也想就中美核能与核安全合作再讲四点：

第一，中美核能合作是互利互惠的。中美两国都是核大国，都建立了完整的核工业体系，当然美国的核能与核安全水平是世界领先的，中美两国通过实质性的核能合作，引进四台AP1000核电机组，在中国成功建造、调试、运行，中美双方的企业都得到了实惠，而且是自觉自愿的。

第二，在过去的35年中，中美两国在核安全方面的合作是愉快的、友好的，富有成效的，取得了积极的成果。两国通过互利合作，促进了两国核安全水平的提升，因为核安全没有国界，所以即使在中美贸易摩擦这样的背景下，我相信中美两国政府在核安全方面的合作也是不会受到影响的。

第三，除了中美核能合作以外，中国和法国、俄罗斯开展了卓有成效的核能合作，一些重大项目，包括核电厂、乏燃料后处理厂，都取得了实质性的进步。所以说，中国的核能合作是全方位的。

第四，美方通过核限令对中国企业进行限制以后，我相信中方企业一方面会加强研究开发，不断提升自主创新能力。另一方面，世界核能合作的市场是广阔的，除了中美合作以外，还有中国与其他国家的友好合作。所以，核限令可能最终伤害的还是美国自己的企业。谢谢。

凤凰卫视记者：第一个问题，跟着上面的问题，美国将中国的企业列入禁止实体名单以后，对中国造成哪些影响，具体的影响怎么样？第二个问题，看到福岛核事故以后，很多国家都是去核发展的趋势比较明显，虽然过去几年也经过一些波折，但是去核，大部分国家的决心还是不断的。目前给出的报告当中指出，中国现在在建的 11 个核电机组数量上已经达到了世界第一的水平，中国为什么会这么坚持要发展核能，势在必行发展的原因是什么？还有一个问题，欧美多个报告中都指出，中国核电站内部的核废料处理能力在 2020 年已经到极限，加大一些外储站的建设力度之后也只能到 2035 年，中国这些乏燃料处理现在的能力到底是一个什么样水平？谢谢。

袭艳春：好几个问题，有些问题可能和之前的问题有些重复，请刘部长来回答。

刘华：谢谢。刚才你问了三个问题。第一个问题，关于美国对华的核限令，涉及核企业的问题，刚才我已经回答了。

第二个问题，中国为什么要继续发展核能？我想有以下三个方面。

第一，中国是一个核大国，发展核能是中国政府既定的方针政策，尽管日本福岛事故以后，有些国家有去核的趋势，但是你看看当今世界主要的核大国，特别是联合国 5 个常任理事国，这些国家基本都还是坚定地发展核能，继续发展核能。所以，从国际原子能机构的研究报告里也表明，继续发展核能是国际上一些国家的重要选项。对于中国来说，中国以煤炭为主的能源结构，决定了我们必须发展清洁、高效能源，这样才能进一步保护环境，促进蓝天保卫战更好地实施。从调整能源结构讲，中国要发展清洁能源。

第二，从保障能源的安全方面，像中国这样的大国，必须在能源方面是多选项的，是多种能源的构成结构。所以，从能源多样性的角度，除了火电、水电、新能源以外，核能是一个重要选项，而且中国的政策是在确保安全的基础上发展核能。这是第二个方面。

第三，从全球气候变化的角度，控制二氧化碳排放，这还是回到环境问题，也需要一些二氧化碳零排放的能源构成，所以核能也是一个重要的选项。在这方面，中国政府积极吸取了日本福岛核事故的经验教训，进行了安全技术改进。同时，我们认为中国的核电厂址发生像日本福岛那样的地震加海啸极端自然灾害的可能性极小。同时，我们针对这样的事故，对我们厂址进行全面的重新评估，核电厂进行了安全改进，就供电、供水和应急保障、应急措施做出了全面安排，中国核设施的安全水平得到了进一步的提升。中国是在保障安全的基础上发展核能，这也是一个核大国做出的战略选择。

第三个问题，关于放射性废物。应该说中国从发展核能以来就一直关注放射性废物安全，所以中国无论是在中低放射性废物还是在高放射性废物的处理处置方面都做了战略规划安排，包括现在已经建立了两座中低放射性废物处置厂并且在安全运行。

下一阶段，中国还会在发展核电的省份陆续建造五个左右的中低放射性处置厂，中国现在正在对高放射性废物处置进行地下实验室的立项和研究开发，这个立项也会很快进入到实质性的进展阶段。所以，高放射性废物处置会把放射性活度很高的那一部分放射性废物放到远离人类生物圈，安全地、长期地处置起来。这也是中国在既定的发展核能过程中全产业链政策的一部分，所以做好放射性废物处置，保障我们子孙后代的安全，也是核企业和中国政府的责任。谢谢。

袭艳春： 下面是最后一个提问。

中央广播电视总台国广记者： 我的问题是这样的，五年前，习近平主席在海牙国际核安全峰会上曾经提出过，我们要树立理性、协调、并进的核安全观，并且要建设公平、合作、共赢的国际核安全体系。我想问，我们后续推进的举措是什么？现在最新进展怎么样？谢谢。

刘华： 谢谢。习近平主席在海牙提出建设核安全命运共同体，提出了中国核安全观，应该说这几年我们的各项核安全工作成效还是非常显著的。

一方面，不断完善国家核安全体系。一是在顶层设计方面，刚才我已经说过核安全纳入国家安全体系，写入《国家安全法》，颁布《核安全法》，制定核安全中长期发展规划，高效运转各部门组成的核安全工作协调机制，这都是顶层设计方面。二是在法规标准方面，《核安全法》从2018年开始实施，根据国际最新标准，我们修改完善中国的核安全相关法规标准，建立了严格的、高标准的国家核安全标准体系。三是进一步落实企业安全责任，开展核电安全提升年活动，开展核安全管理年活动，提高企业核安全水平，加强底线思维，做好各项应急预案和应急计划。四是加强核安全能力建设，提高企业核安全研发水平，提高政府安全监管研发能力，对于一些重要的核安全研发项目，由国家组织联合科技攻关。五是培育核安全文化。

另一方面，中国在国际上积极推动国际核安全合作，建立核安全国际合作体系。

一是我国积极加入并履行国际法律文书，中国在这些年陆续加入了国际原子能机构和联合国有关核安全方面所有的国际公约，包括《核安全公约》《及早通报核事故公约》《核事故或辐射紧急情况援助公约》《核材料实物保护公约》《乏燃料管理安全和放射性废物管理安全联合公约》等，中国履行和加入这些国际公约、履行国际公约所规定的义务。

二是中国支持国际原子能机构工作，支持在多边体制下充分发挥国际原子能机构的作用。中国为国际原子能机构提供了全方位的支持，包括持续向国际原子能机构核安全基金捐款。现在，中国是联合国会费第二大贡献国，在国际原子能机构也是会费第二大贡献国，中国将继续为核安全基金捐款，用于支持亚洲地区的核安全能力建设，促进世界各国核安全水平的同步提升。

三是中国积极参与交流与合作。中国与美国、法国、俄罗斯、日本、韩国、加拿大等国家以及"一带一路"新兴核电国家都建立了密切联系，签订了50多份核安全合作协议，加强专家交流、技术合作、高层互访。中国参与了核电厂多国设计评价机制，推动建立了我们自主创新设计的华龙一号工作组，开展国际联合审查。中国依托国家核与辐射安全监管技术研发基地和中国核安保中心，为发展中国家开展核安全相关的培训交流活动提供平台，提升各国安全水平、安全能力，分享中国的安全经验。应该说，通过这些工作，我们推动了全球核安全水平全面持续提升。我就回答这么多。谢谢。

裴艳春：再次感谢两位发言人，也谢谢大家。今天的发布会到此结束。

国新办人大代表建议和政协委员提案办理情况政策例行吹风会摘录

2019年2月27日

生态环境部副部长庄国泰

2 月 27 日，国务院新闻办公室在京举行政策例行吹风会，生态环境部副部长庄国泰在会上介绍了 2018 年生态环境部办理人大代表建议和政协委员提案工作基本情况，并围绕相关问题回答了记者提问。

袭艳春：首先我向大家介绍一下 2018 年国务院部门办理全国人大代表建议和全国政协委员提案工作的基本情况。

根据各部门上报情况并与人大、政协有关方面核实，2018 年全年，国务院各部门牵头办理全国人大代表建议 6 319 件，全国政协委员提案 3 863 件，分别占两会建议提案总数的 88.5% 和 87%，已全部按时办结。从承办数量看，2018 年国务院各部门承办的建议提案数量继续保持在高位。自然资源部、生态环境部、海关总署、国家市场监督管理总局承办的建议提案分别达到 668 件、782 件、207 件和 560 件。自然资源部实行办理责任制，积极与代表委员沟通联系，推进办理结果公开。在推进永久基本农田保护、宅基地管理制度改革、跨省域补充耕地国家统筹、设施农用地管理等工作中，充分采纳和落实代表委员们提出的意见建议，有力地推动了自然资源管理政策制度的完善和相关问题的解决。

生态环境部针对所有主办件，建立了正式答复前必须征得代表委员同意、将沟通情况作为前置条件的工作机制，办理过程中采取调研、座谈、走访等多种形式与代表委员沟通，保障办理工作取得良好效果。

……（此处略去其他部委情况介绍）

总体来看，国务院各部门认真研究吸纳意见建议，加强政策转化，通过办理建议提案，在推动打好三大攻坚战、实施乡村振兴战略、推动经济高质量发展、保障和改善民生等方面出台了一系列有针对性的政策措施，促进了改革发展和民生改善。人大代表、政协委员对办理工作满意或基本满意的均超过 98%。

庄国泰：很高兴有机会参加今天的吹风会。首先对新闻媒体朋友长期以来对于生态环境保护工作的关心、支持表示感谢。我简要给大家报告一下生态环境部的建议提案办理情况。

2018 年，生态环境部承办建议提案共 782 件，其中建议 499 件、提案 283 件。我们按照相关要求及时办理，主办件沟通率、按时办结率、代表委员满意率都达到百分之百。生态环境部办理建议提案过程中形成了一些机制：一是建立了责任制。在生态环境部党组领导下，每年的建议提案办理工作都是"一把手工程"，李干杰部长亲自部署，分管副部长每个月调度，司局负责同志直接抓，每一件都责任到人。二是建立了充分沟通机制。通过座谈、调研、走访等形式，与代表委员们充分沟通，达成广泛共识。三是建立了融合转换机制。尽最大可能把代表委员的意见建议转化成生态环境保护的相关任务方案、政策措施。大家看今年陆续发布的污染防治攻坚战的七大战役，包括四个专项行动，里面都有代表、委员建议的很多内容。

下一步，我们将按照党中央、国务院的决策部署，按照全国人大、全国政协的要求，进一步完善建议提案办理机制，尤其是要强化意见建议转化成政策措施的机制。

经济日报记者：提问生态环境部，大气污染防治工作是大家都很关心的问题，能否介绍一下代表、委员这方面建议和提案情况吗？我们在打赢蓝天保卫战过程中具体是如何落实这些建议提案的？

庄国泰：大气污染防治是广大群众普遍关心的问题，也是代表委员高度关注的问题，每年这方面的建议提案数量都比较高。近几年，随着重点区域，包括京津冀攻坚治理工作取得一定成效后，建议提案数量有所下降。2018年，生态环境部承办关于大气污染防治的建议提案约100件，相比上年下降1/3。代表委员关注的问题，提出的意见建议更加具体，更有针对性。例如，在这些建议提案中十分关注如何优化产业布局、改善能源结构、调整运输结构，包括希望扩大重点区域范围、加强区域联防联控，在空气质量排名中进一步增加城市数量，以及强化科技支撑等。

大家都注意到，去年，经党中央、国务院批准，生态环境部会同有关部门制定《打赢蓝天保卫战三年行动计划》，由国务院印发实施。计划中提出要优化"四个结构"，即产业结构、能源结构、运输结构和用地结构，用地结构很大一部分是空间布局问题。同时，提出来要强化"四个支撑"，包括环保执法监督、加强区域联防联控、科技创新和宣传引导。

新一轮的大气污染防治工作有些新举措，例如，区域上已经把汾渭平原纳入重点控制区域中并建立了协作机制，环境空气质量城市排名已经由原来的74个调整为现在的169个，排名对空气改善也有一定的促进作用。在科技支撑方面，启动实施了大气重污染成因与治理攻关项目，重点对京津冀"2+26"通道城市的大气污染成因进行跟踪研究，初步研究清楚了"2+26"城市大气污染特征及主要来源，并且提出了"一市一策"综合解决方案，针对每个城市提出相应的治理技术方案。从2018年秋冬季开始，我们把汾渭平原的11个城市纳入攻关项目中，进行统筹研究推进。所以大家可以看到，在大气污染防治方面，很多代表委员的意见建议都得到了充分的采纳，而且转化成了具体的任务目标、政策措施。这也反映出环境问题涉及全社会，环境污染防治需要大家共同参与。谢谢。

中国日报记者：刚才主持人也提到代表、委员的满意度是很高的，请问哪些方面是比较满意的？是否还有一些需要进一步改进的地方？

袭艳春：这个问题提的比较宏观，我先简单介绍一点情况，一会看看几个部门的发布人是否有补充。包括今天来的四个部门在内的很多国务院部门都高度重视代表、委员的提案和建议的办理，而且认真研究，希望将这些提案和建议转化为具体的政策举措。

具体来讲主要集中在五个方面：

第一，在紧扣党和国家重大决策部署，推动打好"三大攻坚战"方面，代表、委员提出了1 100余件建议提案，约占建议提案总数的10%。

第二，在落实依法治国方略，加强法治政府建设方面，2018年的建议提案当中，涉及加强宪法教育和实施以及法律法规制定、修订的有500余件，这些提案建议也推动了国务院各部门进一步强化法治意识。

第三，在深化供给侧结构性改革，推动经济高质量发展方面，提出的建议提案有近700件，像国家发展改革委、工业和信息化部、科学技术部、财政部等部门就印发了相关的文件，也推动了相关领域的改革发展。

第四，在积极回应人民关切，推动保障和改善民生方面，建议提案数量高达3 300余件，占建议提案总数的近三成。这方面的比例是最高的。

第五，在深化"放管服"改革，推进政府职能转变方面，代表、委员也提出了很多意见建议，很多都涉及推进政府简政放权、放管结合、优化服务。针对这些问题，公安部、自然资源部、商务部等也出台了各项规章制度，推出了"放管服"改革的新举措。

这些已经落地、转化为具体举措的建议提案得到了人大代表和政协委员的高度评价。

我先简短的回答这些，看看其他部门有没有补充。

庄国泰：我很同意刚才主持人的意见，我们认为在办理过程中有三个方面很重要。第一，充分理解。通过加强沟通，充分理解代表提出这些意见、建议的用意。第二，高度重视。代表委员提出建议提案前做了大量的调研工作，希望所提意见建议能够得到有关部门的高度重视。第三，加强转化。代表委员提出意见建议，最终希望能够转化为有关部门的目标任务、政策措施，在实际中能够落地见效，这也是我们工作的重点。我就补充这些。

例行新闻发布会实录

LIXING XINWEN FABUHUI SHILU

1月例行新闻发布会实录

2019 年 1 月 21 日

1 月 21 日，生态环境部举行 1 月例行新闻发布会。生态环境部大气环境司司长刘炳江，国家大气污染防治攻关联合中心副主任、中国工程院院士贺克斌出席发布会，刘炳江向媒体介绍了蓝天保卫战工作进展等有关情况。生态环境部新闻发言人刘友宾主持发布会，通报近期生态环境保护重点工作进展，并共同回答了记者关注的问题。

1月例行新闻发布会现场（1）

重点
工作

↗ 扎实推进污染防治攻坚战

↗ "以案为鉴，营造良好政治生态"专项治理取得实效

↗ 启动"无废城市"建设试点工作

↗ 全国生态环境保护工作会议部署 2019 年工作

1 月例行新闻发布会现场（2）

主持人刘友宾：各位记者朋友，大家好！欢迎参加生态环境部2019年新年首场例行新闻发布会。

蓝天保卫战是污染防治攻坚战的标志性战役，全社会广泛关注。今天的新闻发布会，我们邀请到生态环境部大气环境司司长刘炳江，国家大气污染防治攻关联合中心副主任、中国工程院院士贺克斌先生，介绍蓝天保卫战工作进展情况，并回答大家的提问。

下面，我先通报几项重点工作情况。

一、扎实推进污染防治攻坚战

刚刚过去的一年，全国生态环境系统深入贯彻习近平生态文明思想和全国生态环境保护大会精神，以改善生态环境质量为核心，推动污染防治攻坚战取得积极进展，生态环境质量持续改善。蓝天保卫战情况一会刘炳江司长会做详细的介绍，我这里重点通报一下碧水保卫战和净土保卫战的情况。

在碧水保卫战方面，推进全国集中式饮用水水源地环境整治，1 586个水源地整改率达99.9%。联合住房和城乡建设部推进黑臭水体整治，36个重点城市1 062个黑臭水体中，1 009个消除或基本消除黑臭，消除比例达95%。全国97.8%的省级及以上工业集聚区建成污水集中处理设施并安装自动在线监控装置。加油站地下油罐防渗改造已完成78%。11个沿海省份编制实施省级近岸海域污染防治方案。完成2.5万个建制村环境综合整治。浙江"千村示范、万村整治"荣获2018年联合国地球卫士奖。2018年，全国地表水优良（Ⅰ～Ⅲ类）水质断面比例上升3.1个百分点，劣 V 类断面比例下降 1.6 个百分点。近岸海域水质总体稳中向好。

在净土保卫战方面，出台《工矿用地土壤环境管理办法（试行）》，以及农用地和建设用地土壤污染风险管控标准。31 个省（自治区、直辖市）和新疆生产建设兵团完成农用地土壤污染状况详查。联合有关部门部署开展涉镉等重金属行业污染耕地风险排查整治、耕地土壤环境质量类别划分试点。建成全国土壤环境信息管理平台。制定《"无废城市"建设试点工作方案》。坚定不移地推进禁止洋垃圾入境，全国固体废物进口总量为 2 263 万吨，同比减少 46.5%，其中限制进口类固体废物进口量同比减少 51.5%。推进垃圾焚烧发电行业达标排放，存在问题的垃圾焚烧发电厂全部完成整改。严厉打击固体废物及危险废物非法转移和倾倒行为，"清废行动 2018"挂牌督办的 1 308 个突出问题中 1 304 个完成整改，整改率达 99.7%。

二、"以案为鉴，营造良好政治生态"专项治理取得实效

2018 年 4 月，中国环境科学研究院原院长、原中国工程院院士、十二届全国人大环资委原副主任委员孟伟因严重违纪违法，受到开除党籍、开除公职处分。为深刻吸取孟伟严重违纪违法案件教训，2018 年 7—12 月，生态环境部党组和驻部纪检监察组在全国生态环境系统开展"以案为鉴，营造良好政治生态"专项治理，大力推进全面从严治党向纵深发展。

一是把政治建设贯穿始终，坚决做到"两个维护"。部党组把专项治理与贯彻落实习近平总书记对中央和国家机关推进党的政治建设的重要指示结合起来，引导党员干部增强"四个意识"，坚定"四个自信"，坚

决做到"两个维护"。

二是发挥党组织引领作用，牢固树立党的一切工作到支部的鲜明导向。部党组从自身做起，每名党组成员认真参加所在支部专题组织生活会，各级党员领导干部认真落实双重组织生活制度，推动党内政治生活严起来、实起来。

三是把自己摆进去，确保重"案"更重"鉴"。教育引导党员干部，把自身存在的问题、应该承担的责任"摆进去"，由"局外人"变成"局中人"。

四是注重教育引导，真正做到触及思想、直击灵魂。突出教育内容的真实性、警示性，又突出可读性、针对性，做到入脑入心，提升教育效果。

五是建立健全长效机制，不断巩固专项治理成果。部党组与驻部纪检监察组建立通报日常监督中发现的普遍性问题或突出问题等"四项协调机制"，推动形成管党治党合力。

专项治理以来，部系统及全国生态环境系统各级党组织组织力、凝聚力、战斗力明显增强，广大党员干部规矩意识、工作热情、精神品质明显改观。

下一步，生态环境部将深入贯彻党的十九大和十九届二中、三中全会以及十九届中央纪委三次全会精神，巩固拓展"以案为鉴，营造良好政治生态"专项治理成果，加快推进生态环境保护铁军建设，推动生态环境系统全面从严治党水平不断提高。

三、启动"无废城市"建设试点工作

近日，国务院办公厅印发《"无废城市"建设试点工作方案》（以下简称《方案》），部署开展"无废城市"建设试点工作。

2018 年年初，"无废城市"建设试点工作列为中央深改委（中央全面深化改革委员会）2018 年工作要点。生态环境部党组高度重视，组织力量深入学习国内外先进经验，多次征求相关部门意见，研究制定《方案》。《方案》经中央深改委审定后，由国务院办公厅印发。

《方案》提出，要在全国范围内选择 10 个左右有条件、有基础、规模适当的城市，在全市域范围开展"无废城市"建设试点，到 2020 年，系统构建"无废城市"建设指标体系，探索建立综合管理制度和技术体系，形成一批可复制、可推广的示范模式，为建设"无废社会"奠定基础。

《方案》主要提出六方面的重点任务：一是强化顶层设计引领，发挥政府宏观指导作用；二是实施工业绿色生产，推动大宗工业固体废物贮存处置总量趋零增长；三是推行农业绿色生产，促进主要农业废弃物全量利用；四是践行绿色生活方式，推动生活垃圾源头减量和资源化利用；五是提升风险防控能力，强化危险废物全面安全管控；六是激发市场主体活力，培育产业发展新模式。

下一步，生态环境部将认真落实党中央、国务院决策部署，会同相关部门和单位，启动试点城市筛选工作，组建专家团队，指导各地试点实践，力争通过两年试点，在全国形成一批可复制、可推广的示范模式。

四、全国生态环境保护工作会议部署 2019 年工作

1月18—19日，全国生态环境保护工作会议在北京市召开，总结2018年工作进展，分析当前生态环境保护面临的形势，安排部署2019年的重点工作。

2019年，生态环境部将坚定不移贯彻落实习近平生态文明思想，坚定不移贯彻落实全国生态环境保护大会精神，坚定不移打好污染防治攻坚战，坚定不移推进生态环境治理体系和治理能力现代化，坚定不移打造生态环境保护铁军，做到稳中求进、统筹兼顾、综合施策、两手发力、点面结合、求真务实，进一步改善生态环境质量，协同推进经济高质量发展和生态环境高水平保护。

生态环境部将重点做好以下十二项工作：

一是积极推动经济高质量发展。支持和服务国家重大战略实施。继续推进全国"三线一单"编制和落地并制定指导意见。制定实施支持民营企业绿色发展的环境政策举措。

二是加强重大战略规划政策研究制定。推进"十四五"生态环境保护规划和迈向美丽中国生态环境保护战略等前瞻性研究，结合生态环境职责的"五个打通"，谋划好中长期生态环境保护工作。

三是坚决打赢蓝天保卫战。认真落实《打赢蓝天保卫战三年行动计划》，进一步强化区域联防联控，继续实施重点区域秋冬季攻坚行动。

四是全力打好碧水保卫战。深入落实《水污染防治行动计划》，全面实施长江保护修复、城市黑臭水体治理、渤海综合治理、农业农村污染治理等攻坚战行动计划或实施方案。

五是扎实推进净土保卫战。抓好《土壤污染防治法》落实,持续实施《土壤污染防治行动计划》。继续做好禁止洋垃圾入境、推进固体废物进口管理制度改革工作。组织实施"无废城市"建设试点工作方案和废铅蓄电池污染防治行动方案。

六是加强生态保护与修复。全面开展生态保护红线勘界定标,推进生态保护红线监管平台建设。制定自然保护地生态环境监管办法。实施生物多样性保护重大工程。

七是积极应对气候变化。深入实施积极应对气候变化国家战略。督促落实好《"十三五"控制温室气体排放工作方案》。加快推进全国碳排放权交易市场建设。组织研究气候变化中长期目标任务。

八是持续提高核与辐射安全监管水平。深入贯彻《核安全法》,加快完善核安全法规标准体系,协调推进落实国家核安全相关政策,进一步完善核与辐射安全管理体系。

九是大力推进生态环境保护督察执法。推动出台中央生态环境保护督察工作规定。启动第二轮中央生态环境保护督察。统筹安排强化监督工作。

十是深化生态环境领域改革。进一步深化"放管服"改革。加快推进重点行业排污许可证核发。深入推进生态环境保护综合行政执法改革、省以下生态环境机构监测监察执法垂直管理制度改革。

十一是提高支撑保障能力。推进有关法律法规标准的制(修)订,深入开展重点领域科技攻关,推动加快设立国家绿色发展基金。推动建设地下水环境监测体系,构建国家生态状况监测网。基本完成第二次全国污染源普查工作。

十二是全面加强党的建设。落实全面从严治党政治责任，巩固"以案为鉴，营造良好政治生态"专项治理成果，着力打造生态环境保护铁军。

会前，生态环境部召开了 2019 年全国生态环境系统全面从严治党工作视频会议，对全系统全面从严治党工作进行部署。会议期间，套开了全国生态环境系统扶贫工作会议，对扶贫攻坚战相关工作做出安排。

下面，请刘炳江司长介绍情况。

生态环境部大气环境司司长刘炳江

338 个城市空气质量改善均超额完成时序进度和年度目标要求

刘炳江：新闻界的各位朋友，大家上午好！

借此机会，先向大家拜个早年，祝大家新春快乐！首先，我谨代表生态环境部大气环境司，对大家长期以来对大气污染防治工作的大力支持表示衷心感谢！接下来，我就大气污染防治有关情况做简要介绍。

一、2018 年全国大气污染防治工作主要进展

一是党中央、国务院对打赢蓝天保卫战进行战略部署。2018 年 6 月，国务院印发《打赢蓝天保卫战三年行动计划》，明确大气污染防治工作的总体思路、基本目标和主要任务，确定打赢蓝天保卫战的时间表和路线图。全国人大组织开展《大气污染防治法》（2018 年修正）实施情况执法检查，推动各项法律要求得到全面落实。国务院成立京津冀及周边地区大气污染防治领导小组，进一步强化组织领导。各省（自治区、直辖市）结合实际，制定实施方案，细化分解任务，层层传导压力。各有关部门分工负责、密切配合，完善配套政策，建立长效机制。

二是推动产业、能源、运输和用地结构持续优化。稳步推进化解钢铁、煤炭过剩产能，持续开展"散乱污"企业整治。全国达到超低排放限值的煤电机组约 8.1 亿千瓦，占全国煤电总装机容量的 80%；完成工业炉窑排查治理 1.3 万台（座），完成挥发性有机物（VOCs）综合治理 2.8 万家。全国淘汰 10 蒸吨/小时以下燃煤小锅炉 3 万余台，北方地区清洁取暖试点城市由 12 个增加到 35 个，完成散煤治理任务 480 万户。印发《柴油货

车污染治理攻坚战行动计划》，全面统筹"油、路、车"，今年1月1日，全面供应符合国六标准的车用汽柴油。全国铁路货运总量同比增长9.1%，淘汰老旧机动车200多万辆，推广应用新能源车100多万辆。全国秸秆焚烧火点数同比下降30%，其中东北地区同比下降约48%。

三是持续开展重点区域秋冬季攻坚战。制定实施京津冀及周边地区、长三角地区、汾渭平原秋冬季攻坚方案，精准施策，细化重点城市项目措施，严格禁止"一刀切"。京津冀及周边地区重点行业全面执行大气污染物特别排放限值。统一重污染天气预警分级标准，重点区域参与应急管控的企业合计约12万家，实施大范围应急联动。从全国抽调执法人员1.2万余人（次），开展重点区域强化监督，向各地交办2万多个涉气环境问题。

四是大气环境管理能力显著增强。建设区县空气质量监测站点3 500多个，基本覆盖中东部省份各个区县。全国空气质量排名发布范围从74个城市扩大到169个城市。8 188家涉气重点排污单位安装污染源自动监控设施并联网，依法公开排污信息。全国6 113家机动车排放检验机构实现"国家—省级—城市"三级联网监控，各地安装机动车遥感检测设备639台（套）。多地通过安装微站、视频监控等技术手段，对工地扬尘、秸秆露天焚烧实时监控。积极推进大气重污染成因与治理攻关项目，基本摸清京津冀及周边地区大气污染物传输规律和主要来源。

二、2018年空气质量状况

经过全社会的共同努力，全国环境空气质量总体改善。2018年，全国338个地级及以上城市PM$_{2.5}$平均浓度为39微克/米^3，同比下降9.3%。京津冀及周边地区、长三角地区、汾渭平原PM$_{2.5}$平均浓度同比分别下降

11.8%、10.2%、10.8%；北京市 $PM_{2.5}$ 平均浓度为 51 微克 / 米³，同比下降 12.1%；浙江省 $PM_{2.5}$ 总体浓度已经达标。原来位于重点区域的珠三角地区，$PM_{2.5}$ 平均浓度持续降低，连续四年总体达标。

从"十三五"空气质量约束性指标完成情况来看，$PM_{2.5}$ 未达标的 262 个城市平均浓度为 43 微克 / 米³，同比下降 10.4%，相比 2015 年下降 24.6%；338 个城市平均优良天数比例为 79.3%，相比 2015 年提高 2.6 个百分点，均超额完成时序进度和年度目标要求。

在取得上述成绩的同时，我们也要清醒地认识到，我国大气污染物排放量仍处高位，产业结构、能源结构、运输结构、用地结构等方面问题仍然突出，京津冀及周边地区、长三角地区、汾渭平原三大重点区域单位面积大气污染物排放量为全国平均水平的 3 ~ 5 倍，大气污染防治仍然任重道远。

三、2019 年工作安排

2019 年，是打赢蓝天保卫战的攻坚之年。我们将深入贯彻落实党中央的决策部署，坚定信心，保持定力，精准聚焦，协同共进，优化服务，加快产业结构、能源结构、运输结构和用地结构优化调整，协同推动经济发展和环境保护，推进全国环境空气质量持续改善。

下面，我很高兴接受大家的提问。

主持人刘友宾：下面，请大家提问。

解决臭氧污染关键是协同减少氮氧化物和挥发性有机物排放量

封面新闻记者：2018 年，全国环境空气质量中其他污染物浓度都同比下降，但臭氧浓度同比上升，这表明臭氧污染问题正日益凸显，请问是什么原因导致的？有哪些针对性治理措施？

刘炳江：关于臭氧污染的问题，关键是我们如何正确看待，具体包括我国臭氧污染的现状、对人体健康的影响以及未来的趋势。

我们国家臭氧的空气质量标准是 160 微克 / 米³，与世界卫生组织的过渡值相衔接，接近发达国家的标准。2018 年，全国 338 个地级以上城市臭氧日最大 8 小时平均值第 90 百分位数浓度为 151 微克 / 米³，总体上达到国家空气质量标准。虽然同比增长了 1.3%，但相比前几年的增幅明显收窄。在日评价方面，2018 年，全国 338 个城市的轻度污染天次比例为 7.2%，中度污染很少（1.2%），重度污染极少（0.1%），没有严重污染。北京市连续三年臭氧浓度持续下降。当前，我国臭氧污染水平远远低于发达国家光化学烟雾事件时期的历史水平，我国未出现严重的光化学污染事件，将来发生的可能性也极低。

从世界卫生组织按照各种因素对人体健康的影响程度来看，臭氧污染排在第 32 位，远低于其他因素。且臭氧污染可防、可控，科研监测发现，从室外到室内臭氧浓度迅速下降，由 400 微克 / 米³ 左右的高值降至 60 微克 / 米³ 以下的环境背景值。为提醒人们防范臭氧污染，从 2015 年起，全国 338 个城市 1 436 个空气质量监测站点均开展了臭氧浓度监测，逐小时向社会公开。

中国政府高度重视臭氧污染防控。臭氧的生成主要是氮氧化物和挥发性有机物大量排放，在高温、强光照天气下形成，解决臭氧污染的关键就是协同减少这两种污染物的排放量。国外也有研究表明，$PM_{2.5}$ 浓度下降会导致大气透明度增加，辐射增强，有利于臭氧生成。《国民经济和社会发展第十三个五年规划纲要》中，明确要求氮氧化物排放量下降 15%、挥发性有机物排放量下降 10%。国务院《打赢蓝天保卫战三年行动计划》和生态环境部会同相关部门联合印发的《"十三五"挥发性有机物污染防治工作方案》，均对挥发性有机物污染防治提出了更详细的要求。去年，2.8万家企业进行了挥发性有机物综合治理，今年一批关于挥发性有机物的排放标准、产品质量标准将颁布实施。这一系列措施将着力削减氮氧化物和挥发性有机物排放量，我们坚信臭氧污染上升的势头能得到有效缓解。

第一批有毒有害大气污染物名录很快将发布，11 种化学物质纳入管控

凤凰卫视记者： 请问《有毒有害大气污染物名录》的制定目前已经到了什么阶段？什么时候可以公布出来？

刘炳江： 有毒有害大气污染物进入大气环境后，通过吸入或其他暴露途径，会对公众身体健康造成不利影响，世界主要发达国家通常都发布有毒有害大气污染物名录，并对其进行严格管控；我国《大气污染防治法》（2018 年修正）明确提出要公布有毒有害大气污染物名录。目前，我们

会同卫生健康委正在制定第一批有毒有害大气污染物名录，已向社会公开并征求了各方面意见，很快就会发布。第一批名录共有 11 种污染物，其中 5 种是重金属类物质，6 种是挥发性有机物。

我们在常规污染物减排的基础上，将有毒有害污染物逐步纳入严格管控。事实上，为保障公众健康，除《大气污染防治法》（2018 年修正）外，新修制定的《水污染防治法》（2017 年修正）、《土壤污染防治法》以及国务院《水污染防治行动计划》均提出，要发布有毒污染物和优先控制化学品名录，通过严格管控，避免有毒有害物质进入大气、水体和土壤环境等。2017 年 12 月，生态环境部会同有关部委发布了第一批《优先控制化学品名录》，包含 22 种化学物质。在此基础上，我们筛选出排入大气环境的 11 种化学物质作为此次名录的管控污染物。名录发布后，我们会加大科研、监测能力，纳入企业排污许可证严加管控，实行风险管理，并根据实际情况和管控需求，适时调整名录。随着工作的不断深入，将进一步扩大《有毒有害大气污染物名录》的范围。

去年汾渭平原扭转了自 2016 年以来 PM$_{2.5}$ 平均浓度持续不降反升的局面

中央广播电视总台央视记者：随着对大气污染防治工作的重视和推进，京津冀及周边等地区大气环境质量持续改善，但其他一些地区的大气污染问题却逐渐凸显。例如，汾渭平原虽然列入了大气治理重点地区，但目前污染仍较为严重。请问汾渭平原空气质量差的原因是什么？生态环境部针对汾渭平原采取了哪些措施？下一步还将有何安排？

刘炳江：汾渭平原去年第一次纳入国家重点区域，包括关中地区五个市、山西四个市和河南两个市，地形大体类似倒"L"形。将汾渭平原纳入全国重点区域，主要是考虑其 $PM_{2.5}$ 平均浓度持续不降反升，已经成为全国空气污染最严重的区域之一，必须引起高度重视。汾渭平原大气污染问题突出的主要原因包括以下四个方面：

一是能源结构以煤为主，燃煤污染特征明显。陕西、山西是产煤大省，同时也是煤炭消费大省，汾渭平原煤炭消费更集中，煤炭在能源消费中占比近90%，远高于全国60%的平均水平。

二是区域产业结构偏重，工业污染排放量大。汾渭平原多氧化铝、焦化、钢铁、煤化工等重化工企业，企业规模偏小，装备水平较低，且多数企业尚未实现稳定达标排放，火电企业超低排放改造完成比例低于京津冀水平，污染治理水平有待提高。

三是公路运输污染问题突出，重型车排放量大。汾渭平原是陕、蒙、晋煤外运的重要通道，普遍以公路运输为主，以重工业为主的产业结构进一步加大了公路运输压力。此外，各城市重型车排放监管薄弱，部分城市油品质量亟待提高，运输污染问题突出。

四是特殊地形和气象条件，污染物不易扩散。受山脉阻挡和背风坡气流下沉作用影响，汾渭平原易形成反气旋式的气流停滞区，在重污染天气期间，污染团形成后容易被困在汾河和渭河河谷地区，不易扩散。

为解决汾渭平原大气污染问题，提高汾渭平原治理大气污染的内生动力，我们主要采取以下措施：

一是建立工作机制。制定一系列协同治污的工作规则，成立汾渭平原大气污染防治协作小组，加强联防联控。

二是出台工作方案。印发实施《汾渭平原2018—2019年秋冬季大气污染综合治理攻坚行动方案》，细化各城市空气质量改善目标和大气污染综合治理攻坚措施，强调以燃煤污染控制为重点，切实抓好工业、企业全面达标排放和"散乱污"企业综合整治，积极推进冬季清洁取暖和柴油货车污染治理。

三是强化监督执法。从2018年6月起，从全国抽调环境执法人员，对汾渭平原等重点区域开展强化监督，发现涉气环境问题交办地方整改，有效遏制了违法排污行为。

四是加强科技支撑。启动了大气重污染成因与治理攻关项目，2018年将"一市一策"跟踪研究范围扩大到汾渭平原11个城市，派出攻关专家团队驻点指导，摸清各城市大气污染现状和成因，提出科学有效、操作性强的解决方案。

可以报告给大家，2018年，汾渭平原优良天数比例平均为54.3%，同比提高2.2个百分点；$PM_{2.5}$平均浓度为58微克/米^3，同比下降10.8%，比2015年下降4.9%，扭转了自2016年以来持续不降反升的局面。下一步，生态环境部将针对当前汾渭平原在大气污染防治和重污染天气应对方面存在的问题开展深入指导，持续发力，有效推动汾渭平原空气质量改善。

对空气质量改善目标完不成地区采取公开约谈、区域限批等问责措施

北京晚报记者： 与 2017 年攻坚行动方案相比，2018 年攻坚行动方案有哪些新特点、新措施？目前 2018 年攻坚行动取得哪些进展和成效？去年 10—12 月公布的攻坚地区空气质量情况，有些地方任务完成不理想，请问对这些攻坚行动目标没有完成的地区将如何进行问责？

刘炳江： 今年秋冬季大气污染治理综合攻坚方案在聚焦改善目标、强化四大结构的基础上，重点突出以下四个方面特点：

第一，强化重污染天气的应对工作。秋冬季大气污染综合治理攻坚方案的重中之重是重污染天气应对，这与人民群众最相关，也是人民群众最关心的问题。生态环境部与中国气象局密切合作，加强空气质量的预测预报工作，形成中长期、短期和邻近预报相结合的业务化预报模式，对重污染过程的预报准确率超过 90%，为提前采取措施提供了有效支撑。细化重污染天气应急减排清单，让应对措施更科学、更有效。

第二，建立科学治霾、精准治霾体系。在监测能力上，已经建成天地空一体化监测体系，能够确定污染物的主要来源和传输途径，从而提出较为准确的实施方案，靶向性解决问题。大气攻关中心的科学家每天驻点开展研究，帮助地方政府提供解决方案，地方政府也为此搭建了大气污染治理综合平台，能够有效调动各部门资源，共同开展治理工作。

第三，强化执法监管。在执法监督方面应用更多的科技手段，诸如网格化管理、热点网格筛选等方式都已经普及到执法人员，便于现场执法，

发现问题。同时，通过对发现问题的分析和反馈，制定更加有针对性的治理措施。

第四，稳妥推进重点任务措施。例如，今年在推动农村清洁取暖方面，我们采用稳妥的方式，以群众温暖过冬为第一原则，让地方自下而上地统计任务目标，根据工作能力和清洁能源供应量确定改造任务。今年，京津冀及周边地区改造任务 362 万户，生态环境部现场工作组对每村每户都走访到位，保障温暖过冬和清洁取暖两个民生工程顺利实施。

关于是否问责，既然是打赢蓝天保卫战，那就军中无戏言，言必信，行必果，完不成任务必将问责。生态环境部在重点区域各个城市的目标设定中已经充分考虑了气象因素影响，因此气象条件不利也不是理由。目前，生态环境部正在制定问责办法，并逐月通报各地的空气质量改善情况，对完不成目标的，将采取公开约谈、区域限批等问责措施，这一点我们态度明确。

初步摸清"2+26"城市污染特征和来源，有力推动了大气污染防治工作

经济观察报记者：请问大气攻关中心成立以来取得了哪些成果？对大气污染防治工作发挥了怎样的作用？

国家大气污染防治攻关联合中心副主任、中国工程院院士贺克斌

　　贺克斌：大气攻关中心自成立以来，取得的主要成果有以下四个方面：一是从宏观、中观和微观层面形成了大气重污染成因的基本科学共识；初步阐明了重污染过程中的物理、化学机制及其综合作用；基本实现了空间上城市尺度、时间上过程尺度的重污染过程精细化、定量化描述。二是首次采用统一的方法标准编制了"2+26"城市的排放清单，形成区域清单数据产品；大幅提升了清单的时空分辨率，更好地支撑精细化的污染源管控；提出了京津冀及周边地区非电行业重点排放源及重点污染物的强化管控措施。三是建立重污染预测预报、会商分析、预警应急、跟踪评估和专家解读等全流程的应对技术体系，区域性的重污染天气应对能力显著提升；提出"2+26"城市空气质量达标时间和改善路线图，支撑了京津冀及周边地

区打赢蓝天保卫战三年作战计划的编制和实施。四是开展城市颗粒物来源解析、排放清单编制与"一市一策"跟踪研究，初步摸清了"2+26"城市污染特征和来源，提出了"一市一策"综合解决方案。

对大气污染防治工作发挥的作用主要从两个方面来阐述。一是在提高重污染天气应对的时效性和有效性上，随着预报技术的发展，从之前的3天精准预报和7天趋势预报突破到3～5天的精准预报和7～10天的趋势预报，重污染过程预报准确率接近100%，为重污染的提前应对赢得了管控时间，最大限度地降低污染累计起点和峰值浓度，大大提升了重污染应对的时效性；结合高时空分辨率的精细化排放清单产品编制了重污染应急预案，应急措施实现了精准化、动态化、差异化调整，大大提升了重污染应对的有效性。二是在大气污染防治的科学性和实用性上，"2+26"城市及区域精细化来源解析结果和高时空分辨率的排放清单，支撑了各地方打赢蓝天保卫战三年行动计划的编制和实施，提高了大气污染防治的科学性；"一市一策"跟踪研究形成了"边研究、边产出、边应用、边反馈、边完善"的工作模式，促进了研究成果的落地应用，有力地支撑了地方政府的环境管理和决策。

大气污染防治工作往下走，重点还是几个结构调整的问题

界面新闻记者：当前，大气污染治理取得了很大成效，想问未来的治理空间会在哪里？目前还有哪些"难啃的硬骨头"？2019年大气污染

防治工作的重点措施是什么？另外，北京市去年实现了 $PM_{2.5}$ 平均浓度 51 微克／米³ 的好成绩，请问今年北京市在制定大气污染治理目标上会有哪些考虑？

刘炳江：你提出了三个问题，"硬骨头"、2019 年主要措施，还有北京市 2019 年的 $PM_{2.5}$ 目标。

首先回答第一个问题。《大气十条》从 2013 年开始到 2017 年结束，采取了大量措施，好干的工作干了不少，剩下的都是"难啃的骨头"。但也不是说彻底干完了，因为各个地方进展不一样，如汾渭平原滞后 5 ～ 6 年。总体来看，大气污染防治工作往下走，重点还是几个结构调整的问题。以京津冀及周边地区为例，产业结构以重化工为主，交通结构以重型货车公路运输为主，用地结构方面有大量露天矿山和施工工地。给大家一组数据说明，这个区域每平方千米大气污染物排放量是全国平均值的 4 倍左右，远远超过环境容量和大气自净能力，这就是一旦气象条件不利，就会发生重污染天气的原因。这个区域国土面积占全国的 7.2%，生产了占全国 43% 的粗钢、49% 的焦炭、60% 的原料药、32% 的平板玻璃。全国煤炭消费大省都集中在这个区域。84% 的运输量通过公路运输，柴油货车量大面广。还有用地结构方面，这个区域是露天矿山最多的一个区域，仅河北省就有近两千个露天矿山，施工工地也很多，各个城市少则几百个，多则几千个。

下一步，我们将按照国家的大政方针，针对"硬骨头"一个一个"啃"。

第一个就是稳步推进清洁取暖，在推进过程中，坚持统筹协调温暖过冬与清洁取暖，坚持以供定需、以气定改、先立后破，根据清洁能源供应量确定改造任务；坚持因地制宜，多元施策，采取多种方式推进清洁取暖，宜电则电、宜气则气、宜煤则煤、宜热则热。

第二个是产业结构调整，树立行业标杆，推进分类处置，现在很多地方已经提上日程。

第三个是运输结构调整，交通运输部会同 9 个部委细化任务目标，拉单挂账，强化组织实施，努力补这个短板，尤其是京津冀运输结构的调整。京津冀煤炭和铁矿石要基本上改成铁路运输，一大批企业铁路连接线都要启动建设，有时间节点、有任务量，这些都是难点工程，但是要一点点把"硬骨头啃下来"，确保运输结构调整取得实效。

关于第二个问题。2019 年的措施很多，是一个综合施策的工作，现在我给大家介绍其中三项重点措施：

一是推进钢铁行业超低排放改造，这是国务院定下来的任务。煤电行业超低排放已经取得了积极进展，80% 完成改造，中国已经建成世界上规模最大的清洁煤炭发电体系，国内外都有口皆碑。各地在充分借鉴电力行业超低排放改造技术成果和经验做法的基础上，推进钢铁行业的超低排放，已经树立了不少的好例子、好典型。这里要指出的是，钢铁行业超低排放是全流程、全过程的管理理念，对钢铁企业有组织排放、无组织排放和大宗物料产品运输等均提出量化指标要求。我们会同有关部委研究起草了《关于推进钢铁行业超低排放的意见》，争取尽快印发实施。

二是有效推进清洁取暖。目前，还在采暖季，各部门密切关注，国家发展改革委实行天然气保供日调度机制，密切监测供需缺口，协调做好取暖保供各项工作；对涉及供暖保障方面的信访投诉、网络舆情等信息，生态环境部第一时间派工作组现场核查、核实，对问题属实的督促解决。等这个采暖季过后，我们将会同各地科学合理安排2019年散煤治理计划。

三是推进挥发性有机物治理，挥发性有机物既是臭氧的前体物又是$PM_{2.5}$的前体物，去年治理了2.8万家相关企业，今年将出台低挥发性涂料产品质量标准，因为涂料行业的挥发性有机物排放主要在使用环节。我们也将发布涉挥发性有机物重点行业排放标准，加快挥发性有机物综合控制步伐。

关于第三个问题，北京市2019年目标如何确定，要回答这个问题，首先要弄清楚三点，即到2020年北京市$PM_{2.5}$平均浓度为什么定56微克/米^3？北京的减排空间还有多少？最终气候条件如何？

首先，2016年制定"十三五"规划目标时，要求北京市$PM_{2.5}$平均浓度下降30%，达到56微克/米^3，每年下降5微克/米^3，已经是很高的目标要求。从历年改善情况来看，全国$PM_{2.5}$平均浓度平均每年下降3微克/米^{3}左右。2017年北京市$PM_{2.5}$平均浓度为58微克/米^3，完成了《大气十条》60微克/米^{3}的目标，当时，国内外很少有人认为能够完成此目标，但各部门和各级政府齐心协力，硬硬地完成了这个目标，这场硬仗、苦仗、大仗能打胜，已经在中国乃至世界大气污染治理史上留下了浓墨重彩的一笔。北京市2018年$PM_{2.5}$平均浓度达到了51微克/米^3，也在意料之中，因为2017年的减排措施继续在2018年发挥着作用。

其次，北京市近三年$PM_{2.5}$浓度下降幅度大，累计达到37%。到2018年，北京市累计完成110万户"煤改气""煤改电"，其中近85%是这三年完成的，清理了几千家"散乱污"企业，应该说北京市重大减排工程基本完成，也支持了近三年$PM_{2.5}$浓度大幅下降。可以说北京市已解决了煤烟型污染问题，现在除南风传输外，很少能闻到煤烟味。二氧化硫浓度已达到个位数，同发达国家相同。北京市的$PM_{2.5}$源解析中，移动源的排放约占45%，今明两年北京市的减排措施集中在移动源和生活源上，减排量不足以支撑$PM_{2.5}$大幅下降。要进一步下降，疏解北京市非首都功能的进度和程度是根本，但并不是一朝一夕能完成的。当前要着重解决的，一是加大力度解决移动源排放，二是减轻外界传输的影响。2013年"2+26"城市$PM_{2.5}$平均浓度最高的城市比北京市高近70微克/米^3，2018年变为高20多微克/米^3，共治效果显著，拉平了城市间的浓度水平。但不可否认的是，浓度高值的城市几乎都是太行山山前城市，北京市是太行山沿线$PM_{2.5}$浓度最低的城市，因此，解决西南方向的传输是关键。

总而言之，北京市2019年的目标就是守住阵地，巩固成果，能完成51微克/米^{3}就是最大的胜利。但这里要强调的是，世界上大型城市大气污染治理史，$PM_{2.5}$浓度均是呈锯齿形波动下降。若气候条件不利，上升也是有可能的，大家要有思想准备。谢谢。

查清楚向渤海和长江排污的"口子"，进行有效的管控和整治

第一财经日报记者：我们注意到，生态环境部近日启动渤海地区入海排污口排查整治专项行动，请问排污口排查工作重点和主要任务是什么？

刘友宾：按照党中央、国务院关于打好污染防治攻坚战的决策部署，2019年，生态环境部会同相关地方政府全力推进渤海入海排污口和长江

入河排污口排查整治专项行动（以下简称专项行动）。主要的整治范围是渤海入海排污口和长江入河排污口，把所有向渤海和长江排污的"口子"查清楚，进行有效的管控和整治。主要目的就是要让那些长期以来和我们"捉迷藏""躲猫猫"的排污口无处遁形，让他们露出本来面目，接受行政监管，接受公众监督。

专项行动的工作任务，可以概括为"查、测、溯、治"四项重点任务。一是"查"，摸清入海、入河排污口底数。全面掌握排污口的数量及其分布，建立排污口名录。二是"测"，开展入海、入河排污口监测。了解排污口污染排放状况，掌握污染物排放量。三是"溯"，进行入海、入河排污口污水溯源，查清污水来源，厘清责任。四是"治"，整治入海、入河排污口问题。在排查和监测的基础上，按照"一口一策"的要求，推进排污口规范整治，完成整治方案制定并推进实施，有效管控入海、入河排污口。

专项行动工作将采取"试点先行与全面铺开相结合"的方式，由试点城市先期开展、其他城市"压茬式"推进各阶段工作。试点城市将综合运用无人机航测、卫星遥感、无人船监测、智能机器人探测和执法人员现场核查等多种手段，尽快掌握入海、入河排污口情况，形成行之有效、可借鉴、可复制、可推广的工作程序和规范，为在渤海、长江全面铺开排查整治工作积累经验。

1月11日，生态环境部在唐山市已召开渤海地区入海排污口排查整治专项行动暨试点工作启动会，打响了入海排污口排查整治"发令枪"。近期，生态环境部还将全面启动长江入河排污口排查整治工作。

2019年，工作重点是做好排污口排查和监测工作，主要分为两个阶段：

2019 年 6 月底前，试点城市完成摸底排查，并同步开展监测工作；其他城市通过卫星遥感和无人机航测等手段开展自查。2019 年年底前，完成入海、入河排污口排查和监测。同时，鼓励各地主动加压，因地制宜，把溯源和整治的任务开展起来，形成权责清晰、监控到位、管理规范的入海、入河排污口监管体系，为渤海和长江生态环境质量改善奠定基础。

面对不利气象条件，今冬大气污染治理坚持四个 "不放松"

路透社记者： 近期，北方地区经历了几次重污染天气过程，据我们了解，一些在 2018 年 12 月底暂时停产的企业元旦之后复工了，这是不是雾霾返场的原因之一？另外，我们注意到国家统计局公布了第四季度数据，显示 2019 年中国经济下行压力增大，想问一下今年将采取哪些措施来协同经济发展和生态环保之间的关系？

刘炳江： 秋冬季攻坚战实施的主要地区是三大重点区域，包括京津冀及周边地区 28 个、长三角地区 41 个和汾渭平原 11 个城市，一共是 80 个城市。2018 年 10 月 1 日—2019 年 1 月 19 日，80 个城市 $PM_{2.5}$ 平均浓度为 68 微克 / 米 ^{3}，同比下降 1.4%，其中汾渭平原下降了 4.5%，长三角地区下降了 11.5%，只有京津冀及周边地区有所上升。

刚才您提到，"2+26" 城市 $PM_{2.5}$ 平均浓度上升了 9.2%，北京市上升了 14.9%，都是几次重污染过程把 $PM_{2.5}$ 平均浓度拉升上来的。我们都生活在北京市，所以你应该有此感觉，进入 2018 年秋冬季以来，京津冀及周边地区，尤其是中南部地区，气温较常年同期偏高，降水偏少，静稳天气频发，大气污染扩散条件接近10年来平均，较上年同期偏差。特别是去年11月下旬至12月初，受沙尘过境、大范围高湿、大雾等极端天气影响，发生两次近10天的大范围重污染天气过程。今年1月初，京津冀及周边地区和汾渭平原又经历一次长时间、大范围重污染天气过程，静稳、高湿的不利气象条件促使大气污染物快速积累并加剧二次转化和吸湿增长，河北省南部、河南省北部、山东省西部甚至安徽省、江苏省北部地区重污染天气持续时间长达十几天。中央气象台2018年在秋冬季发布的大雾预警比2017年同期增长了47%，其中橙色大雾预警增加了近一半以上。这也能看出，今年，秋冬季京津冀及周边地区，尤其是中南部区域的气象条件是十分不利的。

经生态环境部与中国气象局联合会商，今年1—3月，京津冀及周边地区温度较往年偏高，降水偏少，大气扩散条件偏不利；汾渭平原基本持平，长三角地区略为有利。面对不利的环境形势，我们在实施秋冬季这场攻坚战的时候，有以下四个不放松。

一是紧抓重污染天气联合应对不放松。加强预测预报会商，规范细化重污染天气应急减排清单，应急减排措施均落实到具体的生产工序或生产线。2018年秋冬季，生态环境部组织召开15次重污染天气研判会商、8次决策会商，印发重污染天气应对工作预警提示函5次，指导各地积极应对重污染天气。

二是紧抓精准治霾不放松。指导地方逐行业开展污染绩效评估，树立行业环保标杆，对达标企业和标杆企业给予政策鼓励。充分发挥大气攻关中心的资源力量，组织优秀科研团队，指导重点地区开展重点行业污染物排放管控技术等科技攻坚，指导各地采取有针对性的措施，减少污染物排放。

三是紧抓散煤治理不放松。在确保温暖过冬的前提下，积极稳妥推进散煤治理工作。生态环境部冬季清洁取暖保障工作组逐村入户、逐一核实散煤治理工作落实情况，坚持以气定改，按照宜电则电、宜气则气、宜煤则煤、宜热则热的原则，强化气源、电源供应保障，保障温暖过冬和清洁取暖两个民生工程顺利实施。

四是紧抓监督执法不放松。持续开展打赢蓝天保卫战重点区域强化监督，重点监督检查散煤清洁替代、"散乱污"企业综合整治和企业违法排污行为。针对大气污染治理责任不落实、工作不到位、污染问题突出、空气质量恶化的地区，强化问责。对发现的问题实行拉条挂账式管理，由政府统一协调各部门落实整改。

关于经济发展和环境保护的问题，我们一直认为生态环境保护和经济发展不是矛盾对立的关系，而是辩证统一的关系。2019 年是打赢蓝天保卫战的攻坚之年，我们将深入贯彻落实党中央关于打赢蓝天保卫战的决策部署，按照稳中求进的总基调，坚守阵地、巩固成果，协同推动经济发展和环境保护，推进全国空气质量持续改善。

一是更加重视系统谋划。统筹考虑经济社会发展和企业可承受能力，科学合理安排治污进度要求。对散煤治理工作，严格按照以供定需、以气定改、因地制宜、突出重点、先立后破的原则，坚持从实际出发，宜电则电、宜气则气、宜煤则煤、宜热则热，循序渐进、稳步推进，确保北方地区群众安全取暖过冬。

二是更加重视精准治污。充分应用大数据等科技手段，精准施策，力争用最小的经济社会成本换取最大的环境效益。在重污染天气应对过程中，开展精准预测预报，尽快实现城市层面7天、区域层面10天的空气质量预测预报，为企业采取应急措施尽可能留下充裕的准备时间；实施减排措施清单化管理，根据污染传输路径实施精准打击。

三是更加突出重点。从污染物上，聚焦当前环境空气质量超标最严重的 $PM_{2.5}$。重点区域聚焦在京津冀及周边地区、长三角地区和汾渭平原。从时间尺度上，更加聚焦秋冬季污染防控，着力减少重污染天气。重点措施方面，更加强调突出抓好工业、散煤、柴油货车和扬尘四大污染源的治理。

四是更加严格执行依法治污。我们将严格按照《环境保护法》（2014年修订）、《大气污染防治法》（2018年修正）等相关法律的规定和要求，对偷排偷放、超标排放等环境违法行为，坚持铁规执法、铁腕治污，严厉打击，督促企业坚守法律底线，依法生产经营，对达不到排放标准的坚决依法整治。对于合法守法的企业，要增强服务意识，帮助企业制定环境治理解决方案，重视并解决企业对环境监管的合理诉求。

分类推进重点行业污染深度治理，解决"劣币驱逐良币"的问题

每日经济新闻记者：我国大气污染防治工作已进入攻坚期，请问贵部对行业深度治理是如何考虑的？如何增强服务意识，帮助企业制定环境治理解决方案？

刘炳江：推进工业行业深度治理是有效降低全社会污染排放、打赢蓝天保卫战的重要保障，我们将分类推进重点行业污染深度治理。

第一，推进钢铁行业超低排放改造工作，目前，很多钢铁企业积极响应蓝天保卫战要求，已经在开展超低排放改造。

第二，推进重点区域执行大气污染物特别排放限值，通过加严排放限值，推动行业治污设施升级改造。京津冀及周边地区已于 2018 年 10 月 1 日起全面执行大气污染物特别排放限值，下一步将逐步扩展至长三角地区、汾渭平原等其他区域。

第三，推进挥发性有机物治理。挥发性有机物治理工作量大面广，前面已经说了，排放标准将陆续发布，去年完成了 2.8 万家治理工作，今年将继续推进，既是为了解决臭氧问题，也是为了 $PM_{2.5}$ 的污染防治。

行业深度治理不会把面铺得非常大，重点在重点区域抓好这些工作。

对于污染治理工程，包括挥发性有机物治理、钢铁行业超低排放改造等方面，也出现了一些问题，比如同等规模钢铁企业治理，有的花几亿元，有的仅花几千万元，治污工程的基础硬件配置达不到要求，肯定会出现问题。所以，第一，从大的方面来说，环保服务行业要解决"劣币驱逐良币"的问题，在同一个行业中，不能因为对环保投入高、运行好、环保成本高而不挣钱，却让那些投入少、运行差的企业多赚钱，重点要解决治理设施质量问题。第二，从市场角度来说，培养一批业绩好、声誉高、有治理能力的公司，给他们创造更好的机会，让他们去把这个市场做大，培养规范化的环保治理公司，同时也是服务公司。另外，我们要为企业做好服务，包括出台技术指南、工程规范等。谢谢。

55.8 万个农用地详查点位样品采集分析测试工作完成，农用地详查初步成果上报

澎湃新闻记者：《土壤污染防治法》已于今年 1 月 1 日起正式实施，请问针对土壤重金属污染防治贵部已开展了哪些工作？下一步有何安排？

刘友宾：为加强土壤重金属污染防治，2016 年 5 月 28 日，国务院印发《土壤污染防治行动计划》（以下简称《土十条》），这是当前和今后一个时期全国土壤污染防治工作的行动纲领。近年来，国家各有关部门贯彻落实《土十条》，主要开展了以下工作：

一是摸清底数。生态环境部会同财政部、自然资源部、农业农村部等部委，以农用地和重点行业企业用地为重点，扎实推进土壤污染状况详查工作。截至 2018 年 12 月 29 日，全国 31 个省（自治区、直辖市）和新疆生产建设兵团共计完成 55.8 万个农用地详查点位、69.8 万份详查样品的采集制备与分析测试工作，并上报农用地详查初步成果。

二是源头治理。"十二五"期间，我国制定并实施了《重金属污染综合防治"十二五"规划》，超额完成重点重金属污染物排放总量比 2007 年减少 15% 的目标。为进一步加强涉重金属行业污染防控，生态环境部印发《关于加强涉重金属行业污染防控的意见》，要求聚焦重点行业、重点地区和重点重金属污染物，坚决打好重金属污染防治攻坚战。

三是管控风险。原农业部会同生态环境部在江苏、湖南、河南 3 省部署开展了耕地土壤环境质量类别划分试点工作；在湖南省长株潭重金属

污染区休耕 30 万亩[①]。各地积极探索受污染农用地安全利用模式，如将受污染耕地转型发展花卉苗木或种桑养蚕等，实现安全利用。

四是织密法律标准网络。《土壤污染防治法》已于 2019 年 1 月 1 日正式实施。生态环境部发布并实施《土壤环境质量农用地土壤污染风险管控标准（试行）》，会同原农业部发布《农用地土壤环境管理办法（试行）》《农用地土壤环境质量类别划分技术指南（试行）》，完善法律法规和标准体系。

下一步，我们将重点开展三项工作：一是进一步做好摸底工作，抓紧完成土壤污染状况详查，实施农用地分类管理，着力推进安全利用，有针对性治理污染农用地。二是进一步聚焦群众反映强烈的重金属污染区域，严厉打击涉重金属非法排污企业，切断重金属污染物进入农田的链条，降低粮食重金属超标风险。三是严格管控重污染耕地用途，禁止种植食用农产品。谢谢。

多国治理经验表明，区域大气污染治理过程中，本地排放治理尤为重要

中新社记者：我们注意到，近期韩国有一些媒体又在集中报道所谓"中国大气污染影响韩国"，请问您对此怎么看？

刘炳江：大气污染是区域性问题，在同一空气流场内，在特定的时间和空间内，区域各城市的污染物存在相互影响的问题。这也是我国确定

---

① 1 亩 =666.667 平方米。

重点区域、开展联防联控的理论基础。但对于相互间传输影响的定量化分析等问题，还需要在科学层面达成共识。多年来，生态环境部与包括韩国在内的周边国家环保部门开展了良好的环境合作，为推动区域环境质量改善做出了积极贡献。中韩两国的环境专家保持了密切的沟通与合作，并与日本科学家一道，开展了东北亚空气污染物长距离输送项目。

2013年以来，我国空气质量持续大幅改善，重点区域空气质量改善40%以上，而根据公开的监测数据，韩国首尔市 $PM_{2.5}$ 浓度基本稳定且略有上升。前段时间，美国阿冈国家实验室联合韩国科学家在国际期刊上发表文章，通过卫星遥感反演研究，揭示了首尔都市圈排放清单对 NO_x 排放量有明显低估的问题。

多国治理经验表明，区域大气污染治理过程中，大城市的本地排放治理尤为重要。我国政府高度重视并采取积极措施应对大气污染，环境空气质量正在发生显著的变化。我们在治理污染方面有一个非常重要的体会，就是应该在立足治理本地污染的基础上，加强区域合作，把握住自身减排的关键期。如果一味埋怨传输影响而不正视自身矛盾，就抓不住主要矛盾，耽误了治理大气污染的最佳机遇。中国愿继续积极参与全球环境治理进程，分享相关经验和研究成果，为亚太地区和全球可持续发展贡献我们的力量。

《恶臭污染物排放标准》修订已充分考虑现有技术的可达性

新华社记者：近日《恶臭污染物排放标准》征求意见阶段已经结束了，

之前督察"回头看"的时候宁夏有一家制药企业因为恶臭扰民的问题被公开通报，企业最后决定整体搬迁。请问恶臭污染治理难度大不大？标准可行性怎么样？

刘炳江：恶臭污染是典型的扰民污染，人民群众投诉比较多。对于《恶臭污染物排放标准》征求意见，现在已经收到了一些反馈意见。你所提到的宁夏这家制药企业就是在原料药制造发酵过程中有恶臭污染物排放，致使周边群众难以忍受。

目前，我国恶臭污染物控制技术已取得显著进步，已经从单一处理向多种技术组合式应用处理发展，恶臭气体的去除率有了较大提高，能够取得较好的处理效果。目前，《恶臭污染物排放标准》的修订已充分考虑现有技术的可达性，是基于现实可达的。我们还会在充分听取各方意见的基础上，召开专家座谈会，不断完善恶臭标准。谢谢。

临汾市 2018 年开展了大量工作，但重污染企业多、污染排放量仍处在高位

中国青年报记者：在全国重点城市排名中，我们看到临汾市位列倒数第一，请问排名垫底是因为不努力还是因为之前的数据有问题？另外，最近河北省提出，有一些城市要退出钢铁业，请问这将对"2+26"城市大气治理产生什么样的影响？

刘炳江：临汾市 2018 年开展了大量工作，二氧化硫浓度从 1 000 多微克 / 米^3 降到 400 微克 / 米^3，高值明显降低，但是由于当地大气污染防

治工作起步较晚，基础薄弱，加之重污染企业多、排放强度大，污染物排放量仍然处在高位，导致 2018 年排名倒数第一。此外，临汾市监测数据造假，触及生态环境保护底线，带来了恶劣的社会影响，有关部门已对此严肃处理，涉案人员也受到法律制裁。临汾市 5 000 平方千米范围内布局了 10 家钢铁企业、22 家焦化企业，加上地形的特殊性，解决起来非一日之功。临汾市政府坚决地扛起了打赢蓝天保卫战的政治责任，首先解决了人们思想中的大气污染"天生论"，长期以来，临汾市各级干部普遍认为当地产业重、地形低洼，天生就难以解决大气污染；其次解决了"传输论"，当地干部普遍认为临汾市受外界传输影响大，污染都是别的城市传输过来的；最后解决了"部门论"，认为解决大气污染就是环保部门一家的事。我坚信，临汾市在解决了这些问题后，空气质量一定会得到有效改善。

贺克斌：刚才提到河北省一部分城市要退出钢铁业，我想这对"2+26"城市的大气污染防治工作是一个非常重要的标志。相较于其他城市，河北省最早面临大气污染治理的压力。2013 年以来，《大气十条》和《打赢蓝天保卫战三年行动计划》相继实施，河北省受到关注的程度最早，着手污染治理也较早。现在看来，一些城市因为末端减排的空间已经很小，所以把产业结构调整提上了日程，把治理重点从末端治理转为结构调整，我认为这是标志性的举措。河北省的钢铁工业比较集中，而且钢铁产业调整或退出，带来的减排除了行业自身，还包括无组织排放的减少，相关能耗（燃煤）的减少，以及产品、原材料运输的减少，是一个整体调整。近年来，大气攻关项目中"一市一策"关于源排放清单的分析，使地方政府看到了产业结构优化调整所带来的污染物减排量，以及对空气质量影响的收益预期，从而决定退出钢铁业。这对其他城市从末端减排走向结构调整，是有示范意义的。

行政手段逐渐弱化，经济手段更加增强

21世纪经济报道记者：国家统计局今天发布的数据显示，2018年生态环境保护投资数据非常可喜，增长43%。全国生态环境保护工作会议也提到要发挥好经济手段的作用改善生态环境。请问在这方面开展了哪些工作？

刘炳江：这几年，中央财政资金支持大气污染治理力度都很大，而且逐年增加，去年达到200亿元，是这几年来最多的一年。如果没有大气专项资金，就无法撬动农村清洁能源替代工作，将北方地区清洁取暖试点范围从原来的12个市增加到35个市，支持京津冀及周边地区和汾渭平原的清洁能源替代。

今后，行政手段会逐渐弱化，经济手段会更加增强。据我所知，财政资金、债券、基金、价格现在都在运作，企业投入、政府资助比较到位，这些方面我觉得你的判断是对的。

浓度下降人努力约占2/3，天帮忙约占1/3

新京报记者：我有两个问题，第一个问题问一下贺克斌院士，2018年空气质量改善幅度中，天帮忙因素占了多少比例？2019年气象条件预估情况怎么样？第二个问题问一下刘友宾司长，去年发生的福建泉港碳九

事件、河北曲阳事件等，暴露出环保舆情应对还存在一些问题，请问今年在这方面有没有一些考虑和安排？

贺克斌：我们讲空气质量改善有两大因素，即人为减排和气象条件影响。大家可能也听到过内因是排放、外因是气象的提法。2017年和2018年这两年，整体上气象条件在空气质量改善中是发挥一个助推作用的。大家可能还记得2017年1月有一个连续的重污染过程，那个时候气象条件比较差，2018年的前3个月相对来说气象条件是有利的。刚才刘炳江司长讲到了，2018年10月以来与2017年同期相比，气象条件是变差的，特别是11月。

去年，我曾经讲过2017年跟2016年比，改善幅度里面"人"占了70%，"天"占了30%。2018年比2017年气象条件略好一些，通过空气质量模型和气象综合指数分析的初步结果来看，浓度下降人的努力占了2/3左右，天的帮忙占了1/3左右。

刘友宾：我们高度重视新闻发布工作，把信息公开和新闻发布作为打好污染防治攻坚战的重要组成部分，在布置打好污染防治攻坚战各项工作的时候把信息公开和新闻发布一并安排，一并要求。2017年，我部印发《关于进一步加强环境信息发布工作的通知》，要求各地加大信息公开力度，明确要求省级环境保护部门建立例行新闻发布制度，及时向媒体和公众提供环境信息，解读环保政策，回应社会关切。在去年5月召开的全国生态环境宣传工作会议上，李干杰部长明确要求，要加强新闻发言人队伍建设，不断提高现代媒介素养和舆论传播引导专业化能力。对于涉及地方生态环境部门的政务舆情，要按照"属地管理、分级负责、谁主管谁负责"的原则快速反应，主动回应，决不能让谣言跑在真相前面。在刚刚闭幕的 2019 年全国生态环境保护工作会议上，李干杰部长再次强调，要不断健全新闻发布制度。

2018 年 1 月，我部首次向社会公布 31 个省级生态环境部门新闻发言人和新闻发布机构名单。2018 年，全国生态环境系统积极建立健全新闻发布制度，31 个省级生态环境部门全年组织开展新闻发布活动 286 场，各地新闻发言人和有关部门负责同志走上发布台，向社会公众传递生态环境保护政策措施、工作进展，回应公众对生态环境工作的关切。此外，一些地方不断丰富新闻发布形式，如开设"环保曝光台"、组织媒体"伴随式"采访、组织环保厅长与网友"面对面"座谈等方式，还有一些地方通过培训、评选、考核等方式，进一步加强新闻发布工作。

但是，我们清楚地认识到，生态环境系统新闻发布工作起步晚、基础差，一些地方新闻发布工作还存在不规范、不及时、不主动等问题，新闻发布工作机制还没有完全理顺，不愿说、不善说、不敢说等问题还存在。一些舆论热点还没有能够及时、有效回应，个别省份至今还没有按照要求建立例行新闻发布制度。

下一步，生态环境部将进一步督促各级生态环境部门继续完善例行新闻发布制度。2019 年要求省级生态环境部门至少每两个月召开一次例行新闻发布会，有条件的地方召开月度例行新闻发布会。同时，要及时回应公众关注的热点问题。今天，我们将发布更新后的 31 个省级生态环境部门新闻发言人名单，欢迎媒体朋友们及时和他们联系。

在重视 $PM_{2.5}$ 污染防治的同时，协同治理臭氧

新加坡海峡时报记者：近期，美国哈佛大学和南京信息工程大学发布了一个联合报告，提出臭氧上升与 $PM_{2.5}$ 治理是有关联的，请问您对此怎么看？

刘炳江：谢谢你的提问，我也注意到这个问题。哈佛大学和南京信息工程大学联合发表一篇论文，主要观点是中国的 $PM_{2.5}$ 浓度下降40%以上，由此导致臭氧浓度上升。我也问过国内专家，大家基本上赞同这个观点，具体是两方面的原因：第一，臭氧的前体物主要是挥发性有机物和氮氧化物，这两种物质在强光照、高辐射，以及强氧化性的情况下容易生成臭氧，如果 $PM_{2.5}$ 浓度过高，光照和辐射就会减弱，不利于臭氧形成，反之会导致臭氧浓度上升。第二，$PM_{2.5}$ 浓度降低，使得反应活性物质的吸附量减少了，导致大气氧化性增加，有利于挥发性有机物和氮氧化物转化成臭氧。

这个问题提醒我们在重视 $PM_{2.5}$ 污染防治的同时，还要协同治理臭氧。关于挥发性有机物的排放标准、产品质量标准今年都将陆续出台。因为挥发性有机物既可能转化成 $PM_{2.5}$，又是形成臭氧的前体物，控制它可以达到一箭双雕的效果。我们会加大工作力度，在推动改善 $PM_{2.5}$ 浓度的同时把臭氧浓度降下来，谢谢你的提问。

主持人刘友宾：各位记者朋友，中国人民的传统佳节春节马上就要来临了，在此，感谢各位在过去一年中对生态环境工作的支持，提前祝大家新春吉祥，阖家安康。

今天的发布会到此结束。

2月例行新闻发布会实录

2019年2月28日

2月28日，生态环境部举行2月例行新闻发布会。生态环境部水生态环境司司长张波出席发布会并介绍水污染防治工作情况。生态环境部新闻发言人刘友宾主持发布会，通报近期生态环境保护重点工作进展，并共同回答了记者关注的问题。

2月例行新闻发布会现场（1）

重点
工作

↗ 积极支持服务民营企业绿色发展

↗ 启动《生物多样性公约》第 15 次缔约方大会（COP15）筹备工作

↗ "清废行动 2018" 取得积极进展

2 月例行新闻发布会现场（2）

主持人刘友宾：新闻界的朋友们，大家上午好！欢迎参加生态环境部 2 月例行新闻发布会。

碧水保卫战，是污染防治攻坚战的重要组成部分，社会各界广泛关注。今天的新闻发布会，我们邀请到生态环境部水生态环境司司长张波，向大家介绍我国水污染防治工作的最新进展，并回答大家关心的问题。

下面，我先介绍生态环境部近期的三项重点工作。

一、积极支持服务民营企业绿色发展

2 月 19 日，生态环境部党组书记、部长李干杰与中央统战部副部长，全国工商联党组书记、常务副主席徐乐江在京签署两部门《关于共同推进民营企业绿色发展　打好污染防治攻坚战合作协议》。此举是深入贯彻习近平生态文明思想，全面落实全国生态环境保护大会、中央经济工作会议和中央民营企业座谈会精神的重要举措和具体行动，将有力促进民营企业绿色发展、打好污染防治攻坚战。

在中央民营企业座谈会上，习近平总书记强调，民营经济是社会主义市场经济发展的重要成果，是推动社会主义市场经济发展的重要力量，是推进供给侧结构性改革、推动高质量发展、建设现代化经济体系的重要主体。在中央经济工作会议上，习近平总书记强调，要增强服务意识，帮助企业制定环境治理解决方案。

生态环境部坚决贯彻落实习近平总书记的重要讲话精神，积极为民营经济营造更好的发展环境，帮助民营经济解决发展中的困难，大力支持民营企业绿色发展壮大。坚持严格监管与优化服务并重、引导激励与约束惩戒并举，协同推进经济高质量发展和生态环境高水平保护。

此前，生态环境部已与全国工商联围绕污染防治攻坚战、支持民营企业发展等党中央、国务院确定的重点工作，联合起草印发《关于支持服务民营企业绿色发展的意见》，提出营造企业环境守法氛围、健全市场准入机制、完善环境法规标准、规范环境执法行为、加快"放管服"改革、强化科技支撑服务、大力发展环保产业等十八项重点举措，共同谱写新时代生态环境保护事业和非公有制经济发展新篇章。

二、启动《生物多样性公约》第 15 次缔约方大会（COP15）筹备工作

2019 年 2 月 13 日，中共中央政治局常委、国务院副总理韩正主持召开中国生物多样性保护国家委员会会议，审议并通过《〈生物多样性公约〉第 15 次缔约方大会筹备工作方案》，会议地点确定在云南省昆明市。会议决定成立 COP15 筹备工作组织委员会（以下简称组委会）和执行委员会（以下简称执委会）。会议要求，要积极做好筹备工作，全面履行东道国义务，确保举办一届圆满成功、具有里程碑意义的缔约方大会。

《生物多样性公约》于 1993 年 12 月 29 日正式生效，目前共有 196 个缔约方。我国于 1992 年 6 月 11 日签署《生物多样性公约》，是最早签署和批准《生物多样性公约》的国家之一。缔约方大会（COP）是《生物多样性公约》的最高议事和决策机制，每两年举行一次，采取协商一致的原则，缔约方大会决议对缔约方具有法律约束力。

经国务院批准同意，我国于 2016 年 3 月向《生物多样性公约》秘书

处正式提出申请举办 COP15。2016 年 12 月，我国获得了 COP15 主办权。COP15 是一次具有里程碑意义的大会。大会将确定 2030 年全球生物多样性保护目标，制定 2021—2030 年全球生物多样性保护战略。

下一步，生态环境部将会同相关方面积极推进 COP15 筹备工作。一是尽快组建组委会、执委会和执委会办公室，并启动相关工作；二是会同云南省人民政府成立专门筹备机构，积极做好会议筹备工作，确保各项工作顺利推进；三是迎接《生物多样性公约》执行秘书对大会场馆和接待能力的核查，商讨《东道国协议》；四是研究提出 2020 年后全球生物多样性框架中国方案。

三、"清废行动 2018"取得积极进展

为贯彻落实习近平总书记在深入推动长江经济带发展座谈会上的重要讲话精神，严厉打击固体废物非法转移和倾倒长江等违法犯罪行为，2018 年，生态环境部组织开展了打击固体废物环境违法行为专项行动（以下简称"清废行动 2018"），共排查发现长江经济带 11 省（市）78 个地级市问题点位 1 308 个，截至 2019 年 1 月 31 日，除 4 个问题因工程量较大正在整改外，1 304 个问题点位已完成整改，整改完成率为 99.7%。对 368 个涉及环境违法的问题立案查处，移送行政拘留 16 人，移送公安机关追究刑事责任 24 人，对 1 507 名责任人实施了问责。累计投入 19.61 亿元，清理各类固体废物 3 801.25 万吨，新建规范化垃圾填埋场 69 个。

通过"清废行动 2018"，基本消灭了沿江地区脏、乱、差的现象和沿江、沿河违规倾倒、堆存固体废物的环境安全隐患问题，有效预防了长江沿线

生态环境安全风险，有力震慑了固体废物非法转移和倾倒等违法犯罪行为，沿江群众环境改善的获得感明显增强。

2019 年，生态环境部将继续部署开展"清废行动 2019"，并实现长江经济带 126 个城市全覆盖，进一步督促地方党委和政府落实固体废物监管主体责任，严厉打击非法转移、倾倒、处置固体废物等违法行为，努力促进沿江各省（市）真正做到"共抓大保护、不搞大开发"，给子孙后代留下一条清洁美丽的万里长江。

下面，请张波司长介绍情况。

生态环境部水生态环境司司长张波

全国水环境质量持续改善，碧水保卫战开局良好，但攻坚任务依然艰巨

张波：新闻界的各位朋友，大家上午好！

长期以来，各位都十分关注、关心水污染防治工作，我们取得的每一点进步，都和大家的支持分不开。在此，向大家表示衷心感谢！下面，我先通报一下水污染防治的有关情况，之后再回答大家关切的问题。

2018年，水污染防治工作取得新的积极进展。《水污染防治法》（2017年修正）正式施行。组建生态环境部，打通地上和地下、岸上和水里、陆地和海洋、城市和农村，推动水生态环境保护统一监管。党中央决定打好水污染防治标志性重大战役，生态环境部会同各地、各部门印发实施长江保护修复、集中式饮用水水源地环境保护、城市黑臭水体治理、农业农村污染治理和渤海综合治理等攻坚战行动计划（或方案），全面打响水污染防治攻坚战。

一是黑臭水体整治取得积极进展。到2018年年底，36个重点城市1 062个黑臭水体中，95%消除或基本消除黑臭，实现攻坚战年度目标。据不完全统计，36个重点城市直接用于黑臭水体整治的投资累计1 140多亿元，共建设污水管网近2万千米、污水处理厂（设施）305座，新增日处理能力1 415万吨，有效提升了水污染防治水平。36个重点城市黑臭水体涉及的101个国控断面中，Ⅰ～Ⅲ类水质比例同比提高3个百分点，劣Ⅴ类比例下降4.9个百分点，为全国水环境质量改善做出了重要贡献。需要特别指出的是，社会公众和舆论监督在黑臭水体整治工作中发挥了巨大

作用。黑臭水体整治专项行动过程中，共收到 3 000 多条群众举报信息，新闻媒体发表 200 余篇报道，有效传导了压力和动力。

二是持续强化饮用水水源环境监管。开展全国集中式饮用水水源地环境保护专项行动，对长江经济带县级城市、其他省份地级城市水源地进行排查，共发现 276 个地市 1 586 个水源地存在 6 251 个问题，其中 6 242 个于 2018 年年底前完成整改。有效保障南水北调水质安全，截至 2018 年年底，南水北调工程中东线累计调水 223.9 亿米^3。

三是扎实推进工业园区治污设施建设。超过 97% 的省级及以上工业园区建成污水集中处理设施并安装自动在线监控装置，比 2015 年《水十条》实施前提高 40 多个百分点。

四是认真落实改革举措。组建流域生态环境监督管理机构，深入推进入河、入海排污口设置管理改革，探索优化水功能区和水环境控制单元管理。联合水利部全面推动落实河（湖）长制，压实地方各级政府水污染防治责任。2018 年，全国地表水优良水质断面比例同比提高 3.1 个百分点，达到 71%；劣 V 类水质断面比例降低 1.6 个百分点，达到 6.7%。其中，长江流域水质优良断面比例同比提高 3 个百分点，劣 V 类水质断面比例降低 0.4 个百分点。全国水环境质量持续改善，碧水保卫战开局良好。

尽管水污染防治取得积极进展，但面临的不平衡、不协调问题仍然突出，一些地方城镇和工业环境基础设施欠账较多，流域水生态破坏比较普遍，水生态环境风险居高不下。水污染防治形势依然严峻，攻坚战任务艰巨繁重。

下一步，我们将以习近平生态文明思想为指导，以改善水生态环境质量为核心，以长江经济带和环渤海区域为重点，全面推进水污染防治攻坚战。一是打好城市黑臭水体治理攻坚战（打黑），力争通过两年努力，消除地级城市建成区 90% 以上的黑臭水体。二是基本消除重点区域劣 V 类国控断面（消劣），到 2020 年，长江流域和环渤海入海河流基本消除劣 V 类国控断面。三是强化污染源整治（治污），开展长江"三磷"（磷矿、磷化工企业、磷石膏库）专项排查整治行动，实施长江经济带工业园区污水处理设施整治专项行动，开展长江入河排污口及渤海地区入海排污口排查整治试点。四是保护饮用水水源（保源），全面开展"千吨万人"（日供水千吨或服务万人）以上农村饮用水水源调查评估，深入推进长江经济带乡镇级水源地排查整治。五是健全长效管理机制（建制），面向"十四五"，建立健全流域生态环境综合管理体系。

请新闻界的朋友们继续关注、支持水污染防治工作，共同打好碧水保卫战。谢谢大家！

主持人刘友宾：下面，请大家提问。

必须在深刻认识湖泊流域生态功能需要的基础上，明确和落实空间管控要求

中央广播电视总台央视记者：近期，韩正副总理重点考察了洱海保护治理情况，请问目前生态环境部针对洱海等重点湖库水污染治理的进展如何，治理难点在哪里？

张波：你提的这个问题实际上也是我们污染防治工作的一个难点。

洱海是我国重点湖泊之一，洱海和其他湖泊一样走了一条相似的历史路径，若干年前水质是非常好的，随着周边的城市、工业、农业的发展，污染物排放量越来越多，尤其是流域的生态破坏问题比较普遍，这就使得湖泊的环境承载力逐渐下降。

目前，我国的湖泊水质总体是在改善的。你提到的洱海，多年前是Ⅱ类水质，后来一度变成Ⅲ类水质，一直到2017年还是Ⅲ类，去年水质改善为Ⅱ类。但是，目前难点在哪里呢？首先，要巩固提升工业、城市的治污成果；其次，必须突破农业的面源污染防治；最后，必须在深刻认识湖泊流域生态功能需要的基础上，明确和落实空间管控要求，这一点应该十分坚决。原则上，每一个湖泊，每一条河流，都应该有生态缓冲带，人类的生产、生活活动不能直接跑到水边上来，一定要给湖泊和河流留出一定的生态缓冲带。河湖水面上的养殖、捕捞、航运等生产活动，不能以破坏生态为代价，这需要以河湖保护推动转型发展。

从整个流域上讲，还要做好污水垃圾综合整治，不能一场大雨把河流两边的垃圾都冲到水里来，这方面的综合整治难度也还是很大的，这些都是各地下一步工作的难点，也应当是重点。

长江保护修复攻坚战重中之重是开展好 8 个专项行动

中国日报记者：近日，生态环境部与国家发展改革委联合印发了《长江保护修复攻坚战行动计划》，请问生态环境部将如何落实有关工作任务？

张波：长江保护修复攻坚战是党中央、国务院决策部署的工作，全国人民都高度关注，生态环境部会同国家发展改革委及有关部门在征求各方面意见的基础上编制印发了《长江保护修复攻坚战行动计划》。昨天，生态环境部和国家发展改革委联合召开了长江保护修复攻坚战推进视频会，生态环境部部长李干杰发表了重要讲话，国家发展改革委的有关负责同志也做了讲话，媒体也做了相关报道。

生态环境部贯彻落实这个行动计划，大致上是一个"1+8"的工作架构。

"1"就是作为牵头协调部门，我们将发挥好协调服务督办的作用，各部门、各地区工作要分好工，我们也会及时调度相关工作进展，加强督促检查，及时向社会公开信息。对工作滞后的地区将召开调度会，实行滚动管理，工作滞后地区的有关负责同志要亮亮相，对下一步该怎么办表个态；好的地区也会介绍经验，有关情况都会向社会公开，也欢迎大家到时候参加我们的调度会。对一些工作推动特别困难的地区，我们会去开现场会，加强指导帮扶；工作开展好的地区，我们会召开现场会，推广好经验、好做法。对一些全局性问题，我们会及时召开研讨会议，推动有关问题解决。

"8"就是生态环境部为落实好《长江保护修复攻坚战行动计划》，明确将开展8个专项行动，通过突破重点，带动全局工作。这8个专项行动的方案材料已经摆在会场了，大家可以参考。

一是开展劣V类水体整治，对长江流域2017年年底的12个劣V类国控断面，通过整治今年争取消除7个左右，明年再消除5个左右，到2020年年底基本消除长江流域劣V类国控断面，当然我们也希望有条件的地方把省控、市控劣V类断面也消除掉。

二是实施入河排污口排查整治。2018年3月，中共中央印发的《深化党和国家机构改革方案》，将入河排污口设置管理职能由水利部划转至生态环境部，切实打通了"岸上和水里"。小小的排污口整治为什么这么困难？以往排污口分散在几个部门管理，原来环保部门管理排污单位，企业厂区边界的排污口比较清楚，但出了厂界后，污水具体怎么走不太了解；水利部门管理入河排污口，对"到底谁在排"不太清楚。尤其是对于很多排污单位共用一个排污口的情况，往往责任不清，甚至存在浑水摸鱼的现象。为了解决好这个问题，我们从"查、测、溯、治"四个方面先在江苏省泰州市和重庆市渝北区开展了排查整治试点，其他城市"压茬式"推进，取得经验后在全国逐步推开。

其他还有"绿盾"专项行动、"三磷"排查整治专项行动、"清废"专项行动、饮用水水源保护专项行动、城市黑臭水体整治专项行动、工业园区污水处理设施整治专项行动。这 8 个专项行动是我们落实《长江保护修复攻坚战行动计划》的重中之重。

污水处理厂出水达标排放是《水污染防治法》的明确规定

经济日报记者：有的污水处理厂因为出水超标被处罚后喊冤，认为是进水浓度超标造成的，应该免责。您如何看待这个现象？

张波：你讲的这个问题是一个热点问题，具有一定普遍性。我注意到前段时间还有一场这方面的官司。其背后反映了各地在 PPP 实施过程中出现的一些问题，有深层次的原因。这件事我们稍微作一点分析，大家就看得很清楚了。

第一，污水处理厂出水达标排放是《水污染防治法》（2017 年修正）的明确规定，城市污水处理厂只要接纳了污水，就要按照法律的规定处理后达标排放，这是法律责任。如果有其他原因导致城市污水处理厂不能稳定达标排放，那是另外一个问题。就好比说你把我撞倒了，给我造成了损失，我肯定先追究你的责任，你说是另一个人撞你导致的，应再追究另一个人的责任，但是不能因为另一个人撞的你，我就不追究你的责任。

第二，大家都要敬畏法律，既然污水处理厂有保证污水达标排放的责任，那么污水处理厂在接受来水的时候就要特别小心。如果接纳的工业废水太多，有毒有害污染物太多，没有把握处理达标，就要谨慎接收。城市污水处理厂的问题实质是如何通过发挥市场作用来实现公共服务目标，这也是 PPP 的核心。实现公共服务目标，要通过市场主体来实施。所以要想合作好，实现公共目标，双方必须有智慧、有担当、有道德。其中，有智慧就是各方要把可能出现的情况搞清楚，不能糊里糊涂地就签合同；有担当就是政府要有政府的担当，企业要有企业的担当，通过政府更好地发挥作用，激发和保障市场主体发挥决定性作用。

比如在这个问题上，作为企业，是专业机构，在建污水处理厂之前就应该调查评估污水来源，这个工作不能少，而且很重要。PPP 合同中要明确哪些污水可以进，哪些污水不能进，或者治理到什么程度才能进，如果发现有可能某些废水导致污水处理厂不能正常运行，就应该提前在 PPP 合同里面说清楚，这些废水要拒绝接收，或者如果要接收的话就要有一个纳管标准，只有满足了纳管标准才能入管网。同时，政府部门要维护和保障污水处理厂的权利，一旦 PPP 合同上规定了纳管标准，监管部门就要按照标准去监管相应的工业企业。污水处理厂自己也要加强监管，要建立相应的技术手段，发现了问题要及时报告政府部门。如果报告了，并且有事实依据，有关监管部门不处理、不作为，污水处理厂可以起诉政府部门。这就体现了各方的责任，就会减少未来可能产生的问题。

前段时间一些PPP合同出现问题，多数都是因为政府、企业都想尽快把项目建起来，但没有把可能产生的问题搞清楚、想明白，一旦发生问题就互相推诿，有的甚至是PPP合同约定的事项也得不到认真执行，这就涉及合作双方的道德问题。污水处理厂出水要达标排放，这是法律规定，这个问题不应该有争议。

第三，我们提倡工业企业应该进相应的各类工业园区，将工业废水纳入工业园区污水集中处理设施进行预处理，并达到相应的行业或地方排放标准。我们不提倡工业废水直接进入城市污水处理厂，城市污水处理厂主要是处理城市生活污水的。如果工业废水与生活污水能够明确分开就不会出现刚才说的这一类问题。

黑臭水体整治不获全胜不会收兵，想通过一些简单方式蒙混过关没有指望

新京报记者：黑臭水体整治取得了很大成效，但也暴露出一些问题，有的地方通过撒药、填埋河道等急功近利的方式治理黑臭水体，请问生态环境部会不会出台具体的整治细则？针对虚假整改、表面整改会不会加强问责？下一步将如何防止黑臭水体反弹？

张波：感谢您提出这个黑臭水体整治问题。去年，黑臭水体治理攻坚战确实打得很辛苦，但是成效还是很明显的。大家非常担心的一个问题就是会不会反弹。我想对于这个问题有以下两点。第一点，提高思想认识，包括以下三个方面。

第一，还是要正确认识黑臭水体整治的重大意义。党中央、国务院部署了黑臭水体整治攻坚战，是人民立场的体现，它着眼于解决人民群众身边突出的环境问题，群众有强烈的呼声，所以我们就要解决，这是我们共产党执政的一个特点。

第二，我们通过整治黑臭水体，改善了环境，看起来是整治的黑臭水体，其实下游的断面、河流、湖泊整体上都得到改善。通过整治群众身边的突出环境问题，带动整个生态环境问题的解决，所以环境意义很大。

第三，对城市转型发展意义也很大。这几年，所有黑臭水体整治成功的地方，不仅环境改善，得到老百姓点赞，而且周边形成了新的经济隆起带，无论是政府、老百姓还是市场主体都受益了。仅仅36个重点城市，据不完全统计投资1 100多亿元，这还不算带动的相关投资。黑臭水体整治把城市一些脏、乱、差的地方变成美丽的地方，对招商引资、房地产方方面面都有带动作用，所以整治黑臭水体是一个经济、社会、环境共赢的结合点，也是我们推动城市转型发展的一个有力的着力点。什么事情只要大家认识到它的重大意义，这个工作就容易做到位了。不是别人要你干，而是你自己就想这么干、就该这么干，所以我们特别希望方方面面都要深刻理解党中央、国务院决策部署的重大意义，把要我干变为我要干，我们上下结合，形成合力。要想不反弹，提高思想认识是第一点。

第二点，作为生态环境部门，我们会与住房和城乡建设部门一起，和媒体朋友们一起，和老百姓一起，严格督查、实事求是。即便是已经治好的黑臭水体，只要老百姓有意见，我们现场核实属实的，依然会列入国家整治清单，继续督促整治。不是说整治完了，就万事大吉。我们会紧盯不放，去年这个时候，我说过一句话，不获全胜不会收兵。即便2020年以后，我想这项工作依然会紧盯不放。搞形式主义，想通过一些简单的方式蒙混过关，我看没有指望，这件事情只能扎扎实实地做。整治标准是什么？实际上很清楚，生态环境部与住房和城乡建设部联合下发黑臭水体整治文件，那里面标准很清楚，第一，水质上要达标，优于轻度黑臭的标准；第二，居住在周边的老百姓，群众满意率高于90%。这两项达到了还不算，只作为一个形式上的督查指标，还要从实质上看，因为黑臭水体的实质是污水垃圾直排环境问题，我们要看污水垃圾直排环境问题有效解决了没有，靠什么措施来解决。所以督查工作为什么特别费劲？就是因为我们的督查人员会到现场看管网怎么铺的，打开井盖看管网流的是清水还是污水，污水处理厂进的是清水还是污水，整个处理厂是不是运行正常，垃圾到哪里去了，既有形式上的督查，又有实质督查，标准很严格。当然在督查当中还要坚持实事求是，有一些问题是历史形成的，多少年的历史欠账，让这届党委政府担起来，他们非常辛苦，要多给他们一些理解和支持。所有积极整治黑臭水体并取得明显进展的，都应该为他们点赞。

依法禁止珠峰保护区核心区旅游是保护珠峰生态环境的有效措施

界面新闻记者：有媒体报道，自去年 12 月起，珠峰封山，任何单位和个人不得进入绒布寺以上核心区域旅游。请问消息是否属实？目前珠峰区域生态环境状况如何？下一步将采取哪些措施保护和改善珠峰生态环境？

刘友宾：生态环境部高度重视珠峰生态保护工作，会同西藏自治区有关地方和部门采取了多项措施。一是建立健全制度措施，制定并严格实施《珠穆朗玛峰国家级自然保护区管理办法》，修订了《西藏自治区登山条例》等；二是加强自然保护区日常监管巡查，对珠峰大本营 5 200 米以下区域旅游景点周边环境进行整顿，建立专门队伍定期清扫转运垃圾，组织高山环保队对珠峰大本营 5 200 米以上区域垃圾进行专项清理；三是完善环保基础设施，在珠峰保护区北大门至珠峰大本营沿线设置垃圾箱，安放修建生态环保厕所、移动厕所、旱厕等，并为每支登山队配备便携式马桶。目前，珠峰生态环境有了较大改善，定日县城至珠峰大本营道路沿线区域已无明显生活垃圾堆积和污水乱排现象，登山线路周边的垃圾得到初步管控。

近年来，随着珠峰保护区旅游开发力度不断加大，游客人数持续增加。在珠峰保护区核心区开展旅游活动，不仅违背《自然保护区条例》有关规定，也不断给珠峰保护区带来生态环境压力。为进一步规范珠峰旅游活动，强化珠峰保护区生态环境监管，2018 年 12 月 5 日，西藏自治区有关部门发布公告，宣布"从即日起禁止任何单位和个人进入珠峰国家级自然保护区绒布寺以上核心区旅游",并将涉珠峰保护区核心区的旅游帐篷营地搬迁至 S515 省道绒布寺附近公路两侧 100 米以内的实验区。新的旅游中心营地与之前相比仅下撤 2 千米,不影响游客观赏珠峰美景。我们认为,西藏自治区依法禁止核心区旅游符合《自然保护区条例》规定,是保护珠峰生态环境的有效措施,值得肯定和称赞。

珠峰保护区始建于 1988 年,珠峰专业登山活动在保护区成立前就早已存在。西藏自治区有关部门根据《西藏自治区登山条例》加强了对登山活动的管理。一是严格管控和压缩登山人数,减轻人类活动干扰;二是每年对登山组织者、登山队员和当地群众进行环保培训;三是建立登山环保押金收缴制度,要求每名登山者必须携带 8 公斤[①]垃圾下山;四是对登山路线周边的垃圾持续开展清理,逐步解决历史垃圾遗留问题。

对于广大旅游爱好者来说,美丽神秘的珠峰无疑是令人向往的"诗和远方",但珠峰的生态环境又极为脆弱,需要我们共同珍惜和呵护。下一步,我们将进一步督促地方政府和有关部门做好珠峰保护区日常监管工作,强化珠峰登山垃圾清理,做好旅游和登山活动中的生态保护工作,加强违法违规问题整改,保护好珠峰这一珍贵自然遗产。

---

① 1公斤 =1 千克。

97% 以上的工业园区建成了污水集中处理设施
并安装了自动在线监控设施

澎湃新闻记者： 关于工业园区水污染防治问题，部分省份存在漏报的情况，请问对此的核查结果如何？另外，有一批饮用水水源地撤销了，请问对于撤销的水源地，将来如何管理？

张波： 两个问题，我都简单地回答一下。第一个问题，在去年确实有一些地方有漏报工业园区的问题，一些地方有的不够重视，另外有些地方也心存侥幸，针对这样的问题，生态环境部组织了专门的排查工作。新闻媒体也很给力，做了全面报道。通过新闻媒体报道，据我所知，相关地区的省级党委政府都非常重视。很多主要负责同志都做了批示，有关责任人员也受到了处理。刚才我说的 2 411 家就是已经补上漏报的工业园区后的总数，是最新的数字。另外对于这些漏报的工业园区，也都督促他们尽快按《水污染防治行动计划》要求完成建设任务。目前，97% 以上的工业园区建成了污水集中处理设施并安装了自动在线监控设施。还有少部分园区没有完成建设任务，对于这类园区，也基本上采取了限批措施。

第二个问题，刚才你说，少数饮用水水源地做了调整，这也是一种处理方法。我去年讲过这个问题，饮用水水源地情况比较复杂，有的是先有了工业企业，再有了城区，再有了饮用水水源地，历史上是这么发展来的。这样就会导致水源地的布局不合理，工业园区、城市有些就坐落在饮用水水源的涵养区上，导致水源地保护非常困难，难以从根本上解决问题。要么把这个城市搬走，可城市搬走了，饮用水水源地的意义何在？要么就得调整饮用水水源地。有些城市权衡之后就寻找新的饮用水水源地，新的饮用水水源地布局比较合理了，有利于从根本上解决饮用水水源地安全保障问题。

水质类别由劣Ⅴ类改善到Ⅳ类，白洋淀生态环境保护取得积极进展

中国青年报记者： 前段时间，白洋淀生态环境治理总体规划出炉，请问白洋淀水污染治理进展如何？下一步还有什么打算？

张波： 白洋淀地处雄安新区，保护好白洋淀对雄安新区建设千年大计意义重大，生态环境部等有关部门和河北省政府对白洋淀生态环境治理都非常重视。

为了做好这项工作，生态环境部成立了推进雄安新区生态环境保护工作领导小组，与河北省人民政府签订了《推进雄安新区生态环境保护工作战略合作协议》，随后又指导河北省编制了《雄安新区生态环境保护规划》《白洋淀生态环境治理和保护规划（2018—2035年）》，制定了《大清河流域的水污染物排放标准》。协调财政部安排中央专项资金重点支持新区的生态环境建设。支持白洋淀周边开展"洗脸工程"。白洋淀周边还有一些脏、乱、差等生态环境问题，如污水坑塘、垃圾乱堆乱放等问题还比较普遍，"洗脸工程"为白洋淀下一步的工作开展打下了基础。

河北省也大力推进白洋淀及周边生态环境治理工作，制定出台了白洋淀流域治理实施方案，组织开展污染治理的八大工程和生态提升六大专

项行动。部署开展了白洋淀生态环境大排查、大整治，全面梳理白洋淀的突出环境问题，建立问题清单、责任清单和任务清单。加大羽绒、制鞋等行业污染治理力度，持续提升污水处理能力，78 个淀中村、淀边村实施了农村生活污水垃圾的处理工程，开展了农家乐的综合整治。

总之，在各方的积极努力下，白洋淀的生态环境保护初步取得积极进展。这几年，白洋淀的水质总体在明显改善，水质类别由劣 V 类改善到 Ⅳ 类，但距 Ⅲ 类水质目标还有一定的差距。

下一步，生态环境部将会同有关部门继续支持指导地方开展雄安新区的水污染防治工作，为雄安新区建设做出积极贡献，谢谢。

▌ "一诺千金"，中国始终信守应对全球气候变化的承诺

路透社记者： 今天早上，国家统计局公布了 2018 年统计公报，显示煤炭消费量比上年下降 1.4 个百分点，万元 GDP 二氧化碳排放下降 4.0%。请问您对此有何评论？ 2019 年国家有计划出台经济激励政策，是否会对减排产生影响？

刘友宾： 首先感谢你给我们带来一个好消息。气候变化是全人类面临的严峻挑战，中国政府始终高度重视应对气候变化问题。习近平总书记多次强调，应对气候变化不是别人要我们做，而是我们自己要做，是我国可持续发展的内在要求，是推动构建人类命运共同体的责任担当。

刚才你讲 2018 年最新数据，我这里也有一个数据跟你说的是吻合的，2018 年我国单位 GDP 二氧化碳排放同比降低 4.0%，超过年度预期目标 0.1

个百分点，较 2005 年累计降低 45.8%，降幅超过到 2020 年单位 GDP 二氧化碳排放降低 40%～45% 的目标。

中国有句古话叫"一诺千金"。中国作为最大的发展中国家，始终立足国情，承担自己的环境责任和义务，信守应对全球气候变化的承诺。我们将继续积极参与国际环境事务，履行我们所参加的各项国际环境公约，积极实施应对气候变化国家战略，有效控制温室气体排放，认真落实《"十三五"控制温室气体排放工作方案》，确保顺利实现我国控制温室气体排放行动目标，为应对气候变化、推动构建人类命运共同体贡献中国智慧和力量。

以"千吨万人"水源地为重点，开展乡镇级饮用水水源地排查整治

北京晚报记者：我们注意到，饮用水水源地整治行动主要针对城市集中式饮用水水源地，请问农村饮用水安全情况如何？存在哪些问题？如何保障农村居民喝上安全放心水？

张波：饮用水水源的问题是相当复杂的，过去我谈的主要是城市的饮用水水源，就已经很复杂了，农村的饮用水水源更复杂。一方面，城市水源存在的一些问题农村也有；另一方面，农村的水源情况非常不平衡、千差万别、量大面广，所以我们在这个问题上特别谨慎。如果完全照搬城市水源的整治规范，按照统一的要求对农村水源进行整治，我们担心难以落实且易造成"一刀切"，导致一些地方工作陷入被动。为了解决好这个

问题，今年我们会用半年的时间深入调研，进一步明确农村水源保护技术规范，今明两年，将以农村"千吨万人"水源地为重点，开展乡镇级饮用水水源地排查整治，以此逐步带动其他规模的农村水源保护工作，共同保障农村居民喝上安全放心水。

环评法修改后环评决不会"刀枪入库""马放南山"

每日经济新闻记者：近期，生态环境部向宁夏、内蒙古、黑龙江、河南等省级生态环境部门移送部分环评机构问题线索，引发舆论关注。请问在"放管服"改革下放环境审批权限的背景下，今年还将采取哪些措施进一步发挥环评作用？

刘友宾：环评制度是生态环境保护非常重要的制度，执行这么多年来对解决我国生态环境问题，特别是从源头预防生态环境问题发挥了重要作用，立下了汗马功劳。大家知道去年对《环境影响评价法》（2018年修正）进行了修正，有些同志担心是不是放松了有关要求。生态环境部向地方生态环境部门移送环评机构问题线索，就是要向社会释放明确信号，《环境影响评价法》（2018年修正）修正后环评决不会"刀枪入库""马放南山"，对环评行业的规范管理工作不仅不会放松，而且将进一步加强，对环评机构及其工作人员将从严监管，确保环评文件质量不下降、环评预防环境污染和生态破坏的作用不削弱。

下一步，生态环境部将加快制定有关管理文件，进一步强化事中事后监管，加大对各类环评违法行为的处罚力度。

一是对违法行为严惩重罚，依法实施有关单位和人员的"双罚制"。一旦发现环评文件存在严重质量问题，将对建设单位处五十万元至二百万元罚款，对其相关责任人员处五万元至二十万元罚款；对技术单位处所收费用三至五倍罚款，并没收违法所得，情节严重的禁止从业；对编制人员实施五年内禁止从业等处罚，构成犯罪的还将依法追究刑事责任，并终身禁止从业。

二是加强配套制度建设。按照法律规定，加快制定建设项目环境影响报告书（表）编制监督管理办法、能力建设指南、编制单位和编制人员信用信息公开管理规定等配套文件，构建以质量为核心、以信用为主线、以公开为手段、以监管为保障的管理体系，进一步规范环境影响报告书（表）编制行为，保障编制质量，维护环评技术服务市场秩序。

三是进一步加大环评文件技术复核力度。在日常考核的基础上，辅以大数据、智能化手段，定期对全国审批的报告书（表）开展复核，强化重点单位和重点行业靶向监管。抓紧建设全国统一的环境影响评价信用平台，落实信用管理要求，让守信者受益、失信者难行。

铁军就要有铁的纪律

封面新闻记者：前段时间生态环境部通报了两起督查执法人员违反廉洁纪律的问题。请问在执法督查过程中如何强化纪律要求，保证督查人员廉洁执法、规范执法？

刘友宾：打好污染防治攻坚战是一场大仗、硬仗、苦仗，任务非常艰巨，责任非常重大，使命非常光荣，必须按照习近平总书记的要求建设一支政治强、本领高、作风硬、敢担当，特别能吃苦、特别能战斗、特别能奉献的生态环境保护铁军。铁军就要有铁的纪律。

生态环境部在组织实施强化监督工作过程中，始终坚持一手抓业务工作，一手抓廉政纪律，把严格落实中央八项规定精神和廉政纪律作为强化监督工作顺利开展的基本保障，不断完善制度规定，加强纪律约束，规范执法行为。

前段时间我们通报了几起违纪案件，得到了广泛关注。这进一步表明了我们坚决依法行政、公正执法、阳光执法的决心。下一步，我们还将进一步抓好执法队伍的廉政建设，强化纪律要求。

一是加强廉政纪律管理制度建设。2017年以来，生态环境部陆续制定并公开发布《关于进一步严明强化督查工作纪律的通知》《生态环境部督查和巡查工作纪律规定（试行）》《生态环境部污染防治攻坚战强化监督工作"五不准"的通知》《蓝天保卫战强化督查廉政纪律再提醒》等工作文件，要求各单位和参与强化监督工作的同志严明纪律、遵规守纪、以案为鉴，坚决落实廉洁纪律有关要求，并公开举报电话，接受社会监督。

二是持续开展廉政纪律教育。生态环境部在强化监督培训中设立专门课程，编制《大气污染防治强化监督检查廉政手册》，作为培训内容和教材，发送到每位参加强化监督的人员手中，通报廉政问题典型案例，加强廉政风险教育。强化监督开始前，要求各组签订廉政承诺书；监督过程中，生态环境部通过微信群等方式定期提醒工作组严守工作纪律和廉政要求；监督结束后要求提交遵守中央八项规定自查表。

三是坚决严查廉政案件。生态环境部将继续加强督办检查，对接到的来信、来电等反映强化监督中廉洁纪律问题线索，第一时间通过现场调查、谈话问询、函询等方式组织开展调查。坚持双向查处，既查受贿者，也查行贿人，既查吃请的，也查请吃的。一经查实，坚决要求人员派出省（自治区、直辖市）生态环境厅（局）及所在单位按照有关纪律规定予以严肃处理。并把典型案情和处理情况向全系统和社会公开通报，接受社会舆论监督，以案为鉴，发挥警示教育作用，惩处一个，警示一片。

当前黑臭水体治理工作难点依然是城市污水垃圾直排环境问题

21世纪经济报道记者：我们注意到，今明两年地级及以上城市建成区黑臭水体治理将达到90%以上，请问这个目标能否如期完成，当前黑臭水体治理的难点是什么？

张波：今明两年主要是解决地级城市黑臭水体的问题，实际上去年在解决重点城市黑臭水体问题的同时，也对地级城市黑臭水体整治做了一些抽查。我们督促地方开展了省级的黑臭水体整治专项行动，省级就是重点针对地级市。今年开始，国家重点转到地级城市上来，并不是说前几年这项工作是空白的，前几年这项工作也在抓。所以今明两年黑臭水体整治工作，地方是有一定工作基础的。今年黑臭水体治理全国达到80%左右，长江经济带达到80%以上，明年将达到90%以上，对于这个目标我们是有信心的。当前的工作难点依然是城市污水垃圾直排环境问题，说到底还是城市环境基础设施建设问题。城市环境基础设施建设的"短板",是历史遗留的问题,这届党委政府要还上这个账,难度是可想而知的,有资金方面的,也有技术工程方面的。好在这几年重点城市黑臭水体整治已经提供了一些比较可操作的好的经验做法,为地级市的黑臭水体整治奠定了好的基础。目前来看,总体上进展还是顺利的。

抓住了排污口,就抓住了打通水里和岸上的关键

央广网记者: 目前,生态环境部已在长江经济带和渤海地区启动了入河、入海排污口排查整治专项行动暨试点工作。请问目前进展如何? 有哪些重点难点? 下一步还将采取哪些措施?

张波: 刚才我在开场白当中大致也谈了一下这个问题,目前我们在长江经济带和渤海地区开展了入河、入海排污口排查整治试点,通过积累经验,建立一整套技术规范和工作规程,再全面推开。排污口排查整治是一件特别复杂的事情,试点工作重点是完成"查、测、溯、治"四项主要任务。

第一,是"查",首先要把排污口底数摸清楚,查明白。过去,我们主要管理工业和城市废污水排污口,重点也放在了规模以上排污口上,这两类排污口相对要好一些。这次排查是要把所有的入河、入湖的口子,排水口、排污口都查出来,一网打尽,包括过去没有全部纳入管理的城市雨洪排口、农业种植业等退水口,以及一些很散的小排污口,因此排查后数量会有大规模的增加,排查工作很辛苦。

第二，是"测"，就是测一测每个排污口是什么情况，排的什么水，有哪些污染物。这个相对简单一点，但是工作量大。

第三，是"溯"，就是查清污水来龙去脉，厘清排污责任。这项工作最困难，因为这里面情况非常复杂，要分清是谁排的，责任主体是谁。有的是工业企业一家的排污口，相对简单；有的是排污管线上有人私接了排污口，借用人家的排污管道来排污，这种情况单纯追究某一个企业的责任人家就有意见了。因此需要把其他排污单位找出来，还要把各自责任说清楚。有一些排污口搞不清是谁的，历史上没有留下排污口资料，也没有管线图资料。所以分清责任是下一步排污口排查整治的难点。当然分清了责任后，我们还要分门别类明确管控要求，这也是一个挑战。

抓住了排污口，就抓住了打通水里和岸上的关键。通过这个关键从水里倒推上去，分清责任，分类整治，就会为我们水生态环境改善打下一个坚实的基础。所以即便这项工作很难、很辛苦，我们也要下决心做到底。

主持人刘友宾：今天的发布会到此结束，谢谢各位。

3 月例行新闻发布会实录

2019 年 3 月 28 日

3 月 28 日，生态环境部举行 3 月例行新闻发布会。生态环境部固体废物与化学品司司长邱启文出席发布会，向媒体介绍了我国固体废物与化学品环境管理有关情况。生态环境部新闻发言人刘友宾主持发布会，通报近期生态环境保护重点工作进展，并共同回答了记者关注的问题。

3月例行新闻发布会现场（1）

重点
工作

↗ 指导和支持做好响水特大事故环境应急工作

↗ 开展长江入河排污口排查整治专项行动

↗ 中国将主办 2019 年世界环境日主场活动

3 月例行新闻发布会现场（2）

主持人刘友宾：新闻界的朋友们，大家上午好！欢迎参加生态环境部 3 月例行新闻发布会。

在去年党和国家机构改革中，生态环境部设立固体废物与化学品司，负责全国固体废物、化学品、重金属等污染防治的监督管理工作。今天的新闻发布会，我们邀请到固体废物与化学品司司长邱启文，向大家介绍我国固体废物与化学品环境管理有关情况，并回答大家关心的问题。下面，我先通报近期生态环境部的三项重点工作。

一、指导和支持做好响水特大事故环境应急工作

江苏响水化工园区爆炸造成重大人员伤亡，我们对遇难者表示深切哀悼。事故发生后，生态环境部高度重视，立即启动应急响应程序。李干杰部长迅速做出批示，要求全力协助支持地方做好事故环境应急处置工作，切实防范事故次生环境灾害。3 月 26—27 日，李干杰部长赴响水特大爆炸事故现场，听取事故处理情况汇报，查看、了解环境应急情况，慰问一线工作人员，并要求坚决贯彻落实习近平总书记重要指示精神，按照李克强总理等中央领导同志的批示要求，本着对人民高度负责的态度，切实防止次生灾害，确保生态环境安全。

翟青副部长带领工作组于 3 月 21 日晚抵达事故现场，当即成立综合、监测、专家、后勤保障 4 个工作小组，建立工作机制，统筹协调国家、省、市、县四级生态环境部门应急处置力量，有序推进各项工作。

一是加强监测，全面掌握污染状况，为科学决策提供支撑。组织专家优化环境应急监测方案，指导江苏省生态环境厅调动全省监测力量驰

援现场，掌握特征污染物和污染范围。江苏省生态环境厅通过"两微一端"及时发布事故应急监测最新进展，畅通信息渠道，充分保障公众的环境知情权。

二是指导和支持封堵园区河道，严防污染水体进入灌河。通过现场排查，工作组与当地有关部门确认，决定对化工园区内新民河、新丰河和新农河三条入灌河河渠进行封堵，通过筑坝拦截的方式，在园区内形成约3.5平方千米的封闭圈，防止污染废水向南部河网扩散。

三是指导和支持现场各类污染物排查、清理和处置。

四是抽调专家，确保科学妥善处置事件。生态环境部从中国环境科学研究院、中国环境监测总站、南京环境科学研究所、固体废物与化学品管理技术中心、清华大学等单位调集环境监测及水、固体废物、土壤处理等方面的49名专家，全力支持当地科学妥善处置事故。

根据爆炸事故的污染特征，经专家会商，确定此次环境空气应急监测指标为二氧化硫、氮氧化物以及苯、甲苯、二甲苯等有机污染物。监测数据显示，3月27日10时，事故点下风向1千米出现苯超标现象，根据现场专家分析，主要是由于事故现场作业导致前期被埋污染物重新暴露，持续挥发造成下风向超标。事故点下风向2千米和3.5千米处各项污染物浓度均低于标准限值。地表水方面，新丰河、新农河闸外水质各项监测指标均低于标准限值；新民河河水3月26日起处置达标后外排，外排水质持续达标。灌河入海口等监测点位各项指标持续达标。

下一步我们将继续做好环境应急工作。

二、开展长江入河排污口排查整治专项行动

2月11日，生态环境部在重庆市组织召开了"长江入河排污口排查整治专项行动暨试点工作启动会"，计划用两年左右时间，在长江干流、9条主要支流及太湖完成"排查、监测、溯源、整治"4项任务，全面摸清入河（湖）排污口底数，推进排污口规范整治，为长江水环境质量改善奠定基础。专项行动采取"试点先行与全面铺开相结合"的方式，选取江苏省泰州市（代表长江下游地区）和重庆市渝北区、两江新区（代表长江上游地区）开展试点工作。

今年的核心任务是"查"，也就是要把长江入河排污口"查清楚""数明白"。为了实现这个目标，我们采用"三级排查"的模式开展。第一级排查是利用卫星遥感、无人机航测，按照"全覆盖"的要求开展技术排查，分析辨别疑似入河排污口；第二级排查是组织人员对发现的疑似排污口进行徒步现场排查；第三级排查是组织业务骨干对疑点、难点问题进行重点攻坚。概括来说就是，"天地"结合、"人机"互补，实现应查尽查。

日前，生态环境部在前期试点城市开展无人机航测的工作基础上，制定印发了《入海（河）排污口排查整治无人机航空遥感技术要求（试行）》，指导各地开展无人机航测任务。我们在两个试点城市组织开展无人机航测工作，先后组织无人机飞行27架次和19架次，采用0.1米分辨率，对所有疑似的入河排污口进行遥感识别。在无人机航测发现的疑似排污口基础上，组成40个现场核查小组，开展现场徒步核查，逐一排查确认各类入河排污口并建立台账。通过"三级排查"方式，基本实现向长江排污的口子"应查尽查"的目标。

下一步，生态环境部将深入总结试点城市排查工作的经验，尽快形成可复制、可推广的排查技术规范和工作规程，指导其他城市"压茬推进"排查工作。

三、中国将主办 2019 年世界环境日主场活动

2019 年 3 月 15 日，第四届联合国环境大会期间，中国代表团团长与环境署代理执行主任共同宣布，2019 年世界环境日全球主场活动将在中国举办，聚焦大气污染防治主题，全球主场活动由联合国环境署和中国生态环境部主办，浙江省政府及杭州市政府承办。

大气污染是当前国际社会所面临的最严重的环境问题。2019 年世界环境日以大气污染防治为主题，将敦促各国政府、产业、社区和个人共同探索可再生能源和绿色技术，以改善世界城市和地区的空气质量。

中国正在加快推进生态文明建设，聚焦蓝天保卫战等重点任务，打好污染防治攻坚战，实现 $PM_{2.5}$ 浓度继续下降，持续推进污染防治，环境质量改善成效显著。

习近平总书记在浙江省工作期间提出了"绿水青山就是金山银山"的重要论述，不仅指导浙江省持之以恒地推进生态建设，不断改善生态环境质量，更进一步发展形成习近平生态文明思想。浙江省"千村示范、万村整治"工程于 2018 年获得联合国地球卫士奖。在杭州市举办世界环境日主场活动具有特殊的意义。

中国将与联合国环境署密切合作，通过举办世界环境日全球主场活动，积极分享中国改善大气环境质量的经验做法，促进国际交流与合作，

共同应对空气污染这一全球环境挑战，建设清洁美丽的世界。

联合国确定 6 月 5 日为世界环境日，届时世界各国将举行形式多样的环境保护宣传活动。自 1972 年确立世界环境日以来，它已成为全球每年最盛大的环境庆典活动。六五期间，中国也将举行丰富多彩的活动，我们将及时通报有关情况。

下面，请邱启文司长介绍情况。

生态环境部固体废物与化学品司司长邱启文

固体废物、化学品和重金属环境管理任务艰巨

邱启文：各位媒体朋友，大家上午好！

感谢大家长期以来对生态环境保护工作的关心和支持！固体废物与化学品环境管理与大气、水、土壤污染防治工作紧密相连、密不可分，是生态文明建设和生态环境保护的重要方面，是污染防治攻坚战的重要内容，是改善环境质量、维护生态环境安全、保障人体健康、防范环境风险的重要保障。党中央、国务院对此高度重视，党的十九大报告明确提出，要加强固体废物和垃圾处置，全国生态环境保护大会对强化固体废物污染防治做出全面部署。习近平总书记多次做出重要指示、批示，并亲自主持召开会议研究部署固体废物进口管理制度改革、垃圾分类、畜禽养殖废弃物处理和资源化等工作。李克强总理在今年的政府工作报告中进一步提出，要加强固体废物和城市生活垃圾分类处置，促进减量化、资源化、无害化。

近年来，生态环境部在固体废物污染防治方面，重点围绕配合修订一部法律、推进两项重大改革、实施两大专项行动开展工作，也就是积极配合修订《固体废物污染环境防治法》；坚决禁止洋垃圾入境、推进固体废物进口管理制度改革，组织开展"无废城市"建设试点；着力实施打击固体废物非法转移倾倒专项行动和废铅蓄电池污染防治专项行动。在化学品环境管理方面，重点开展新化学物质登记、推动化学品环境风险评估和管控、积极履行有关国际公约。在重金属污染防治方面，重点推动落实重点行业重点重金属污染物总量减排任务。

当前，我国固体废物、化学品和重金属环境管理工作基础相对薄弱，

面临的形势依然严峻，任务十分艰巨。我们要充分认识这项工作的长期性、艰巨性和复杂性，既打攻坚战又打持久战。我们有决心、有信心在党中央、国务院的坚强领导下，在社会各界的支持和共同努力下，推动固体废物与化学品污染防治工作不断取得新进展，为打好、打胜污染防治攻坚战做出新贡献。

下面，我很高兴接受大家的提问。

建立健全固体废物监管长效机制，着力提升监管能力

新京报记者： 我们关注到近年来屡次发生危险废物倾倒长江事件，对长江周边生态环境产生了很大影响，甚至影响周边居民生活。想问一下在防治危险废物倾倒方面开展了哪些工作？取得了哪些进展？下一步有何安排？

邱启文： 危险废物倾倒严重威胁长江生态环境安全和沿线群众身体健康，与党中央关于长江经济带"共抓大保护、不搞大开发"决策部署背道而驰。去年1月，习近平总书记等中央领导同志对危险废物倾倒长江事件多次做出重要指示、批示，生态环境部高度重视，会同沿线省（市）和相关部门坚决遏制危险废物非法转移和倾倒高发态势，重点开展了以下四个方面工作，并取得积极进展：

一是开展长江经济带固体废物大排查。配合有关部门制定实施长江经济带11个省（市）固体废物大排查行动方案，全面摸排沿江、沿岸固体废物非法倾倒点，梳理危险废物和一般工业固体废物产生源及流向，调

查危险废物处置能力，评估分析能力缺口。

二是开展"清废行动2018"等专项执法行动。组成150个督查组进驻长江经济带11个省（市），对固体废物非法倾倒堆存情况进行全面摸排核实。配合中办（中共中央办公厅）督查室开展沿江固体废物污染防治联合调研，联合公安部挂牌45起环境违法犯罪案件。

三是强化督察问责，压实企业和地方污染防治责任。截至目前，向长江经济带11个省（市）交办的1308个突出问题已完成整改1304个，整改率达99.7%；中央生态环境保护督察"回头看"将危险废物处置情况纳入督察范畴。落实企业主体责任，对失信企业开展联合惩戒。

四是建立健全环境监管长效机制。我们去年印发坚决遏制固体废物非法转移和倾倒的专项行动方案和通知，以点带线、以线促面，全面推进突出问题的整治。

下一步，我们将继续聚焦长江经济带，重点围绕"三个提升、一个打击"来开展工作。一是建立健全固体废物监管长效机制，着力提升危险废物监管能力。二是科学评估处置能力需求缺口，着力提升危险废物集中处置能力。三是夯实固体废物监管工作基础，着力提升危险废物风险防范能力。四是继续聚焦长江经济带开展"清废行动2019"，严厉打击固体废物尤其是危险废物非法转移倾倒等环境违法行为，有效遏制非法倾倒事件的发生。

严厉打击涉废铅蓄电池违法犯罪行为，推动行业绿色高质量发展

新华社记者： 请介绍一下生态环境部在废旧铅蓄电池回收监管方面开展了哪些工作？目前存在哪些问题？另外，请问如何加强对非法拆解企业的监管？

邱启文： 谢谢您的提问。我国已成为世界上最大的铅蓄电池生产国和消费国。据有关方面统计，2017 年我国铅蓄电池产量约 380 万吨，超过全球总产量的 40%。党中央、国务院高度重视废铅蓄电池污染防治工作，中央领导同志多次做出重要指示、批示，把废铅蓄电池污染治理作为污染防治攻坚战的重要内容。

为加强废铅蓄电池污染防治，促进资源综合利用，生态环境部主要开展了以下工作。

一是建立健全相关法规制度。推动修订《固体废物污染环境防治法》《危险废物经营许可证管理办法》等法律法规，进一步明确生产者责任延伸制度、完善废铅蓄电池收集经营许可和简化跨省转移审批等内容。

二是全面部署废铅蓄电池污染防治工作。联合有关部门印发《废铅蓄电池污染防治行动方案》，开展铅蓄电池生产企业集中收集和跨区域转运制度试点工作，切实加强废铅蓄电池污染防治工作。

三是严厉打击废铅蓄电池非法收集处理行为。结合中央生态环境保护督察和刚才介绍的危险废物专项行动，严厉打击非法收集处理废铅蓄电池行为。会同公安部等相关部门，重点打击非法收集、拆解废铅蓄电池和

土法炼铅等活动。

废铅蓄电池非法再生工艺简单，流动性强，极易死灰复燃。含铅酸液处理难度大、成本高，少数企业高价收购"倒酸"电池，诱使一些收集者非法拆解倾倒酸液，造成环境污染。

下一步，生态环境部将重点组织落实好《废铅蓄电池污染防治行动方案》《集中收集和跨区域转运制度试点工作方案》，协调相关部门密切配合，形成合力，推动建立规范有序的收集处理体系，强化再生铅行业规范化管理，严厉打击涉废铅蓄电池违法犯罪行为，建立污染防治长效机制，推动铅蓄电池行业绿色高质量发展。

联合公安、卫生健康部门严打医疗废物非法倒卖、倾倒和处置等违法行为

南方都市报记者：央视"3·15"晚会曝光，注射器等医疗废物被制成儿童玩具，请问在医疗废物方面，生态环境部采取了哪些监管举措？进展如何？还存在哪些问题？如何解决？

邱启文：谢谢您的提问。看到央视"3·15"晚会曝光的内容，我们非常震惊。这种违法行为性质十分恶劣，严重威胁人民群众的身体健康和生态环境安全，必须查明废物的来源和产品的流向，依法严肃处理，决不姑息。据了解，节目播出当晚，相关地方的党委政府高度重视，立即组织开展调查处理，迅速查封黑加工窝点，妥善清理处置现场的医疗废物和其他垃圾。河南等地在全省开展医疗废物处置情况大排查，规范医疗废物管

理，严厉打击违法行为。目前，相关问题还在进一步调查处理之中。

您提到的医院产生的废物可以划分为可回收物和医疗废物。没有受到患者血液、体液和排泄物污染的输液瓶、输液袋等，属于可回收物，但是不得用于原用途。输液管和针头以及混有这些物质的输液瓶、输液袋属于医疗废物，不允许回收利用，医疗机构应当委托有资质的单位妥善安全地处理、处置。

近年来，生态环境部在医疗废物管理方面，主要开展了以下三个方面的工作：

一是完善相关政策制度体系。联合相关部门颁布实施了《医疗废物管理行政处罚办法》等一系列部门规章和 20 余项污染防治标准规范。

二是推动医疗废物集中处置能力提升。据统计，全国 343 个地级市中 333 个建有医疗废物集中处置设施，覆盖率达到 97%。截至 2017 年年底，全国医疗废物集中处置能力达到 116 万吨，比 2012 年增长 45%。

三是不断强化对医疗废物的日常监管。联合卫生健康等主管部门，多次组织开展医疗废物的监督检查。

目前医疗废物管理也存在一些问题，一是医疗机构和集中处置企业的主体责任落实不到位；二是集中处置设施能力不足；三是监管制度还不够完善。

下一步我们将重点做好以下工作：

一是加大医疗废物管理力度，联合公安、卫生健康部门严厉打击医疗废物非法倒卖、倾倒和处置等违法行为。配合卫生健康部门督促医疗卫生机构落实医疗废物管理主体责任，落实医疗废物申报登记制度。

二是提升能力，推进医疗废物集中处置能力建设。督促尚未建成或者处置能力不足的地区，加快推进医疗废物集中处置设施建设。将医疗废物处置情况纳入中央生态环境保护督察范畴，压实地方政府责任。

此外，还要进一步完善制度，健全长效机制。推动修订医疗废物管理条例等法规规章，推动各地落实医疗废物的处置价格政策，加大收费保障力度。

力争到2020年年底前基本实现固体废物零进口

路透社记者：一些国外的公司和行业协会认为中国的固体废物限制没有区分废物和资源，将其中一些可以作为冶金原材料的资源，如较高纯度的废铜，也纳入限制行列。并且由于每年的进口配额总量不明，导致国外出口者的风险急剧上升。请问您对此有何评论？在固体废物进口限制方面，接下来还将有什么举措？

邱启文：谢谢。我想这种理解是有失偏颇的，至少是对有些情况还不太了解。

中国实施禁止洋垃圾入境、推进固体废物进口管理制度改革，分批、分类调整进口固体废物管理目录，大幅减少进口种类和数量，针对的是固体废物，不是原料产品。据我了解，各国根据国情不同，对于废物的定义和管理也不尽相同。我国的法律对固体废物定义有明确规定，根据《固体废物污染环境防治法》（2016年修正）第88条规定，固体废物是指在生产、生活和其他活动中产生的丧失原有利用价值或者虽未丧失利用价值但被抛弃或者放弃的固态、半固态和置于容器中的气态的物品、物质以及法律、行政法规规定纳入固体废物管理的物品、物质。应该说，我国固体废物的定义与国际上《巴塞尔公约》有关废物的法律含义基本一致。同时，我国还制定了固体废物鉴别标准和程序。固体废物不同于一般原料产品，具有固有的污染属性，容易携带危险废物、细菌、病原体等有毒有害物质，环境风险和健康危害大，群众反映十分强烈。也正是因为如此，为了保护环境和群众的身体健康，中国政府于 2017 年 7 月出台了改革实施方案，坚决禁止洋垃圾入境，要最终实现固体废物零进口。

应该说，我国固体废物进口管理政策的调整，得到了国内民众的广泛支持与拥护，也逐步得到了国际社会的理解和认可。3 月 11—15 日，在内罗毕刚刚闭幕的第四届联合国环境大会上通过了《化学品和废物健全管理》决议，呼吁各国政府采取行动从源头减少废物的产生，在本国进行无害化管理，尽量减少废物的越境转移。如果是利用固体废物无害化加工处理得到的原材料，满足强制性国家产品质量标准，不会危害公众健康和生态安全的，不属于固体废物，可作为一般货物进行贸易，不会受到实施方案的任何影响。

禁止洋垃圾进口是我国生态文明建设的标志性举措。下一步，生态环境部将会同有关部门和地区坚决落实党中央、国务院决策部署，深入落实改革实施方案和生态环境部联合 14 个部委制定的 2018—2020 年三年行动工作方案，一项一项狠抓落实，大幅减少固体废物进口种类和数量，力争到 2020 年年底前基本实现固体废物零进口。

将从 59 个候选城市中选取 10 个左右作为 "无废城市" 试点城市

中央广播电视总台（中国国际电视台）记者：请问如何对 "无废城市" 做出定义，与一般理解的 "零污染" 有何不同？目前 "无废城市" 建设进展情况怎样？试点城市都有哪些？下一步将如何推进？

邱启文：谢谢您的提问。开展 "无废城市" 建设试点是党中央做出的一项重大改革部署，是落实习近平生态文明思想和全国生态环境保护大会精神的具体行动。"无废城市" 是以新发展理念为引领，通过推动形成绿色发展方式和生活方式，持续推进固体废物源头减量和资源化利用，最大限度地减少填埋量，将固体废物的环境影响降至最低的城市发展模式。

"无废城市" 并不是没有废物产生，也不意味着废物都能够全部综合利用，而是一种先进的城市管理理念，旨在最终实现城市固体废物产生量最小、资源化利用充分、处置安全的目标。"无废城市" 建设需要长期的探索和实践。用一个通俗的说法来理解，就是在源头尽量少产生或者不产生废物，产生了废物以后，尽量 "吃干榨尽"。在现有的经济技术条件下，"吃不干" "榨不尽" 这一部分怎么办？就需要进行妥善安全处理处置。"无废城市" 的建设需要长期探索，并且是一个循环上升的过程，并不是一蹴而就的。去年 12 月，中央全面深化改革委员会审议通过了《"无废城市" 建设试点工作方案》（以下简称《工作方案》），并以国办（国务院办公厅）文件印发，引起了社会广泛的关注。生态环境部第一时间抓紧组织推动落实，目前在这一两个月的时间里，我们做了四项工作：一是启动组建部际协调小组和专家委员会，会同18个部门和单位共同推动；二是抓紧制定"无废城市"建设试点实施方案编制指南；三是研究"无废城市"的建设指标体系；四是启动试点城市的筛选工作。

目前，地方政府积极性很高，全国有23个省（自治区、直辖市）推荐了59个候选城市。确定试点城市，我们综合考虑以下三个方面因素：一是城市党委政府积极性高；二是工作基础好；三是城市代表性强，考虑城市类型、地域、发展水平以及支撑国家重大发展战略等情况，比如对粤港澳大湾区、雄安新区、长江经济带、京津冀这些国家重大发展战略的支撑。

按照《工作方案》的要求，最终将选取10个左右的城市作为国家试点城市。当然，我们也鼓励其他有积极性的城市自主开展相关试点工作。

"无废城市"建设是一项全民共建、共享的工作，我们需要全社会来关心、支持、参与，共同推动这项工作，确保取得实实在在的成效。谢谢。

既依法监管，又热情服务，为民营企业绿色发展助力

经济日报记者：我们注意到，去年一些民营企业包括一些明星企业在经营发展中遇到不少困难和问题，请问如何看待民营企业的作用？生态环境部有哪些举措支持和促进民营企业发展？

刘友宾：2018年11月，习近平总书记主持召开民营企业座谈会，对支持民营企业发展做出了部署、提出了要求，明确提出"三个没有变"，强调要坚持"两个毫不动摇"，不断为民营企业营造更好的发展环境，大力支持民营企业发展壮大。

　　民营企业既是打好污染防治攻坚战的重要力量，也是生态环境保护的重要主体。民营企业要发展好，必须自觉遵守生态环境保护法律法规，走绿色发展、高质量发展的新路，也只有实现绿色发展，民营企业才能行稳致远。加强生态环境保护符合民营企业发展的根本和长远利益。近年来，不少民营企业不断改革创新，一批民营企业已经成为绿色发展的先进典型和示范，为生态环境保护工作也做出了贡献。

　　生态环境部认真贯彻落实习近平总书记在民营企业座谈会上的重要讲话精神，大力支持服务民营企业发展，特别是绿色发展，近期主要采取了三方面措施。

　　一是深化"放管服"改革。出台和实施了生态环境领域进一步深化简政放权、加快环评审批改革、加强行业规范引导、推进环保产业发展等"放管服"改革的 15 项重点任务。

　　二是加强与全国工商联合作。前不久，两部门签署了《共同推进民营企业绿色发展　打好污染防治攻坚战合作协议》，联合印发实施了《关于支持服务民营企业绿色发展的意见》，提出包括健全市场准入机制、完善环境法规标准、规范环境执法行为、强化科技支撑服务、大力发展环保产业等 18 项举措，促进形成支持服务民营企业绿色发展长效机制。

　　三是建立强化监督和帮扶机制。在督察执法中对企业既依法监管又热情服务，增强服务意识，像对待群众信访投诉一样，重视企业的合理诉求，加强对企业治污的指导帮助，提供必要的技术和资金支持。同时，不断规范环境执法行为，坚持分类指导、精准施策，坚决反对处置措施简单粗暴。

下一步，生态环境部在继续深入推进上述工作的同时，将进一步规范环境行政处罚自由裁量权的适用和监督工作；尽快出台引导企业环境守法的指导意见；推动完善财政、金融、税收、价格等环境经济政策，为民营企业绿色发展提供更多、更大的助力。

2016 年以来全国关停涉重金属行业企业 1 300 余家

第一财经日报记者：《土十条》要求 2020 年重点行业的重点重金属污染物排放量比 2013 年下降 10%。请问针对重金属污染防治目前开展了哪些工作，如何确保目标实现？

邱启文：谢谢。重金属污染具有长期性、累积性、潜伏性和不可逆性等特点，危害大，治理成本高，威胁生态环境和群众健康。党中央、国务院对此高度重视。"十二五"期间制定实施《重金属污染综合防治"十二五"规划》，重点重金属污染物排放量超额完成了减少 15% 的规划目标，涉重金属突发环境事件高发态势得到了初步遏制。

2016 年 5 月，国家制定出台《土十条》，要求到 2020 年重点行业的重点重金属污染物排放量要比 2013 年下降 10%。为落实《土十条》确定的重金属减排的目标，生态环境部开展了以下工作。

一是夯实工作基础。组织各省开展全口径涉重金属重点行业排查，共排查确认涉重金属重点行业企业 13 800 余家，基本掌握了重点行业的企业数量和分布。

二是分解落实减排任务。将《土十条》确定的重金属减排目标任务分解落实到与各省签订的土壤污染防治目标责任书中，并且督促各省进一步分解落实到重点行业、重点企业，夯实企业的主体责任。改变过去简单将指标层层分解到各市县的方式，将指标落实到具体的行业、具体的企业。

三是严格控制新增排放量。新建、改建、扩建涉重金属重点行业的建设项目，都要遵循"等量置换"或者"减量替换"的要求。同时，引导涉重金属行业企业进入工业园区进行发展，控制污染的转移扩散。刚才说的"等量置换"和"减量替换"，就是说在已有的项目重金属污染物排放量减下来的基础上，才能上新项目。

四是加大污染治理力度。2018年，生态环境部印发了《关于加强涉重金属行业污染防控的意见》，进一步明确重金属污染防控的目标任务和工作重点。内蒙古、河南、江西等13个省份发布公告，在矿产资源开发活动集中的4个地市和63个区县执行重金属污染物特别排放限值。据初步统计，2016年以来全国关停涉重金属行业企业1 300余家，实施重金属减排工程900多个。

下一步，生态环境部将进一步督导各省加快推进重金属减排工程的实施，加强对各省减排进度的调度和评估，对工作进度滞后的地区要实行预警和通报，确保完成《土十条》规定的重金属减排的目标任务。

开展化学品环境风险评估，发布第一批优先控制化学品名录

澎湃新闻记者： 我们知道，化学品种类多、危害大，请问针对化学品污染防治开展了哪些工作？还面临哪些困难和问题？

邱启文： 谢谢您的提问。正如您所说，化学品种类繁多。加强化学品环境管理是保障和改善民生的必然要求，是维护生态环境安全的重要举措，是拓展外部发展空间的有效途径，也是履行国际公约的政治承诺。

化学品环境管理与化学品的安全管理和卫生防护管理相比，其关注点和侧重点是不同的。化学品的安全管理更多关注的是具有易燃、易爆、急性毒性等的化学物质，而化学品环境管理更多关注的是有毒有害化学品，其具有持久性、生物累积性和毒性，其中毒性更关注致癌、致突变、影响生殖发育等毒性和水生毒性。这些化学物质对环境和健康的影响更隐蔽、更长远。化学品环境管理的核心任务是评估和管控化学品的环境与健康风险。

近年来，生态环境部在化学品环境管理方面开展了以下工作：

一是开展新化学物质登记，建立源头管理的"防火墙"，防止存在不合理风险的新化学物质进入我国经济社会。如果说，某个新化学物质的环境风险不可控，将不予登记，就不能进口、生产或加工使用。

二是开展现有化学品环境风险评估与管控。发布《优先控制化学品名录（第一批）》，实施清洁生产、达标排放、排污许可等措施，减少有毒有害污染物的排放。现在已制定了100多项排放标准，涉及100多项化学物质的管控。如果通过常规的环境管理仍无法控制环境风险的化学品，

我们将推动有关部门采取更加严格的措施，比如禁止使用、限制使用、淘汰替代等管控措施。

三是推动信息公开。制定有关部门规章，要求使用有毒有害原料进行生产或者生产中排放有毒有害物质的企业，要公布使用有毒有害物质的原料和排放有毒有害物质的相关信息，接受社会的监督。

四是积极履行国际公约。严格履行国际化学品领域的相关公约，限制或者淘汰持久性有机污染物等公约管制的化学品。

当前，化学品环境管理面临的问题还很多：一是法律法规不健全，目前还没有一部专门的法律或者法规来规范化学品的环境风险评估与管控。二是管理制度不完善。三是工作基础和能力薄弱，与发达国家相比还有较大差距。

下一步，生态环境部将继续加强化学品环境管理工作，重点抓好两个方面工作：

一是加快推动制定化学物质环境风险评估与管控条例，填补我国化学品环境管理的法律空白。通过制定条例，做好顶层设计，建立化学物质环境风险评估和风险管控的基本制度框架。

二是评估有毒有害化学品在生态环境中的风险状况，严格限制高风险化学品的生产使用和进出口，并逐步淘汰替代。

化学品环境管理专业性极强，我们希望科学界能够加强这方面的科普、宣传，让人民群众真正了解化学品环境管理的基本内涵；也希望媒体朋友今后加强科普知识的宣传，让公众提高对化学品环境与健康风险的自身防范能力，提升化学品环境管理水平。

2017年，全国的危险废物利用处置能力达到7 500万吨，是2012年的2.3倍

每日经济新闻记者：请问我国危险废物处置能力如何？存在哪些问题？下一步在鼓励固体废物处理行业发展方面，生态环境部会有哪些举措？

邱启文：谢谢您的提问。危险废物危害性比较大，但也不用谈"危"色变，比如我们家里用的荧光灯管废弃后就属于危险废物，汽车废机油也属于危险废物，所以我们对危险废物首先要有一个正确的认识。有些地方存在危险废物处置价格偏高、处置能力不足的问题。我国工业体系齐全，危险废物种类繁多，固体废物处置技术性强，一个地区具备处置所有危险废物的能力是比较困难的。

因此，这里就涉及危险废物处置能力匹配性问题。从全国来说，我们通过加强危险废物处置设施建设，利用处置能力逐年提升。截至2017年，全国的危险废物利用处置能力达到7 500万吨，是2012年的2.3倍。刚才我说的有一些不匹配、分布不平衡，凸显了危险废物处置能力的不足，再加上在有些地区行业不规范，就引起了价格上的不合理。

下一步，我们采取以下措施支持危险废物处置产业发展：一是制定实施好环保产业发展规划，提升危险废物处置能力。二是切实将危险废物集中处置设施纳入当地环境基础设施建设，同时，我们把危险废物处置情况纳入中央生态环境保护督察范畴。三是加强执法监管，为企业发展提供公平市场环境。四是推动科学技术支撑，突破一批关键技术"瓶颈"。

对洋垃圾禁令不会放松，会继续坚定不移、一以贯之

中国日报记者：中国会不会放松对固体废物进口的管制？今年在此方面有何工作计划？

邱启文：谢谢您的提问。您的问题与刚才路透社记者的问题是相关联的。

禁止洋垃圾入境是党中央、国务院在新时期新形势下做出的一项重大决策部署。2017 年 7 月，国务院办公厅印发《禁止洋垃圾入境、推进固体废物进口管理制度改革实施方案》（以下简称《实施方案》）。经国务院同意，生态环境部会同海关总署等 14 个部门成立部际协调小组，制定实施《全面落实〈实施方案〉2018—2020 年行动方案》，先后三次四批调整进口废物管理目录，加严环保标准、提高进口门槛，持续保持环境执法高压态势，促进国内固体废物回收利用水平提升，各项改革工作扎实有序推进。2017 年、2018 年，两年固体废物实际进口量同比分别下降 9.2%、46.5%。2018 年全国固体废物进口总量为 2 263 万吨，与改革前（2016 年）相比减少 51.4%。应该说政策的调整效果明显，顺利完成了阶段性调控目标任务。

当前，改革进入深水区，面临的形势更为严峻复杂，任务更加繁重艰巨。但开弓没有回头箭，我们决不会放松、放宽要求，更不会走回头路。中国不会放松对固体废物进口管制，而会继续坚定不移、一以贯之。

今年在固体废物和化学品环境管理方面，重点抓四方面工作

中国证券报记者：最近发生的江苏响水化工园区爆炸事故，造成了重大人员伤亡，请问生态环境部在化工园区污染整治，包括固体废物污染防治方面做了哪些工作？下一步有何举措？

邱启文：谢谢您的提问，关于江苏天嘉宜化工公司"3·21"特别重大爆炸事故的原因，目前仍在调查当中，有关情况建议关注国家权威发布。关于生态环境部在事件中采取的应急措施，刚才刘友宾司长已经做了全面介绍。

危险废物和固体废物处理处置这项工作非常重要，它是改善大气、水、土壤环境质量的基础性工作，我们要扎扎实实落实《固体废物污染环境防治法》（2106年修正），推进各方面工作。在危险废物管理方面，我们先后制定了8项制度。今年，我们在固体废物和化学品环境管理方面，重点抓以下四方面工作：

一是进一步配合全国人大修订好《固体废物污染环境防治法》。

二是推动、落实好两项重大改革：禁止洋垃圾入境、推进固体废物进口管理制度改革；"无废城市"建设试点。

三是抓好三项专项行动：聚焦长江经济带，部署"清废行动2019"工作；开展废铅酸蓄电池污染防治工作；推动实施长江经济带尾矿库污染防治工作。

四是聚焦四个重要领域。按照打好基础、健全体系、防控风险、守

住底线、改革创新的思路，全面实现危险废物信息化监管全国"一张网"，提升危险废物监管能力、处置能力和风险防范能力；进一步严格废弃电器电子产品处理审核，完善相关管理制度；深入推进化学品环境管理立法工作，持续开展化学物质环境风险评估和管控；加强重金属减排和《关于汞的水俣公约》履约工作。

大气强化监督帮扶是新的长效机制，将持之以恒地抓下去

北京晚报记者：2018—2019 年强化监督工作已经开展了一段时间，请问强化监督是否会持续进行？下一步有何打算？

刘友宾：强化监督工作是这几年探索的行之有效的、督促地方加大大气污染防治力度、落实地方责任、解决群众身边突出问题、改善大气质量非常好的方法，也是一个新的长效机制，我们将持之以恒地抓下去。

2018 年 6 月起，生态环境部组织开展京津冀及周边地区大气强化监督帮扶工作，8 月起将汾渭平原 11 个城市纳入监督范围。截至 2019 年 3 月 17 日，已开展 19 个轮次，共现场检查企业（点位）57.63 万个，发现各类涉气环境问题 2.89 万个。实践证明，开展强化监督工作，对解决群众身边的突出环境问题、改善区域大气环境质量发挥了重要作用。

下一步，生态环境部将严格按照党中央、国务院重要决策部署，坚定不移打赢蓝天保卫战这场标志性战役，坚持稳中求进、统筹兼顾、综合施策、两手发力、点面结合、求真务实，从以下四个方面持续深化大气强

化监督工作：

一是进一步抓住重点工作。继续坚持以人民为中心，以解决群众身边的突出环境问题为突破口，落实《打赢蓝天保卫战三年行动计划》目标任务，抓住"散乱污"企业整治、工业企业达标排放、锅炉和窑炉规范整治、柴油货车污染治理等重点工作，持续推进清洁取暖，有力应对重污染天气。

二是进一步精准发力。提升科技支撑，强化问题发现机制，继续优化实施"千里眼"计划，更加有效地发挥热点网格"靶向性"作用，助力精准发现问题。建立完善强化监督重点任务"一市一档"，对各地重点行业、重点领域、重点问题进行深入分析，提高强化监督工作效能。

三是进一步压实地方责任。加大典型案件曝光和问题督办力度，保持压力传导，继续督促地方党委政府及其有关部门落实生态环保责任，巩固攻坚成果。对于环境问题突出、问题数量集中、措施落实不力的地方党委政府定期通报、当面交办，确保压力传导到位、突出问题得到解决。

四是进一步增强服务意识。强化监督过程中要像重视群众环境诉求一样，重视并解决企业对环境监管的合理诉求，加强对企业提标改造、治理技术等方面的帮扶指导，帮助企业制定环境治理解决方案。更加注意分类指导、精准施策、依法监管，坚决避免以生态环境为借口紧急停工、停业、停产等简单粗暴行为。督促地方既做到严格执法，又做到热情服务，全面提质增效，促进经济高质量发展。

主持人刘友宾：今天的发布会到此结束。谢谢大家！

4月例行新闻发布会实录

2019 年 4 月 29 日

4月29日，生态环境部举行4月例行新闻发布会。生态环境部生态环境执法局局长曹立平出席发布会并介绍生态环境监管执法有关情况。生态环境部新闻发言人刘友宾主持发布会，通报近期生态环境保护重点工作进展，并共同回答了记者关注的问题。

4月例行新闻发布会现场（1）

重点工作

↗ 筛选确定"11+5"个"无废城市"建设试点

↗ 长江生态环境保护修复联合研究中心有序推进各项工作

↗ "一带一路"绿色发展国际联盟在京成立

4月例行新闻发布会现场（2）

主持人刘友宾：新闻界的朋友们，大家上午好！欢迎参加生态环境部4月例行新闻发布会。

生态环境执法工作事关人民群众的切身环境利益，是改善生态环境质量，促进经济高质量发展的重要保障。在去年党和国家机构改革中，生态环境部设立了生态环境执法局，统一负责生态环境监督执法工作。今天的新闻发布会，我们邀请到生态环境部生态环境执法局曹立平局长介绍有关情况，并回答大家关心的问题。

下面，我先介绍生态环境部近期三项重点工作。

一、筛选确定"11+5"个"无废城市"建设试点

《"无废城市"建设试点工作方案》自印发以来，各省积极推荐"无废城市"候选城市，生态环境部会同相关部门筛选确定了11个城市作为"无废城市"建设试点，分别为广东省深圳市、内蒙古自治区包头市、安徽省铜陵市、山东省威海市、重庆市（主城区）、浙江省绍兴市、海南省三亚市、河南省许昌市、江苏省徐州市、辽宁省盘锦市、青海省西宁市。

此外，为更好地服务国家重大发展战略、国家生态文明试验区建设，我们将河北雄安新区（新区代表）、北京经济技术开发区（开发区代表）、中新天津生态城（国际合作代表）、福建省光泽县（县级代表）、江西省瑞金市（县级市代表）作为特例，参照"无废城市"建设试点一并推动。

近期，生态环境部将印发《"无废城市"建设试点实施方案编制指南》和《"无废城市"建设指标体系（试行）》，会同有关部门召开现场启动会，研究部署"无废城市"建设试点工作。通过"无废城市"建设试点，

统筹经济社会发展中的固体废物管理，大力推进源头减量、资源化利用和无害化处置，坚决遏制非法转移倾倒，探索建立量化指标体系，系统总结试点经验，形成可复制、可推广的建设模式。

二、长江生态环境保护修复联合研究中心有序推进各项工作

为贯彻落实习近平总书记关于推动长江经济带发展的重要讲话精神，2018年4月27日，生态环境部党组决定，依托中国环境科学研究院，联合国内优势科研单位，组建国家长江生态环境保护修复联合研究中心（以下简称长江中心）。

长江中心是以长江流域生态环境质量改善为核心，以解决突出生态环境问题为目标，立足生态系统整体性，提出生态环境保护修复解决方案，为打好长江保护修复攻坚战提供科技支撑，努力建设成为具有较高国际影响力的长江经济带高端智库。

长江中心成立一年来，各项工作正在积极有序推进。一是完成了顶层设计和中心机构建设，成立了领导小组、联合研究管理办公室、学术委员会和顾问委员会，明确了联合研究运行机制。二是完成了队伍组建与入驻，联合了近300家优势科研单位、5000余名优秀科研工作者，向长江干流沿线和重要节点城市，共派出58个专家团队进行驻点研究和技术指导。三是联合研究（一期）项目启动准备就绪，生态环境部与三峡集团公司于2019年2月28日签署了长江大保护战略合作协议，支持流域区域水质目标管理、重点区域生态环境保护综合解决方案、生态环境保护智慧决策平台3项重点任务。四是全方位支撑长江保护修复攻坚战八大专项行动，

支撑城市黑臭水体治理、饮用水水源地整治等专项行动的多项技术指南和规范性文件编制，实施了沿江省（市）120个国家级自然保护区评估等。

下一步，长江中心将深入贯彻落实习近平总书记关于长江经济带发展重要讲话精神，创新体制机制，加强对地方的科技帮扶，"一市一策"，构建长江智慧决策平台，为抓好长江保护修复攻坚战贡献力量。

三、"一带一路"绿色发展国际联盟在京成立

4月26日，习近平主席在第二届"一带一路"国际合作高峰论坛开幕式发表题为《齐心开创共建"一带一路"美好未来》的主旨演讲，强调指出："我们要坚持绿色理念，把绿色作为底色，推动绿色基础设施建设、绿色投资、绿色金融，保护好我们赖以生存的共同家园"，"我们同各方共建'一带一路'绿色发展国际联盟和生态环保大数据服务平台"（以下简称联盟和大数据平台）。

联盟和大数据平台由习近平主席在2017年首届高峰论坛上倡议设立，已于本月25日下午的第二届高峰论坛绿色之路分论坛上正式成立和启动，并已列入高峰论坛圆桌峰会联合公报和高峰论坛成果清单。

联盟由生态环境部和中外合作伙伴共同发起成立，目前已有中外合作伙伴共计125个，包括意大利、新加坡、俄罗斯、老挝、斯洛伐克、以色列、肯尼亚等25个沿线国家环境主管部门，联合国环境规划署、欧洲经济委员会、工业发展组织等8个国际组织，以及相关研究机构和企业等69个外方合作伙伴。

联盟定位为一个开放、包容、自愿的国际合作网络，旨在进一步凝聚

国际共识，推动将绿色发展理念融入"一带一路"建设，携手实现 2030 年可持续发展目标，将着力打造政策对话和沟通、环境知识和信息、绿色技术交流和转让三大平台。

联盟设立联合主席、咨询委员会、专题伙伴关系及秘书处。联合主席由来自中国、新加坡、挪威以及有关国际组织环境与发展领域高层人士担任。

大数据平台由生态环境部对外合作与交流中心承建，旨在借助"互联网 +"、大数据等信息技术，为"一带一路"沿线国家政府相关部门、企业及社会公众等提供环保政策、法规、标准、技术和产业等环境信息，形成相关信息、知识和技术的共建、共享。

下面，请曹立平局长介绍情况。

生态环境部生态环境执法局局长曹立平

生态环境执法局主要任务是"打攻坚、强执法、促规范、带队伍"

曹立平：各位媒体朋友，大家上午好！感谢各位记者朋友参加今天的新闻发布会。

媒体监督和参与一直是推动生态文明建设和生态环境保护工作的重要力量，更是生态环境执法工作必不可少的重要组成部分，并发挥了不可替代的重要作用。长期以来，也正是得益于新闻媒体和社会公众参与、支持和监督，促使一大批生态环境突出问题得到有效解决，促进了生态环境执法工作的进步和发展。

在这里，我谨代表生态环境执法局，衷心感谢大家长期以来对生态环境执法工作的支持、帮助、参与和理解。

党中央、国务院高度重视生态环境执法工作。党的十九大要求，坚持厉行法治，严格规范公正文明执法，实行最严格的生态环境保护制度，坚决制止和惩处环境污染及破坏生态的行为。今年3月5日，习近平总书记参加十三届全国人大二次会议内蒙古代表团审议时，就生态文明建设再次发表重要讲话，要求保持加强生态文明建设的战略定力，不动摇、不松劲、不开口子。李克强总理在今年的《政府工作报告》中指出，要优化环保执法方式，对违法者依法严惩、对守法者无事不扰。

令在必信，法在必行。治污攻坚，需要一支坚强有力的生态环境执法铁军。党中央、国务院高度重视生态环境执法队伍建设，部署了生态环境保护综合行政执法改革举措。国家机构改革之后我们这个部门由环境监察局更名为生态环境执法局。这个变化，不是一个简简单单名字的更替，而是越来越重的政治责任和工作职责。新组建的生态环境执法局的主要任务，按照部党组的安排，我考虑可以用四句话十二个字来概括："打攻坚、强执法、促规范、带队伍"。

"打攻坚"，就是团结和带领全国生态环境执法力量发挥好"排头兵""冲锋队"的作用，积极投身于污染防治攻坚战，集中力量打好污染防治攻坚战的七大标志性战役。这也是"重中之重"的任务。

"强执法"，就是继续保持环境执法高压态势，深化生态环境行政执法与司法衔接，加强对大案、要案挂牌督办和查处的力度，依法打击各类生态环境违法行为，保障好群众的环境权益，守护好祖国的绿水青山。

"促规范"，就是抓好生态环境执法制度建设，实行执法事项清单式管理，完善生态环境执法工作机制，提升执法规范化水平，让老百姓切实感受到生态环境执法的公正、阳光和透明。

"带队伍"，就是把握综合执法队伍改革的重大机遇，不断提高政治站位，全面加强队伍建设，力争实现机构规范化、装备现代化、队伍专业化、管理制度化，全力打造生态环境执法铁军。

下一步，全国生态环境执法队伍将深入学习贯彻习近平生态文明思想，坚持以改善生态环境质量为核心，扎实做好"三个结合"。一是把打好污染防治攻坚战和做好日常监督执法结合起来；二是把规范执法行为和优化服务方式结合起来；三是把深化综合执法队伍改革和打造生态环境执法铁军结合起来。

请新闻界的朋友们继续关注、支持生态环境执法工作。下面，我很高兴接受大家的提问。

主持人刘友宾：下面，请大家提问。

生态环境部组织开展的督查检查考核由 27 项减少为两项

中央广播电视总台（央视）记者：今年中央印发文件指出，要把干部从迎评、迎检中解脱出来，减少督查检查考核数量。请问生态环境部在压减和规范督查检查考核上有什么考虑和安排？

曹立平：谢谢你的提问。这个问题非常重要，是生态环境部抓紧安排部署的一项工作。2018 年 10 月，中共中央办公厅印发《关于统筹规范督查检查考核工作的通知》。今年 3 月，党中央、国务院进一步印发解决形式主义突出问题、为基层减负的通知，将 2019 年作为"基层减负年"，对于统筹做好生态环境领域督查检查考核工作，具有十分重要的意义。

生态环境部党组对此高度重视，坚决贯彻落实中央的决策部署，制定印发《统筹规范强化实施方案（试行）》（以下简称《统筹方案》），按照"统筹、规范、高效、服务"的原则，进一步突出重点，优化方式，提高效能，大幅减少监督检查考核的数量。按照《统筹方案》，当前和今后一段时间，只开展两项监督检查考核工作，一项就是根据党中央的部署，组织开展中央生态环境保护督察，另一项就是生态环境部直接组织的强化监督工作。中央生态环境保护督察的情况相信大家比较熟悉，我就不多说了。我重点介绍强化监督工作。

强化监督工作的重点任务就是围绕打好污染防治攻坚战确定的七场标志性战役开展，其中包括两方面内容，一类是针对京津冀及周边地区和汾渭平原，开展常态化的蓝天保卫战强化监督；另一类是针对重点区域、重点领域、重点问题，分阶段开展的强化监督工作。按照中央的部署，我们对强化监督工作进行统筹设计，具体有以下考虑：

一是做"减法"。2018年11月，按照中央要求，我们认真梳理生态环境领域所有督查检查考核事项。过去，生态环境部曾经组织开展督查检查考核共27项，现在减少为两项。一项就是按照中央要求开展的中央生态环境保护督察，另外26项分别予以撤销或合并为一项，就是强化监督，并且原则上，强化监督要与中央生态环境保护督察的时间、步骤错开。

二是做"加法"，将污染防治攻坚战确定的重点任务整合到一起，纳入强化监督，实现计划、任务、时间、地域、人员、方式"6个统筹"，大家一起行动。目前，我们正在制定第一轮强化监督工作方案，将统筹安排城市黑臭水体治理、水源地保护、打击"洋垃圾"进口、"清废"行动等专项任务，将涉及同一地区的多项任务进行整合，由同一拨人同一时段完成，即一次检查多项任务。与统筹前相比，我们进行了估算，到地方进驻时间减少80%左右，并实现规模、人数以及需地方配合的工作量大幅减少，同时人员调配更合理、任务更高效。

三是做"乘法"。强化监督不仅是监督执法，要更加注重帮扶服务，提升效能。比如人员组成上增加了相关领域的专家，帮助地方发现问题、解决问题，传导压力、压实责任，支持基层共同做好生态环境保护工作。

在具体实施上，实行"四个一"，具体如下。

"一次检查、两个阶段",即强化监督每年一次,分两个阶段进行。具体来说,就是每年4—5月、9—10月,分别开展一次强化监督工作。其中,4月、5月开展的强化监督,主要帮助地方发现问题、建立台账,下半年9月、10月开展的强化监督,主要对这些问题的整改情况进行核实,所以是"一次检查、两个阶段"。

"一个平台、多项任务",督查检查和现场考核等多项任务,均纳入强化监督这一个平台。

"一个为主、分工负责",生态环境执法局负责强化监督归口管理,各司局分工负责。

"一个大组、多个小组",同时段,一个省份只派驻一个生态环保工作组,并可根据需要设几个专业性小组,比如城市黑臭水体治理、水源地保护、打击"洋垃圾"进口、群众举报案件核查等,都由一个大组到一个省份统筹组织实施,并保证一个地市、一个区县只有一个小组开展工作,一拨人同时要做几项工作,比如现场人员可能既要承担"清废"检查,又承担水源地检查任务,既提高效率,又保证质量。

在方式方法上,为提高监督效率,我们要求压缩规模,缩减时间、减少会议,严格控制资料调阅的数量,切实减轻基层负担。强化监督期间,原则上,只召开一次会议(即与地方见面沟通,双方交流工作安排),只调阅一次材料,一个专项领域只填报一张表格,避免反复打扰地方工作;同时优化组织方式,确保一个地市只去一次、一个县区只有一个工作组。现场期间轻车简从、独立开展工作,主要帮助地方发现问题并促进解决,不替代、不干预、不打扰基层正常工作,自己安排吃、住、行,不需要地方陪同，既保证工作实效，又减轻基层负担。

第一轮强化监督情况将向社会全面公开，欢迎媒体朋友参与监督。

22 轮强化监督帮助地方查找并移交 5.2 万个生态环境问题

华夏时报记者：请问 2018—2019 年蓝天保卫战重点区域强化监督工作进展如何？下一步有什么计划？

曹立平：蓝天保卫战重点区域强化监督工作，是部里的中心工作，也是生态环境执法局重中之重的工作。重点区域强化监督工作是生态环境部党组为保障打赢蓝天保卫战做出的重要制度性安排，是生态环境保护领域集中力量办大事的监管机制创新，是确保压力传递到位、政策落地行之有效的工作措施。

2018 年 6 月 11 日，生态环境部启动 2018—2019 年度蓝天保卫战重点区域强化监督。截至昨天，我们统筹调度全国生态环境系统力量 1.95 万人次，共开展 22 轮"压茬式"强化监督，现场检查各类点位 66.6 万个（家次），帮助地方查找并移交 5.2 万个生态环境问题，并全部拉条挂账，一盯到底。

同时，还做了几件工作，一是针对 2017—2018 年强化监督交办的 3.89 万个问题，进行了一一核实，并督促整改到位；二是检查重污染天气应急响应落实情况，全面排查重污染天气应急响应管控清单内 8.03 万家企业，发现并推动解决应急预案不落实、不合规问题 6 394 个；三是督促京津冀及周边地区建立"两散"动态清零机制，交办解决"散乱污"清理不彻底问题 1 523 个，燃煤锅炉整治不到位问题 2 391 个；四是督促"煤改气""煤改电"工作落实，走访调查村庄 2.45 万个，全面查清改造工程进展，对 1 444 个村改造工程滞后问题进行督办。摸排出 39 个城市范围内 883 家燃气供应公司，并逐一调查供气合同签订情况。这项工作难度是很大的，有的城市燃气公司有 50 多家，当地政府都不能全部掌握，我们通过摸排，逐一调查核实情况，从中石油、中石化、中海油供气源头查起，供应 39 个城市的公司是哪个公司，下游再转给谁，最后燃气公司供应给哪些"煤改气"用户，我们进行了全面梳理。在整个供暖期间，只要接到群众反映，第一时间赶赴现场督促解决问题，共接到和督办解决 257 个相关问题，确保群众温暖过冬。前不久，我们接到了一个老百姓的表扬信，说"煤改气"核查工作非常负责，发现问题后，三天以内把问题督促解决了。同时组织对执行特别排放限值的行业和企业、小火电淘汰等情况开展了专项强化监督，相关情况正在统计和汇总之中。

实践证明，按照排查、交办、核查、约谈、专项督察"五步法"强化监督模式，帮助地方解决了一大批难点、重点问题，有效推动了中央决策部署和大气污染防治措施落地见效。

尽管蓝天保卫战取得阶段性成效，但大气环境形势依然不容乐观，污染治理成果仍不牢固，剩下的都是"难啃的硬骨头"，稍有松劲就可能回潮反弹。当前，大气污染治理已进入关键期，不能有松松劲、歇歇脚、喘口气的想法，必须咬定目标、真抓实干，坚决打赢蓝天保卫战。具体来说，我们将在去年工作的基础上，进一步巩固成果、加大力度、优化方式，在持续深入开展重点区域强化监督的同时，实施定点帮扶，工作范围包括京津冀及周边地区、汾渭平原39个城市，计划从5月8日开展新一轮的强化监督工作。

与去年相比，这一轮强化监督在总体安排上进行了调整与优化，可概况为"五个三"。

第一，在组织形式上，采取"三位一体"包保机制。即由部机关1个部门或派出机构、1个部直属单位、1个省级生态环境部门3家单位，共同负责包保1个重点城市。原则上，39个城市的包保工作组，均由生态环境部相关司局、直属单位、省级生态环境厅局委派处级以上干部任组长，切实加强组织协调，帮助解决难题、有效压实责任、协调推动工作，建立常态化的协调联动机制。3—4月已经按这种机制进行了试行。具体来说，生态环境部全体干部，今年都要参加一轮次强化监督活动，要深入到攻坚一线去，融入到基层工作中去，面对面倾听基层意见、实打实推动解决矛盾问题。

第二，在工作职责上，完成"三项任务"。一是大力宣传贯彻习近平生态文明思想，传达中央决策部署，讲解相关法律法规和蓝天保卫战任务安排，帮着地方和企业理解好、执行好。二是通过"排查问题列清单，交办政府落责任，核查清单促落实"的方式，帮助地方发现问题、建立台账，进一步压实责任，推动落实。具体来说，首先是发现问题，其次是对发现问题整改情况进行核实，最后是对污染防治攻坚战的相关任务落实情况进行摸排。三是通过异地执法、交叉执法，培养锻炼队伍，严格作风纪律，努力打造生态环境保护铁军。同时，我们将把帮扶工作作为核心任务，发挥生态环境部门人才、政策和技术优势，紧紧围绕基层打好污染防治攻坚战的实际需要，将生态环境系统相关行政、科技、执法等力量下沉到基层一线，深入开展调查研究，提出政策建议，提供业务培训，帮助地方政府和企业解决工作中的困难和问题。

第三，在工作模式上，坚持"三不原则"。即不替代地方履行生态环保责任，主要是帮助查找问题，依法移交地方政府解决；不干预当地正常工作程序，而是督促落实，帮助地方建立问题台账，逐一整改销号；不打扰地方同志工作安排，自行安排吃、住、行，相关费用由生态环境部统一协调解决，原则上不增加地方的工作和经济负担。

第四，在工作管理上，实施"三个统筹"。即建立统一的强化监督帮扶工作机制，统筹调度各现场工作组，统一任务要求；统筹协调各相关司局单位，形成合力；统筹信息汇总和发布，建立问题曝光和信息公开制度。

第五，在工作要求上，处理好"三个关系"。一是协调好工作组与地方政府及部门的关系，发现问题以独立工作为主，解决问题以推动地方为主。二是处理好强化监督与定点帮扶的关系。既依法、依规监管，又重视合理诉求、加强帮扶指导。三是落实好廉政纪律和作风建设的要求。把廉政建设和作风建设融入和贯穿到强化监督的全过程，并全员覆盖，持之以恒正风肃纪、坚定不移强化作风建设。

力争用两年左右时间全面摸清长江"三磷"数量

澎湃新闻记者: 当前,长江总磷污染问题日益凸显,今年1月印发的《长江保护修复攻坚战行动计划》提出,要推进"三磷"综合整治,请问将如何开展这项具体工作?

曹立平: "三磷"整治是长江保护修复攻坚战的重要内容之一。由于一些历史原因和产业布局因素,长江经济带集中了我国大部分磷化工产能。湖北、贵州、云南、四川、湖南、重庆、江苏7省(市)都集中了大量的磷矿和磷化工企业。由于一些地方和企业发展粗放、环境管理滞后,对长江水环境特别是产业相对集中的区域造成一定的影响。

为打好长江保护修复攻坚战,生态环境部近日印发《长江"三磷"专项排查整治行动实施方案》(以下简称《实施方案》),主要目的是防范环境风险、促进达标排放、推动结构调整。《实施方案》大体可以概括为"三个重点""五个阶段"。所谓"三个重点"就是指磷矿、磷化工和磷石膏库的整治工作,"五个阶段"即查问题、定方案、校清单、督进展和核成效五个阶段。一是查问题,即组织"三磷"问题的排查,掌握问题清单,梳理行业特点。二是定方案,制定"一企一策"整改方案,形成整改台账,分类开展整治,推进整治任务。三是校清单,开展强化监督,进行查漏补缺。四是督进展,督促推动整改。五是核成效,核查验收"三磷"专项整治的成效。

前期,我们掌握的情况是,长江经济带地区大约涉及834家企业,目前正在组织地方开展自查,核查基本情况,现在来看,企业实际数量要超过这个数量。总体安排上，今年先行完成黄磷企业环境整治。磷石膏库情况较为特殊、差异较大，客观上整治难度也较大，需要针对具体情况，因地制宜推动整治工作。通过以上方式，力争用两年左右的时间全面摸清"三磷"的数量，消除重大环境隐患，切实解决生态环境突出问题，为长江修复攻坚战奠定好的基础。

入河（海）排污口排查整治工作进展顺利

中国海洋报记者：渤海综合治理和长江保护修复备受社会关注，生态环境部日前开展了渤海入海排污口以及长江入河排污口的核查工作，请问进展情况如何？下一步有哪些打算和安排？

曹立平：长江入河排污口、渤海入海排污口的排查整治工作正在抓紧进行，这项工作我们也称为"两个口子"的排查整治。部党组对这项工作非常重视，将其作为打好长江保护修复和渤海综合治理攻坚战的"当头炮""牛鼻子"。具体来说，主要是完成排查、监测、溯源、整治四项任务。目前，排查工作进展比较顺利，按照既有的部署正在开展相关工作。这项工作在整个长江保护修复和渤海综合治理攻坚战中起着基础性、决定性、关键性的作用。

首先，从"点"上来看，试点工作取得积极进展。前段时间，我们组织在江苏省泰州市、重庆市渝北区（以及两江新区嘉陵江段）和河北省唐山市黑沿子镇开展了试点排查和实验性排查工作。按照部署，这次排查与以往工作最大的不同，就是只要向长江、渤海排污的"口子"都要应查尽查。这种要求与以往对排污口的管理确实有很大的不同。以前，重点关注的是规模以上的排污口，我们这次坚持"有口皆查"，只要有水流的"口子"，我们就要查。同时，这次排查工作不是"推倒重来"，而是在原有工作基础上的拓展和深化。

具体工作中，我们采用"三级排查"的方式。第一级排查用无人机，排查疑似排污口；第二级排查是组织人工现场核查，对各类排污口逐一排查，登记确认；第三级排查是对疑难问题和隐蔽盲区进行重点攻坚，查漏补缺，全面建立排污口名录。

从试点情况来看，入河（海）排污口有三个特点。一是数量多。排查的"口子"与以往地方掌握的数据差距很大，应该说是一个数量级到两个数量级的差别。当然，很大程度上是由于此次采取的是全口径排查，认定的标准与以前完全不一样。二是分布广。沿江、沿海地区既有工业园区、化工企业、港口码头，也有城镇小区、农田村庄、施工工地，排污口形态各异。有的排污口没有正规排水管道，有的埋在垃圾堆里面，还有一些污水直接沿河排放。三是隐蔽性强。这次排查发现不少"非典型"的排污口，隐蔽性很强。有的排污口藏在草丛里、桥梁下，很难发现。比如，我们在试点排查中，通过无人机飞行，发现了一些排污口，后来再进行三级排查，用无人船声呐技术、无人机红外探测，又发现了一些水下的"口子"，其中有一个排污口，当地政府都不知道是什么时候建的。

其次，从"面"上看，一方面，我们主要抓排查整治的标准规范，推动形成一整套可复制、可借鉴、可推广的程序方法和工作模式。目前，一批技术规范已经陆续出台。支撑整体工作的排查 App 系统已开发完成，并在实际排查中启用。无人机航测技术规范已经印发，资料整合技术指南、现场排查工作要点、排污口监测工作指南等规范也在加紧制定。此次排污口排查整治工作与以往有很大不同。以前是把规范要求全部制定好才开始，可这次是全新的工作，我们先通过试点制定规范，进而指导全面的工作。另一方面，沿江沿海地区都在行动，积极开展排查工作。我们召开了渤海入海、长江入河排污口的工作启动会，"两个口子"涉及的 15 个省（市）、76 个城市具体实施方案都已经明确，细化了任务分工、时间节点和经费安排，全面铺开了排查工作。有些地区，像烟台、大连等城市，无人机航测工作即将开展。在排污口排查的过程中，相关的整治工作也在同步进行。比如，重庆市先行先试，在排查过程中，同步开展打击偷排、偷放专项行动，对发现的问题立行立改，取得了很好的效果。

"三级排查"中，第一级排查通过无人机航测，在渤海地区，准确率在 70% 以上；在长江，特别是上游地区，准确率是 50% 左右，这就需要之后人工一步一步丈量，深入排查核对，这是非常必要的。这就是个"笨办法"，可是把"笨办法"放在整个长江保护修复和渤海综合治理攻坚战中去看，这就是个好办法，是个巧办法。因为这是一项基础性的工作、关键性的工作。把排污口排查清楚了，把陆上的污染源搞清楚了，下一步的环境整治就可以有的放矢。

下一个阶段的重点，就是督促指导各地全面完成无人机的航测任务，也就是第一级排查工作。这个任务相当繁重，其中长江、九条主要支流以及太湖涉及大约 2.4 万千米的岸线，渤海大约 3 600 千米的海岸线，加起来接近 2.8 万千米，要全面进行无人机航测。毫不夸张地说，这是一次前所未有的重大挑战。接下来还要组织人工徒步排查，确保今年年底前完成"两个口子"的排查任务。

谢谢大家。

我国目前整体仍处于空气质量快速改善通道

封面新闻记者： 我们注意到，今年一季度，华北地区多个城市出现空气质量反弹，请问原因是什么？对完不成攻坚行动目标的城市，是否会追责问责？

刘友宾： 每当重污染天气来临的时候，公众总会有一些担心、忧虑，希望我们的蓝天能够天天有，我们也有这种良好的希望。应该看到，《大气十条》实施以来，在党中央、国务院的坚强领导下，在有关部门和地方的大力配合下，在社会各界的积极参与下，近年来我国大气污染治理成效显著，环境空气质量持续改善。与 2013 年相比，2018 年全国首批实施《环境空气质量标准》（GB 3095—2012）的 74 个城市 $PM_{2.5}$ 平均浓度下降 41.7%；北京市 $PM_{2.5}$ 浓度从 89.5 微克 / 米 ^{3} 降到 51 微克 / 米 ^{3}，下降 43%；珠三角地区 $PM_{2.5}$ 浓度连续 4 年达标，浙江省也迈入总体达标行列；重污染天气的发生频次、影响范围、污染程度都有了大幅降低。回顾世界各国大气污染治理进程，中国近年来在大气治理方面重视程度之高、工作力度之大、环境质量改善速度之快都是十分罕见的。大家可能注意到，前段时间联合国环境规划署发布了一个报告，高度评价了近年来中国在大气污染防治方面采取的措施和取得的成效。

我们也清醒地认识到，中国大气污染防治的路还很长，绝不可能一劳永逸。由于污染物排放量大、超出环境容量，我国的大气环境质量仍然处于"气象影响型"阶段，对气象条件非常敏感。有专家评估显示，气象因素对 $PM_{2.5}$ 浓度的影响，年际可达 $\pm 10\%$，个别城市可达 $\pm 15\%$，月际可达 $\pm 30\%$ 以上。在不利气象条件下，重污染天气频发会大幅拉升全年 $PM_{2.5}$ 平均浓度，在一定程度上会抵消全年空气质量改善效果。

从发达国家大气污染治理史来看，空气质量改善是一个长期的呈螺旋式上升的过程。大气污染物浓度在快速下降过程中，遇到气候条件不利的情况，部分时段出现反弹也是可能的，这是客观规律。重点是要看趋势、看发展、看长期，我国目前整体仍处于空气质量快速改善通道，不能因为短期 $PM_{2.5}$ 浓度反弹，就对治污思路产生怀疑、失去信心，否定前期的努力和成效，动摇今后的方向和目标。

2018 年秋冬季以来，总体上看减排力度并没有减弱，相关措施也是有成效的。但受厄尔尼诺影响，冷空气活动较弱，大气污染扩散条件较前两年明显变差，加上少数地方因前期改善幅度较大出现自满松懈情绪，使得一些城市 $PM_{2.5}$ 浓度出现反弹。这充分说明了大气污染治理的长期性、艰巨性和复杂性。

为加快推动重点区域空气质量改善，下一步生态环境部将突出抓好三个方面工作：

一是严肃问责。按照生态环境部会同六省（市）人民政府印发的《京津冀及周边地区 2018—2019 年秋冬季大气污染综合治理攻坚行动量化问责规定》，对由于工作不力、完不成任务的城市，将依据规定严肃问责，不允许以气象条件为理由来应付搪塞。

二是强化监督帮扶力度。目前，生态环境部组织全国执法力量对"2+26"城市和汾渭平原正在开展强化监督帮扶，督促各地"冬病夏治"，全面完成治污任务。

三是持续开展大气重污染成因与治理攻关项目。"一市一策"，针对不同城市存在的主要问题精准施策，实现空气质量持续改善。

把群众举报环境违法问题作为发现问题、解决问题的基础性工作

每日经济新闻记者：请问生态环境部在推进重点排污企业环境信息披露方面采取了哪些措施？如何通过企业信息公开来促进公众参与？

曹立平：企业的环境信息公开既是法律的要求，也是企业的主体责任。生态环境部高度重视重点排污企业环境信息公开披露工作，按照"健全制度、更新目录、推动公开、鼓励参与"的要求，不断深化工作。

一是健全制度。生态环境部先后印发了《国家重点监控企业自行监测及信息公开办法》《重点排污单位名录管理规定》《企业事业单位环境信息公开办法》等系列文件、规章和规范，规范了重点排污单位名录管理和信息公开工作。

二是更新名录。组织做好 2019 年度重点排污单位名录更新，要求设区的市级以上生态环境部门尽快完成名录更新工作，并按时向社会公开。

三是推动公开。自 2015 年起，生态环境部将各省（自治区、直辖市）

污染源监测信息发布平台向社会公告，方便社会公众查询。将纳入排污许可证重点管理企业的相关环境信息向社会公开。

四是鼓励参与。指导各地采取通报表扬、有奖举报等一系列做法，鼓励群众举报环境违法行为，加大对环境违法行为的惩处力度。在这方面生态环境部高度重视，对于群众来信来访举报，李干杰部长指示要把它作为"一座金矿"来挖，作为我们发现问题、解决问题的基础性工作。在蓝天保卫战强化监督中，凡是涉及"12369"群众信访举报的相关信件，涉及大气污染防治的，我们全部通过强化监督工作组进行核实核查，督办落实。

在5月将要开始的强化监督定点帮扶工作中，我们把群众来信来访举报问题的核实核查作为重要内容，督促地方彻底解决。保证老百姓每一份举报、每一个来信都有着落，反映的每一个问题都能够得到有效解决。

总而言之，重点排污单位的环境信息公开工作取得了一些进展，但是部分地方仍存在名录发布和公开不规范、不及时、不准确、不完整，信息渠道不统一的问题。原因主要是两个责任没有落实，一个是重点排污单位主体责任没有落实，另一个是生态环境部门监管责任没有落实。

下一步，生态环境部将在三个方面强化落实工作。一是每年3月底以前设区市生态环境部门要及时向社会公布重点排污单位名录。二是督促重点排污单位落实主体责任，及时公开环境信息，竖立环境信息公示牌。三是加强检查，对公开信息不真实、不及时的要依法严肃查处。我们下一步要指导地方加大这方面的查处力度，确保企业落实信息公开主体责任，确保通过信息公开增加社会监督的力度。

天津等 16 个省（自治区、直辖市）已印发综合行政执法改革意见

新京报记者：请介绍一下综合行政执法改革方面的进展，存在哪些重点难点问题，以及下一步的考虑？

曹立平：生态环境综合行政执法改革，是党中央确定的重大改革任务。2018 年 12 月，中共中央办公厅、国务院办公厅印发《关于深化生态环境保护综合行政执法改革的指导意见》，对综合行政执法改革做出全面规划和系统部署，这是首次将生态环境执法队伍正式纳入国家行政执法序列，体现了党中央、国务院对生态环境执法工作的高度重视。李干杰部长亲自部署，要求抓好宣贯落实工作。各地因地制宜研究制定方案，有序推进改革落地。

截至目前，天津、河北、山西等 16 个省（自治区、直辖市）和新疆生产建设兵团已印发综合行政执法改革意见。北京等 11 个省（自治区、直辖市）已初步确定方案或正履行签发程序。还有少数几个省正在起草阶段。

生态环境行政执法改革既涉及地方党委、政府及其相关部门职能整合，又涉及省以下执法机构垂直管理，这也是我们生态环境执法改革的特点，综合执法队伍改革和省以下机构垂改同步推进、同步实施。落实好这些任务，需要我们以高度的政治自觉、思想自觉和行动自觉，勇于担当、扎实有序推进改革工作。同时，各地相关基础情况差异大，东、中、西部地区各有不同，要推动实施针对性措施，把各项工作做实、做细，确保改革部署落到实处、见到实效。目前，一些地区进展尚不平衡，部分地区人员还没有划转到位，有关执法制服、执勤用车等能力保障措施还在推进中。

目前，我们开展了以下五项工作。一是积极协调配合相关部门做好解读，对省市两级相关负责人实现宣贯解读全覆盖。二是印发关于贯彻落实指导意见的通知，明确相关要求。三是配合制定生态环境保护综合行政执法事项指导目录，明确责权。四是研究出台系列配套制度，并建立调度机制，督促各地落实重点任务、强化队伍建设、健全制度机制。五是组织对新转隶或新转岗至生态环境执法岗位的干部开展实训。

在这个过程中，我们要求地方把握好"三个结合"推动改革工作。一是职责整合把握好"统与分"的结合，生态环境保护综合执法队伍依法统一行使相关污染防治和生态保护执法职责，相关行业管理部门依法履行生态环境保护"一岗双责"。二是队伍组建把握好"责与能"的结合，改革中应做到职责整合与编制划转同步实施，队伍组建与人员划转同步操作，全面推进执法标准化建设。三是事权划分把握好"收与放"的结合，县级生态环境分局上收到设区市，实行"局队合一"，执法重心下移，市县级执法机构承担具体执法事项。力求通过改革部署落地见效，推动职责和能力配置更为合理，执法和监督体系更为规范，体制和机制保障更为健全。这是综合执法队伍改革的重大改变，将极大提高生态环境执法队伍的规范化、制度化、现代化水平。

下一步，我们继续做好以下工作：一是按照改革任务分工方案，抓紧做好相关制度机制配套。二是配合相关部委做好执法制服、执法用车配备等保障措施落地。三是促进地方交流经验，督促地方扎实推进改革任务，发布权责清单，建立考核奖惩制度，加快建立立功表彰机制、容错纠错机制等，努力实现机构规范化、装备现代化、队伍专业化和管理制度化。

只有做好整改才能让中央生态环境保护督察真正发挥作用

时代周报记者： 中央生态环境保护督察公布了大量问题，并移交地方进行整改，请问怎样确保督察整改工作落到实处？如何避免地方整改"走过场"？

刘友宾： 中央生态环境保护督察始终坚持以人民为中心，切实解决督察中发现的问题，坚决反对在整改工作中不积极、不主动、走过场。我们也公布了一些案例，对落实整改不力的及时通报批评，让地方引以为戒，高度重视。

督察整改是中央生态环境保护督察的"下半篇"文章，只有善始善终做好整改，才能够真正让中央生态环境保护督察发挥作用，所以我们对各省份整改落实情况持续跟踪督办，对移交地方整改的问题，咬住不放、一盯到底，不解决问题决不松手。

一是在督察反馈意见中明确要求被督察地方党委和政府在30个工作日内研究制定整改方案并报送国务院，在6个月内向中央生态环境保护督察办公室报送整改落实情况。同时，为加强监督，要求整改方案和整改落实情况按规定通过中央和当地主要新闻媒体向社会公开。

二是开展督察整改清单化调度，利用中央生态环境保护督察信息系统，每季度开展一次清单化调度，掌握各地整改进展，不断传导压力，拧紧螺丝，推动整改落实。

三是针对地方生态环境保护工作特点，每个省（自治区、直辖市）

明确几项重点整改任务，由相关督察局定期盯办，坚决督促整改到位，对整改不力的，视情采取函告、通报、约谈、专项督察等措施，始终保持督察压力。

此外，在即将启动的第二轮中央生态环境保护督察，我们还将继续紧盯督察整改，把第一轮督察指出的问题整改情况作为督察的重点，确保整改取得实实在在的效果。

总之，中央生态环境保护督察工作决不能虎头蛇尾，决不能雷声大雨点小，一定要切实抓好整改，让督察取得实实在在的成效，让人民群众有更多生态环境的获得感。

与多部门联动，限制超标排放垃圾焚烧厂享受增值税"即征即退"政策

财经杂志记者： 请介绍一下垃圾焚烧发电行业环境管理情况，存在哪些问题？下一步有什么工作计划？

曹立平： 垃圾焚烧发电企业的环境保护工作，是党委政府高度重视、老百姓非常关心的问题。垃圾焚烧发电是国际上处理垃圾的重要手段，也是当前我国生活垃圾处置的主要方式之一。垃圾焚烧发电厂既是排污单位也是治污单位，既是市政工程也是民生工程，社会高度关注。

为规范企业的环境行为，引导行业持续健康发展，我们这两年来持续推动提升整个行业的环境治理水平。

一是实施"装、树、联"。2017 年，原环境保护部印发《关于生活

垃圾焚烧厂安装污染物排放自动监控装备和联网有关事项的通知》，要求全国所有投运的垃圾焚烧发电厂要在 2017 年 9 月 30 日前全部完成"装、树、联"（依法安装自动监控设备、在厂区门口树立电子显示屏、实时监控数据与环保部门联网）任务。截至目前，"装、树、联"已覆盖了全国 353 家垃圾焚烧厂。通过"装、树、联"工作，我们强化了监管手段，提高了监管效率。

二是开展了垃圾焚烧发电行业专项整治行动，对环境管理不到位的 150 家垃圾焚烧发电厂开展专项整治行动，目前已经全部完成整改任务。其中关闭 10 家、停产整治 4 家，投入改造资金达 10 亿元。通过专项整治，解决了一大批长期得不到解决的问题，行业环境管理水平显著提升。

三是加强在线监控管理，建立长效机制。为进一步加强行业管理，维护老百姓的环境权益，实现公平守法的环境，我们制定了《生活垃圾焚烧厂自动监测数据用于环境管理的规定》（以下简称《管理规定》），向社会公开征求意见。这个管理规定的核心内容就是明确将自动在线监控数据用于环境行政处罚，并提出量化标准。我们在制定过程中广泛听取了垃圾焚烧行业的意见，广泛听取了相关科研单位、专家的意见。截至今年 4 月 23 日，生态环境部还收到了非常多的社会公众意见，目前正在整理分析汇总。

下一步，为推动垃圾焚烧发电行业实现全面持续的达标排放，我们将从以下四个方面入手，不断完善监管措施，强化监管。

一是将新投入运行的垃圾焚烧发电厂纳入"装、树、联"范围，实现监管全覆盖。今后"装、树、联"是对所有垃圾焚烧发电厂的硬性要求。

二是根据各界修改意见完善并出台《管理规定》，持续加大监管力度，确保执法监管到位。

三是多措并举，与发改、税务等部门联动，对超标排放的垃圾焚烧发电厂采取核减电价补贴，限制享受增值税"即征即退"政策措施，以经济手段提高企业的违法成本，促进企业环境管理水平提高。

四是《管理规定》出台以后，我们将适时公开自动监控数据，通过公开推动社会监督，推动企业自觉守法、认识提高和环境管理水平的提高。我们希望通过各级政府加强监管，垃圾焚烧发电企业守法意识提高，自主守法措施到位，从而促进整个行业环境管理水平提升，维护老百姓的环境权益。谢谢大家。

世界环境日中文口号确定为"蓝天保卫战，我是行动者"

南华早报记者：请介绍一下今年世界环境日筹备工作情况。

刘友宾：2019 年世界环境日全球主场活动将在浙江省杭州市举行，生态环境部正会同浙江省政府及杭州市政府紧锣密鼓地抓紧细化落实各项筹备工作。世界环境日主题聚焦空气污染防治，生态环境部和联合国环境规划署就环境日中文口号、宣传材料设计制作、具体活动安排等细节进行了深入协商和对接，商定中文口号为"蓝天保卫战，我是行动者"。

在全球主场活动上，我们将发布《中国空气质量改善报告（2013—2018）》，颁发中国生态文明奖，公布最美生态环保志愿者，发布优秀公众参与典型案例。全国各地也将举办丰富多彩的宣传活动。

2019 年世界环境日以大气污染防治为主题，将敦促各国政府、产业、社区和个人共同探索可再生能源和绿色技术，改善世界城市和地区的空气质量。中方将与国际社会一道，积极分享中国"蓝天保卫战"的经验做法，共同建设清洁美丽世界。

我们有信心、有能力办好一届精彩纷呈的世界环境日主场活动，届时也欢迎媒体朋友们前去采访报道。

党风廉政建设是建设生态环境保护铁军的重要任务，对违规违纪行为"零容忍"

北京晚报记者：生态环境部前段时间通报环境执法人员违规违纪问题，请问如何加强生态环境执法队伍党风廉政建设？

曹立平：谢谢。加强执法队伍党风廉政建设和全面从严治党是我们一直以来非常重视、丝毫不敢懈怠的问题。习近平总书记提出要建设一支政治强、本领高、作风硬、敢担当，特别能吃苦、特别能战斗、特别能奉献的生态环境保护铁军。执法队伍作为直接面向基层、面向群众和企业的窗口部门，作为污染防治攻坚战的生力军、排头兵，是打造生态环境保护铁军的重要力量。

党风廉政建设是建设生态环境保护铁军的重要任务，党的十八大以来，我们坚决贯彻落实党中央关于全面从严治党的部署，始终把党的政治建设摆在首位，不断加强纪律建设，狠抓作风养成。加强组织建设，建立临时党支部。不断强化制度建设，完善廉政机制。

在强化监督工作中，我们先后制定印发了《关于进一步严明强化督查工作纪律的通知》《生态环境部污染防治攻坚战强化监督"五不准"》等多个规定。编制《大气污染防治强化监督检查廉政手册》，安排廉政教育和警示教育内容，持续增强廉政建设，形成严格按制度办事、用制度管人的廉政机制。同时对违规违纪行为"零容忍"、严惩戒，决不姑息。强化警示教育，针对个别人员、个别问题，无论涉及谁、涉及什么单位，我们都坚决一查到底。我们还向重点区域的 39 个城市和 550 个县（市、区）政府发函，要求不干扰正常的强化监督工作。

去年 5 月水源地专项督查期间以及 7 月大气强化监督期间，山西省和江苏省部分工作人员发生了违反廉洁纪律的问题。我们坚持强化监督执纪，督促山西省、江苏省生态环境厅严肃惩戒违纪人员，并印发了《关于饮用水水源地专项督查和大气强化监督期间违纪问题的通报》，向社会通报了有关情况。通过教育引导，营造风清气正的良好局面。

生态环境部党组高度重视强化监督工作中的作风建设，多次提出明确要求，专门部署，并亲自采取不打招呼直奔现场、自己安排吃住行的方式进行调研。李干杰部长 4 次赴七省（市）共同参与工作，中央纪委国家监委驻生态环境部纪检监察组组长吴海英同志 4 月 26 日也采取了不打招呼直奔现场的方式，赴北京、天津、河北三地的有关县市看望强化监督人员，共同参与工作。部领导到现场了解工作情况，关心解决相关问题和困难，同时反复督促加强作风建设，强调强化监督工作作风出现问题，工作效果将大打折扣，要求我们认真落实全面从严治党要求。对于这点，部领导在不同的场合多次提出要求，要求我们不断完善制度，不断加强监督，发现一起，处理一起，决不姑息，切实加强作风建设，不能也不允许出任何问题。我们将在下一步强化监督工作中进一步完善制度、完善机制，加强监督，促进强化监督的任务和作风建设同步推进，取得更好的效果。谢谢。

响水爆炸事故应急处置工作已转入常态应急阶段

中国日报记者：请介绍一下江苏响水爆炸事故环境应急处理的最新进展以及下一步的工作安排？

刘友宾：江苏响水爆炸事故发生后，生态环境部高度关注。李干杰部长多次做出批示，召开专题会议听取汇报，进行研究部署，并亲赴事故现场，查看了解情况，要求切实防止次生灾害，确保生态环境安全。事发当日，翟青副部长带领工作组赶赴现场，指导督促地方政府开展事故环境应急处置工作。

从 3 月 21 日事故发生至今，生态环境部工作组及相关专家持续在事故现场开展工作。江苏省生态环境部门对事故周边区域大气、地表水持续开展了应急监测，相关监测结果和处置情况均已通过江苏省、盐城市相关方面进行发布。

针对事故爆炸大坑废水及园区内受污染河渠的高浓度污水，生态环境部工作组按照"工艺可靠、技术可行、工程易实施"的原则，分别研究制定了预处理工艺方案，并指导地方对污水处理设施进行改造。

截至 4 月 26 日 8 时，已处理污水约 19.9 万米^3。据专家估算，事故现场仍有约 9.9 万米^3 污水需处理，不考虑降雨等情况可能造成的污水量增加，预计 5 月底前基本处理完毕。

根据专家建议，当地采取园区就地和外运处置的方式对危险废物进行处理。截至 4 月 26 日，现场处置 431.13 吨、转运处置 511.1 吨。

目前，周边环境质量持续稳定达标，环境风险总体可控，事故环境应急处置工作已转入常态应急阶段。生态环境部将继续指导地方做好事故污染水体、固体废物应急处置工作，防止造成二次环境污染。

主持人刘友宾：今天的发布会到此结束。谢谢大家！

5 月例行新闻发布会实录

2019 年 5 月 29 日

5 月 29 日,生态环境部举行 5 月例行新闻发布会。生态环境部生态环境监测司司长柏仇勇、中国环境监测总站副站长刘廷良出席发布会,柏仇勇介绍了生态环境监测改革工作进展和 2018 年全国生态环境状况。生态环境部新闻发言人刘友宾主持发布会,通报近期生态环境保护重点工作进展,并共同回答了记者关注的问题。

5月例行新闻发布会现场（1）

重点
工作

↗ 组织开展 2019 年第一阶段统筹强化监督工作

↗ 扎实推进全国自然生态保护工作

↗ 积极筹备 2019 年国合会年会和世界环境日主场活动

5 月例行新闻发布会现场（2）

主持人刘友宾： 新闻界的朋友们，大家上午好！欢迎参加生态环境部 5 月例行新闻发布会。

根据《环境保护法》（2014 年修订）规定，环境保护主管部门定期发布环境状况公报。生态环境部会同国务院有关部门，共同编制完成了《2018 中国生态环境状况公报》。今天的新闻发布会，我们邀请到生态环境部生态环境监测司柏仇勇司长、中国环境监测总站刘廷良副站长，向大家介绍有关情况，并回答大家关心的问题。

下面，我先通报三项近期生态环境部重点工作。

一、组织开展 2019 年第一阶段统筹强化监督工作

为深入贯彻党中央、国务院关于打好污染防治攻坚战的决策部署，按照中央关于统筹规范督查检查考核工作的总体要求，5 月 15—24 日，生态环境部组织开展了 2019 年第一阶段统筹强化监督。

此次统筹强化监督的重点任务是，聚焦污染防治攻坚战重点任务，帮助地方发现并解决突出环境问题，推动中央生态环境保护决策部署落地见效。具体内容包括污染防治攻坚战确定的七场标志性战役落实情况，即一次检查承担多项任务，共涉及 25 个省 251 个地市 625 个县区共 3 804 个点位。

生态环境部从部系统和地方生态环境部门抽调业务骨干组成 25 个省工作组、92 个现场组开展现场监督工作，共排查发现各类环境问题 5 200 多个，并逐一拉条挂账，依法移交地方政府解决。生态环境部将对移交问题整改情况紧盯不放，不解决到位决不松手。今年下半年，还将组织开展

第二阶段统筹强化监督，对整改情况逐一进行核实。

统筹强化监督坚持"统筹、规范、高效、服务"原则，以增强人民群众环境获得感、满意度为导向，进一步优化方法，突出实效，把各项督查检查考核有序整合起来，既紧盯污染防治攻坚战进展，及时发现问题，又提供政策和指导，既督促落实地方责任，更帮扶基层工作。

25个省工作组、92个现场组独立开展工作，全程自行安排吃、住、行，不让地方政府和部门陪同，不替代、不干预、不打扰基层正常工作。

中央纪委国家监委驻生态环境部纪检监察组向社会公布了关于蓝天保卫战重点区域强化监督定点帮扶及统筹强化监督工作纪律作风监督举报方式的公告。工作组将认真执行中央八项规定精神和党风廉政建设相关规定，实行廉政情况每日报告制度，自觉接受社会监督，确保强化监督工作风清气正。

二、扎实推进全国自然生态保护工作

5月22—23日，生态环境部在江西省南昌市召开全国自然生态保护工作会议。这是生态环境部组建后召开的第一次自然生态保护会议，也是"十三五"以来召开的第一次全国自然生态保护会议。生态环境部部长李干杰出席会议并讲话。

会议强调，加强生态系统保护与修复是打好污染防治攻坚战的支撑保障和重要内容，要打通生态保护监管和污染防治监管，实现生态保护监督和污染防治监督并重、治污减排与生态增容并举，牢牢把握政策法规标准制定、监测评估、监督执法、督察问责"四统一"的工作要求，切实将监管职责落到实处。

会议明确了当前和今后一个时期自然生态保护工作的思路和任务。具体要做好"七个一"：

一要着眼一个目标，加快建立完善生态保护监管体系。紧密围绕生态保护监管的新职能、新定位，重点加强规划引领、法治保障、标准规范、机制提升，完善监管制度，建立健全监管体制机制。

二要守好一条红线，坚决维护国家生态安全。抓紧优化有关省份生态保护红线划定方案，全面启动生态保护红线勘界定标，加快建立健全生态保护红线监管的制度体系、技术体系和标准规范体系。

三要用好一把利剑，持续深入推进自然保护地强化监督。开展"绿盾"自然保护区监督检查专项行动，督促各地政府及其相关部门严肃查处涉及自然保护地的生态破坏违法行为。

四要办好一个大会，不断强化生物多样性保护工作。积极开展双多边协商，做好《生物多样性公约》第15次缔约方大会各项筹备工作。

五要打造一批样板，大力推动生态文明建设试点示范工作。持续推进国家生态文明建设示范市县、"绿水青山就是金山银山"实践创新基地和"中国生态文明奖"评选。

六要夯实一个基础，不断提高监管能力和水平。加快构建和完善生态系统数量、质量、结构、服务功能"四位一体"和陆海统筹、空天地一体、上下协同的监测网络。

七要打造一支铁军，争做生态环境攻坚"排头兵"。落实全面从严治党政治责任，全面推进党的建设，严明政治纪律和政治规矩。

三、积极筹备 2019 年国合会年会和世界环境日主场活动

经国务院批准，2019 年中国环境与发展国际合作委员会（以下简称国合会）年会和世界环境日全球主场活动将于 6 月 2—5 日在浙江省杭州市举行。

本次年会是第六届国合会（2017—2021 年）的第三次年会。国合会年会主题为"新时代：迈向绿色繁荣新世界"，将聚焦"十四五"规划制定建言献策。会议将设立政策研究对话会以及中国经济高质量发展与"十四五"绿色转型、卡托维兹后的全球气候治理、生物多样性保护2050 年全球愿景、蓝色经济与全球海洋治理、"一带一路"倡议与绿色城镇化、全球环境治理与工商业最佳实践 6 个主题论坛，广泛征求意见，形成年会给中国政府的政策建议。

在今年的世界环境日主场活动上，我们将发布《坚决打赢蓝天保卫战——中国空气质量改善报告（2013—2018）》，与国际社会一道分享中国"蓝天保卫战"的经验做法，颁发"中国生态文明奖"、公布"美丽中国，我是行动者"百名最美志愿者和十佳公众参与案例。此外，为推动践行低碳理念，我们将对主场活动产生的碳排放组织开展核算和认证，并通过购买林业碳汇减排量的方式来抵消会议碳排放量，实现整个活动碳中和。

为答谢社会各界对生态环保工作的支持，鼓励公众参与，我们还首次邀请了来自媒体、社会组织、专家学者、青年、教育、妇女、自由撰稿人、企业、社区、自媒体等方面的代表人士，作为环境日主场活动的特邀观察员，共同见证 2019 年环境日主场活动盛况。

为做好六五环境日宣传，我们发布了环境日主题海报和宣传片，推出了 2019 年环境日主题歌领衔示范版，开展了环境日主题歌传唱活动，联合中央文明办组织开展了生态环保主题摄影、书法、绘画大赛。6月2日，生态环境部将联合中央文明办在北京市举办"美丽中国，我是行动者"主题实践活动成果展示交流活动。全国各地也将开展丰富多彩的宣传活动。

下面，请柏仇勇司长介绍有关情况。

生态环境部生态环境监测司司长柏仇勇

2018 年全国大气和水环境质量进一步改善，土壤环境风险有效管控

柏仇勇： 新闻界的各位朋友，大家上午好！

欢迎大家参加今天的新闻发布会。首先，我谨代表生态环境部生态环境监测司，对大家长期以来对生态环境监测工作的关心、支持、帮助表示衷心感谢！借此机会，我就生态环境监测改革工作进展和 2018 年全国生态环境状况做简要介绍。

一、生态环境监测改革工作进展

生态环境监测是生态环境保护的基础，是生态文明建设的重要支撑。党中央、国务院高度重视生态环境监测工作，在 2018 年党和国家机构改革中将其确定为生态环境部的主要职责之一，统一负责生态环境监测工作，评估生态环境状况，统一发布生态环境信息。为认真履行这一重要职能，在生态环境部内设机构中，新组建成立了生态环境监测司。

我们认真贯彻落实习近平生态文明思想和全国生态环境保护大会精神，按照党中央、国务院的决策部署，根据机构改革、部门"三定"赋予的职责任务，以生态环境监测"十四五"规划和《生态环境监测条例》为重点，全面谋划生态环境监测的顶层设计。

我们的初步思路是，以支撑统一行使生态和城乡各类污染排放监管和行政执法职责为宗旨，以加快构建科学、独立、权威、高效的生态环境监测体系为主线，以确保生态环境监测数据"真、准、全"为根本，紧紧围绕生态文明建设和污染防治攻坚战，全面推进环境质量、污染源和生态

状况监测全覆盖，着力提升生态环境监测支撑管理和公共服务水平，为生态环境治理能力与治理体系现代化奠定扎实基础，践行"美丽中国美不美，监测数据告诉你"的初心和使命。具体来讲，我们要做到"五个统一"，即统一组织领导，理顺生态环境监测体制和机制；统一规划布局，完善生态环境监测网络；统一制度规范，提高生态环境监测质管水平；统一数据管理，深化生态环境监测服务应用；统一信息发布，提升生态环境信息的影响力。

今年，我们会同人力资源和社会保障部、全国总工会、共青团中央、全国妇联、市场监督管理总局，联合印发了《关于举办第二届全国生态环境监测专业技术人员大比武活动的通知》，在全国生态环境监测系统掀起学习专业理论、刻苦钻研技术的热潮，全面提高生态环境监测业务水平，努力打造生态环境保护铁军先锋队。

二、2018 年全国生态环境状况

按照《环境保护法》（2014 年修订）规定，生态环境部会同国家发展改革委、自然资源部等 11 个部门，共同编制完成了《2018 中国生态环境状况公报》，今天正式向社会发布。各位媒体记者是第一时间、第一批拿到公报的。报告显示：

2018 年，全国 338 个城市平均优良天数比例为 79.3%，同比上升 1.3 个百分点；细颗粒物（$PM_{2.5}$）浓度为 39 微克 / 米^3，同比下降 9.3%。全国 1 940 个国控地表水水质断面中，Ⅰ～Ⅲ类水质断面比例为 71.0%，同比上升 3.1 个百分点；劣Ⅴ类水质断面比例为 6.7%，同比下降 1.6 个百分点。海洋生态环境状况总体稳中向好，夏季一类水质海域面积同比略有增加，劣四类水质海域面积同比略有减少，近岸海域优良海水比例上升。全国生态环境质量优良县域面积占国土面积的 44.7%。全国辐射环境质量和重点设施周围辐射环境水平总体良好。经初步核算，单位 GDP 二氧化碳排放比 2017 年下降约 4.0%，超过年度预期目标 0.1 个百分点。

总体来看，我用 5 句话概括表述，2018 年全国大气和水环境质量进一步改善，土壤环境风险有效管控，生态系统格局整体稳定，核与辐射安全水平巩固提升，人民群众切实感受到生态环境质量的积极变化。

以上是有关情况的介绍。谢谢！

主持人刘友宾：下面，请大家提问。

全国生态环境质量确实呈现持续好转态势，成效并不稳固

中央广播电视总台央视记者：请问与往年相比，《2018 中国生态环境状况公报》有哪些新增加的内容？有哪些数据亮点？生态环境质量是否呈现好转态势？

柏仇勇：谢谢你的提问。《2018 中国生态环境状况公报》（以下简称《公报》）是生态环境部依法发布、反映全国生态环境质量状况信息的年度报告，涵盖了我国 2018 年的大气环境、淡水环境、海洋环境等 9 个方面的内容。

与往年相比，我总结今年的《公报》有三个显著特点：

一是扩内容。大气排名城市由原来的 74 个重点城市扩展至 169 个；

空气质量区域评价范围扩大调整为京津冀及周边地区、长三角地区、汾渭平原，重点更加突出。增加渤海、黄海、东海、南海四大海区和 11 个沿海省份水质评价内容，层次更为分明。增加区域和道路交通噪声的夜间监测内容，评价更为全面。

二是重时效。此前，都是在每年六五环境日前夕，以公报的形式发布前一年的环境质量状况。今年，我们在 3 月中旬，就率先以简况的形式发布了 2018 年的全国生态环境质量状况，让公众尽可能早地获取环境信息。另外，今年《公报》中，在自然生态状况方面，改变了往年公报发布前一年状况的惯例，及时更新发布了 2018 年当年的状况。

三是更易读。为了适应新媒体时代的特点，今年《公报》进一步优化了表征方式，文字量大幅压缩，各类图表大幅增加，更加清晰直观地呈现各类信息，让公众"一图读懂"生态环境质量状况。

正像刚才您提到的，2018 年，全国生态环境质量确实呈现持续好转态势。我概括成"越来越"，用三组数字来说明。

第一，天空越来越蓝。2018 年，空气质量稳步改善，全国 338 个城市 $PM_{2.5}$ 平均浓度同比下降 9.3%，平均优良天数比例同比上升 1.3 个百分点，338 个城市发生重度污染天数同比减少 412 天次，环境空气质量达标城市比例同比增加 6.5 个百分点。

第二，江海越来越清。全国地表水国控断面 Ⅰ～Ⅲ 类水质比例同比上升 3.1 个百分点，劣 Ⅴ 类水质比例同比下降 1.6 个百分点。海洋环境总体稳中向好，我国近岸海域优良水质比例同比上升 6.7 个百分点，管辖海域夏季符合一类海水水质面积同比增加约 2 万平方千米，劣四类水质海域面积同比减少 450 平方千米。

第三，生态越来越美。生态环境质量"优"和"良"县域面积占国土面积的比例由 42.0% 提高到 44.7%，"一般"比例下降 0.7 个百分点，"较差"和"差"比例下降 1.9 个百分点。人民群众切实感受到了生态环境质量的积极变化。

但是，总体来看，我国生态环境质量持续好转的成效并不稳固，稍有松懈就有可能出现反复。下一步，我们还是要保持定力，扎扎实实打好污染防治攻坚战，持续巩固生态环境质量向好态势，为人民群众提供越来越多的优质生态产品。

谢谢！

国家地表水考核断面水环境质量排名覆盖 333 个地级及以上城市

中央广播电视总台央广记者：我们注意到生态环境部前段时间首次公布全国地表水环境质量状况排名，请问地级及以上城市国家地表水考核断面水环境质量排名是如何开展的？

柏仇勇：谢谢提问。今年 5 月 7 日，生态环境部首次向社会发布地级及以上城市国家地表水考核断面水环境质量排名，这是落实《水十条》要求，打好碧水保卫战，推动全国水环境质量改善的重要举措。

排名范围覆盖了全国所有设置国家地表水考核断面的 333 个地级及以上城市。全国一共有 337 个地级及以上城市，4 个城市没有国考断面。排名周期从 2019 年的第一季度起，今后每季度开展一次，重点是"保好水、治差水"，公布国家地表水考核断面水环境质量和变化情况前 30 名、后 30 名的城市以及国考断面所在水体名称，起到"抓两头、促中间"的作用。发布排名，我想有三个方面的意义和作用：

第一，保障公众知情。人民群众既渴望蓝天白云，也期盼清水绿岸。在大气排名的基础上，发布水质排名，既客观反映各地水环境质量状况，又真实体现各级政府的水环境治理成效，充分满足公众对水环境信息的需求。这也是监测工作服务社会公众的重要体现。

第二，推动社会监督。打好污染防治攻坚战，建设生态文明，必须全社会动员。发布排名，为全社会参与监督水污染防治工作提供了一个很好的抓手。您的提问，本身就是一种参与、一种监督，更是对水污染防治工作的最大支持。

第三，倒逼地方发力。发布排名，能够更好地突出水污染防治工作的目标导向和问题导向，进一步落实地方人民政府对环境质量负责。突出重点区域和城市，特别是水环境质量和变化排名较差的地区，有效倒逼地方进一步加大水污染防治工作力度，形成城市间水环境质量"比、学、赶、超"的良好氛围。

在这里，我还想和大家说明两点：

一是本次参与城市排名的对象为所在城市国家地表水考核断面，不涉及城市地下水、黑臭水体，以及未设置国家地表水考核断面的其他河流、湖泊或水库。

二是城市排名靠后说明该城市国家地表水考核断面所在水体水质相

对较差，并不代表该城市的整体水环境质量就一定差，两者之间有关系，但不是一个完全确定的关系，更不代表该城市饮用水水源水质有问题。希望大家帮助我们做好宣传，不要引起误读。

统一谋划新划转职能的监测工作，努力做到"五个实现"，加快监测网络整合

封面新闻记者：新组建的生态环境部，新增了海洋生态环境保护和应对气候变化的职能，请问针对新划转职能，在监测体系上是如何统筹协调的？后面有何打算？

柏仇勇：谢谢提问。大家知道，新一轮机构改革新组建的生态环境部整合了相关部委的生态环境保护职责，李干杰部长总结为"五个打通"。生态环境监测工作按照新的职能定位，负责统一监测评估，我们紧紧围绕"五个打通"，统一谋划新划转职能的监测工作，系统梳理概括一下，就是努力做到"五个实现"。

一是实现陆海统筹。为掌握入海河流污染情况，设置 195 个入海国控监测断面，其中 110 个纳入水环境质量排名；对全国 453 个日排污水量大于 100 米^3 的直排海污染源实施监测。刚才我前面讲的 195 个是国控入海断面，在渤海，为了支撑打好渤海综合治理攻坚战，我们对渤海全部入海河流开展监测，并加强入海排污口监测，充分摸清陆源污染排放情况。统一陆海生态环境监测布局，强化重要河口海湾监测，推动陆上和海上有关标准与数据相衔接。

二是实现水陆统筹。在支撑长江保护修复攻坚战中，我们率先组织开展长江流域水环境质量监测预警，加快建立长江经济带省、市、县三级行政区域跨界责任断面水质监测网络，增设了 780 个跨界断面，新建或改造 668 个水质自动监测站和质控应急监测平台。积极推动长江干流入河排污口监测，首次专门制定出台《长江生态环境无人机遥感调查工作方案》和长江入河排污口监测方案，掌握陆源污染物排放情况。

三是实现多网合一。我们将协调自然资源、水利等相关部门，强化部门合作，按照"统一规划、系统设计、共建共享、优势互补、合作共赢"的模式，建立统一的国家地下水环境监测网络，共同开展地下水生态环境监测工作。

四是实现天地一体。在农业面源监测方面，我们将加强与农业农村部门合作，积极构建以"遥感监测为主、地面校验为辅"的监测评估体系。大力加强生态环境监测，加快构建和完善生态系统数量、质量、结构、服务功能"四位一体"和陆海统筹、空天地一体、上下协同的监测网络。

五是实现测算结合。在温室气体监测方面，按照全球通行的"核算为主、监测为辅"的原则，进一步完善全国温室气体核算办法，并将其纳入常规环境监测体系进行统筹设计，构建国际认可、方法统一、结果可比和数据共享的中国温室气体监测体系。

下一步，我们将深入做好生态环境监测顶层设计，加快监测网络整合，逐步构建系统完备的监测体系，全面支撑新划转职能的管理需求。

我国海洋生态环境状况整体稳中向好，辽东湾、渤海湾等局部海域污染依然突出

中国海洋报记者：请问与往年原环境保护部发布的《中国近岸海域环境质量公报》和国家海洋局发布的《中国海洋生态环境状况公报》相比，今年的海洋公报有哪些变化？2018年我国海洋生态环境状况如何？

柏仇勇：谢谢提问。今天，我们与《2018中国生态环境状况公报》同步发布了《2018年中国海洋生态环境状况公报》。这是海洋生态环境保护职能整合到生态环境部之后，首次由生态环境部发布全面反映我国管辖海域生态环境状况的公报。

2018年的海洋公报紧扣生态环境部新职能，将原环境保护部《中国近岸海域环境质量公报》和国家海洋局《中国海洋生态环境状况公报》合并统一为《2018年中国海洋生态环境状况公报》，主要有三个变化：

一是整合内容。将原来的两份公报中重合的内容，比如海水水质、主要入海污染源状况等进行整合、融合。

二是保留特色。保留原环境保护部公报中的海洋环境保护相关行动与措施等，保留国家海洋局公报中的生态状况、部分功能区环境状况、环境灾害状况等。

三是聚焦重点。重点聚焦海洋生态环境质量，删除了海洋资源等方面的监测评价内容。

2018年，我国海洋生态环境状况整体稳中向好。主要体现在：第一，监测的194条入海河流断面中，劣V类水质断面29个，占14.9%，同比

下降 6.1 个百分点；第二，近岸海域优良水质点位比例为 74.6%，同比提升了 6.7 个百分点；第三，管辖海域夏季符合一类海水水质面积同比增加约 2 万平方千米，劣四类海水海域面积同比减少 450 平方千米；第四，赤潮发现次数和累计面积均较上年大幅减少。这与近年来党和国家对海洋生态环境保护工作的重视以及采取的有效举措是密不可分的。

但是，我们也看到，辽东湾、渤海湾等局部海域污染依然突出，典型海洋生态系统健康状况改善不明显。总体来看，海洋生态环境治理工作仍然不容松懈，还要付出艰辛努力。

谢谢！

全国空气质量已连续五年持续改善，拉长一点时间看，京津冀、汾渭平原都在改善

北京晚报记者：前段时间有外媒报道，虽然近年来北京市空气质量出现改善趋势，但周边省份 $PM_{2.5}$ 浓度仍然较高，中国改善空气质量主要靠将污染源从城市群转移到周边欠发达地区，实现大城市空气质量好转。请问生态环境部对此怎么看？

柏仇勇：谢谢提问。前段时间，生态环境部发布了今年 1—4 月全国环境空气质量状况，部分地区环境空气质量出现反弹。刚才这位记者说北京市空气质量在改善，其他地方有弱化，我想在这里澄清一下，我用几个数字把有关方面的情况来客观反映一下。

党中央、国务院高度重视大气污染防治工作，在全国上下的共同努

力下，全国空气质量已连续五年持续改善，北京市改善幅度更大。这说明我们大气污染防治工作的方向是正确的，措施是得力的，成效是显著的。

这位记者提到，北京市空气质量改善了，周边是不是弱化了，我拿1—4月作为例子说明一下。就全国而言，2019年1—4月全国337个地级及以上城市中，平均优良天数比例为79.9%，同比上升1.9个百分点；102个城市环境空气质量达标，同比增加25个。PM_{10}、臭氧、二氧化硫浓度较去年同期呈下降态势，$PM_{2.5}$、二氧化氮、一氧化碳浓度较去年同期持平。

在部分区域由于污染物排放、区域传输影响和气象条件等多种原因，每年年初和年末往往是空气质量最差的时段。2019年1—4月，京津冀及其周边地区"2+26"城市、汾渭平原11个城市的$PM_{2.5}$平均浓度同比分别上升8.0%、7.8%，重度及以上污染天数比例同比分别上升2.7个百分点、4.7个百分点，优良天数比例同比分别上升0.1个百分点、1.0个百分点。

从这两组数字来看，这些区域的"好天"同比增多，重污染天气也同比有所增多，这两个现象同时存在，因此不能简单地下结论，说空气环境质量好了，或者坏了。更不能简单下结论说北京市空气质量好了，把污染企业搬到周边地区去了。因为时间有点短，数据有升、有降，属于正常波动。同时，拉长一点时间看，京津冀、汾渭平原都在改善，北京市改善幅度更大。2018年京津冀、汾渭平原$PM_{2.5}$平均浓度比2017年分别下降11.8%和10.8%，优良天数比例比2017年分别上升1.2个百分点和2.2个百分点。

总体来看，当前，我国大气环境质量还处于"气象影响型"阶段，大气污染治理仍在"爬坡过坎"，大气质量改善的艰巨性、复杂性和长期性没有改变，稍有松懈就可能出现反复。下一步，我们要按照党中央、国

务院的部署要求，认真落实《打赢蓝天保卫战三年行动计划》，力争圆满
完成污染防治攻坚目标，让人民群众享受越来越多的蓝天白云。谢谢。

■ 进一步完善特征污染物的环境质量评价方法

南方都市报记者：一些环境突发事件发生后，环境应急监测工作是
如何开展的？我们发现突发事件最初公布的数据常常是六项空气指标，对
于特征污染物的监测工作滞后。请问下一步是否会对环境应急监测工作进
行优化和改进？

柏仇勇：这个问题请中国环境监测总站副站长刘廷良来回答。

中国环境监测总站副站长刘廷良

刘廷良：谢谢记者提问。我就拿两个月前发生的响水事故来说，当时现场我也去了。爆炸发生之后，生态环境部根据事故级别及时启动了应急预案，翟青副部长带领应急中心、中国环境监测总站等单位同志直奔现场，查看现场情况，连夜安排点位部署等。每次应急监测都跟打仗一样，时间紧、任务重、要求高。

我们先将江苏省内的监测力量调动起来，同时从全国调动力量做好支援准备工作，再补充一些第三方检测机构做一些辅助监测，通过协调，使得这个工作有序开展。

应该说每次应急监测工作，前三天监测人员很少睡觉。先要摸清污染物种类。我们要查阅各种资料、标准，筛选出可能的特征污染物信息，最后再结合现场排查和监测情况确定特征污染物。

我国在环境空气的自动监测能力方面有跨越式的发展，建立了比较完善的环境空气自动监测网。大家都知道，如果发生爆炸燃烧污染，一般就会有 $PM_{2.5}$、二氧化硫、氮氧化物等污染物浓度升高。响水事故早期，氮氧化物、二氧化碳、二氧化硫就有超标现象，这是一个基本参数，因此可以第一时间向公众发布实时数据。

但是对于特征污染物，因为我们要进行排查，需要用各种仪器设备到实验室做检测。从采样到实验室，加上大型仪器分析，需要时间比较长，特征污染物信息发布往往比较滞后。有一些特征污染物还缺乏现场的便捷快速监测方法，也造成特征污染物比常规的六项指标信息发布滞后，希望大家理解。

另外，评价跟感受可能有差异的原因是特征污染物的评价标准还不太完善，许多特征污染物目前没有专门的环境质量标准，比如只有车间排放标准等，可能这个评价也带来一些跟感受不一致的地方。

生态环境部非常重视加强改进应急监测工作，2018年已经发布了文件，要求地方提升环境应急监测能力，文件既对硬件有要求，也对软件有要求。我们知道应急监测一定要靠平时的积累、平时的演练、平时的预案准备。因此，我们要求，一是定期开展演练、演习，如果不演练、不演习，真正发生污染事故，现场会比较乱，肯定无法及时提供数据。二是要求化工园区安装监测预警系统，一旦发生泄漏或者污染事故及时报警，有针对性地及时处理、处置。三是进一步完善特征污染物的环境质量评价方法，借鉴国外的环境质量标准，制定符合我国实际的环境质量标准，这样一旦发生污染事故，评价就有标准可依。四是加快推进现场监测方法的出台，我们今年已经开始启动了现场监测方法标准体系的建设工作，经过验证，方法成熟可靠的，尽快转化成标准，为现场监测提供支持。

第一季度进口固体废物343万吨，同比减少37.6%

路透社记者：请问"洋垃圾"禁令进展成效如何？另外，新的一批限制进口的固体废物要在7月1日开始实施。据了解，到现在为止，从事相关固体废物进口和加工的企业商还没有收到新的进口许可和相关配额，导致国内外市场情绪非常紧张。请问目前生态环境部和各地省厅收到的进口申请情况如何？通过审核的申请者预计会在什么时候答复？

刘友宾：2019年以来，生态环境部会同海关总署等有关部门继续坚定不移地落实禁止洋垃圾进口这一生态文明建设的标志性举措，平稳有序推进各项改革工作。2019年第一季度进口固体废物343万吨，同比减少37.6%，其中，限制进口类固体废物进口量为271.5万吨，同比减少38.5%。我们主要开展了以下工作：

一是积极推动《固体废物污染环境防治法》修订，力争法律早日修订出台，为全面禁止洋垃圾入境、推进固体废物进口管理制度改革提供坚实的法律保障。

二是推动国际公约对塑料废物管控。2019年5月，在《巴塞尔公约》第14次缔约方大会上积极倡议全面管控塑料废物的越境转移。在我国代表团的坚持和努力下，"缔约方可采取更严格要求""进口塑料废物可参照执行相关国际和国家技术文件"等写入《巴塞尔公约》附件，即各缔约方有权根据自身情况确定是否禁止进口此类废物。

三是加强对固体废物加工利用企业的环境监管。5月15—24日，生态环境部对进口铜废碎料、铝废碎料和废钢铁等非限类固体废物的加工利用企业环境违法问题进行监督检查，对存在环境违法问题受到行政处罚的企业，将依法、依规不予受理其进口固体废物申请。

四是稳妥做好下半年进口许可证审批发放工作。2018年12月，生态环境部会同有关部门调整《进口废物管理目录》，将废钢铁、铜废碎料、铝废碎料等8个品种固体废物从非限制进口类调入限制进口类，自今年7月1日起执行。

2019年4月下旬，已通过省级生态环境部门和有关行业协会通知有关企业，5月起即可向所在地省级生态环境部门提交进口废金属申请。对于符合许可条件的申请，生态环境部将加快审批节奏，力争 6 月底前审批发放下半年第一批废金属进口相关许可证。目前各项准备工作均已就绪，审批工作平稳有序推进。

长江经济带Ⅰ～Ⅲ类水比例为 81.2 ％，同比上升 8.7 个百分点

澎湃新闻记者：请问目前长江经济带水质状况如何？哪项水质指标问题比较突出？监测工作在支撑长江保护修复攻坚战上有什么举措？如何发挥考核倒逼作用？

柏仇勇：谢谢你的提问。推动长江经济带发展是党中央做出的重大决策，是关系国家发展全局的重大战略。生态环境部高度重视长江经济带生态环境保护工作，会同国家发展改革委制订了《长江保护修复攻坚战行动计划》，推动长江水环境质量持续改善。

长江经济带共设置了 943 个地表水国控断面。监测表明，2018 年长江经济带水质良好，Ⅰ～Ⅲ类水质断面占 79.3%，同比提高 5.4 个百分点；劣Ⅴ类占 1.9%，同比降低 1.1 个百分点。2019 年 1—4 月，长江经济带水质良好，Ⅰ～Ⅲ类比例为 81.2 ％，同比上升 8.7 个百分点；劣Ⅴ类比例为 1.3 ％，同比下降 2.2 个百分点。长江经济带地表水环境质量总体优于全国平均水平，且呈好转趋势。

为了更好地支撑长江保护修复攻坚战，我们正在全力推进长江经济带三个方面的生态环境监测工作。一是组织开展长江流域水环境质量监测

预警工作。印发实施《长江流域水环境质量监测预警办法（试行）》，每月发布环境质量报告，每季度通报预警信息，落实地方政府水环境保护责任。2018年11月，生态环境部和推动长江经济带发展领导小组办公室联合在成都市召开推进会，推动开展长江流域水环境质量预警工作。二是加快推进长江经济带水质自动监测能力建设。为提升水质监测预警能力，厘清各方水污染防治责任，按照长江经济带省、市、县三级跨界责任断面自动监测全覆盖的要求，新增了780个断面，本着"应建则建、能建即建"的原则，对668个跨界责任断面开展水质自动站建设或改造升级。三是启动长江干流生态环境无人机遥感调查。对长江干流及重要湖泊排污口全面调查，建立问题清单，综合分析生态环境状况变化。

我们重点做好以上几方面的工作，为长江修复保护攻坚战提供了强有力的支撑。同时，生态环境部已经提出到2020年年底前力争实现长江流域国控断面消灭劣Ⅴ类的目标，目前一系列工作都在有序推进，谢谢大家。

将始终保持对企业违法生产 ODS 的高压打击态势

南华早报记者：我们注意到，近期《自然》杂志发布研究报告称，中国东部地区 CFC-11 排放量上升。请问生态环境部如何看待此结论？下一步有何举措？

刘友宾：谢谢您所提的问题。我们也注意到《自然》杂志的最新文章。非常感谢国际科学家们对三氯一氟甲烷（CFC-11）等《蒙特利尔议定书》受控物质进行长期监测，及时提醒缔约方在履约过程中发现问题、采取措施。

中国于1989年9月加入《保护臭氧层维也纳公约》，1991年6月加入《蒙特利尔议定书》。作为发展中大国，中国高度重视并认真履行国际环境公约，承担公约责任，履行公约义务。经过近30年的不懈努力，如期实现了《蒙特利尔议定书》规定的各阶段履约目标。截至目前，累计淘汰消耗臭氧层物质（ODS）约28万吨，占发展中国家淘汰量的一半以上。

自2018年5月《自然》发表文章指出CFC-11全球排放意外持续增长以来，中国和其他缔约方国家一样对此问题高度重视。今年3月，生态环境部邀请了多个缔约方、有关国际机构代表以及国内外专家代表包括《自然》文章作者，召开了《蒙特利尔议定书》履约能力建设交流国际研讨会。参会代表就全球CFC-11意外排放来源的科学研究、履约监督管理等展开深入讨论和交流，使国际社会进一步了解中国认真履约的努力和坚定决心。

《自然》杂志社5月22日文章发表后，引起各方关注。我们也注意到有专家指出，文章在研究方法和精度上有较大的不确定性，对通过推测得出的排放量和排放源位置等重要结论值得商榷。从前期我们的调查情况来看，中国尚未发现大规模违法使用CFC-11作为发泡剂的情况。中国聚氨酯泡沫行业协会通过对泡沫产品生产情况、各类发泡剂使用情况的市场应用分析，也不支持文章的结论。所以，我们期待科学家们，也愿意积极协助科学家们，对CFC-11的意外排放原因进行更加深入、全面的研究工作。

目前，我们正在进一步强化相关工作：

一是完善法律法规，提高法律震慑力。组织推动修订《消耗臭氧层物质管理条例》，进一步完善惩治ODS非法生产、使用、销售和进出口的法律责任条款，加大对非法行为的处罚力度，提高法律震慑力。

二是继续加大履约监管能力建设，加强监测能力。科学技术部在国家重点研发计划中发布了有关《蒙特利尔议定书》消耗臭氧层物质（ODS）相关内容的项目研究指南，将对 ODS 中长期常规监测、预测预警、减排成效评估等开展研究。2019 年年底前将建成 6 个 ODS 产品检测实验室，检测对象包括泡沫制品、发泡剂等，2020 年投入使用，为加强履约执法及时提供技术保障。

三是对于非法生产 CFC-11 的原料四氯化碳，实施更加严格的管控，对相关行业安装自动在线监控装置，实行生产工艺和产品去向全过程监管。此项工作预计年底前能够全部完成。

四是继续指导各地加大日常执法监管工作力度，有关执法和案件情况在此前的发布会上进行了通报。生态环境部将继续组织对重点区域开展突击性的执法检查，始终保持打击企业非法行为的高压态势。

五是广泛收集线索，鼓励公众通过举报平台反映举报相关企业违法信息，对企业违法生产 ODS 的行为，发现一起，严厉打击一起。同时，发挥好行业团体作用，通过组织有奖举报，强化行业自律和自我管理，协助政府部门共同做好打击涉 ODS 领域违法工作。

将研究制定起草"生态环境监测条例"，加强对生态环境监测机构的监督管理

新京报记者：2018 年生态环境部开展生态环境监测质量监督检查专项行动，将用三年的时间对监测机构、排污单位、运维机构的监测数据质

量进行检查。请问行动进展如何？发现了哪些问题？如何确保第三方监测数据准确、真实？

柏仇勇：谢谢提问。随着经济社会的发展，人们对良好生态环境的需求和对生态环境监测的需要都日益高涨，我们监测机构也如雨后春笋般发展壮大，监测产业也迅速发展。监测市场的繁荣促进了监测事业发展。2015 年《生态环境监测网络建设方案》和 2017 年《关于深化环境监测改革提高环境监测数据质量的意见》两个中央全面深化改革领导小组审议通过的监测改革的文件，都明确要求加强对生态环境监测机构的监督管理。

为此，我们先后出台了三个文件，开展了三个专项行动，下一步我们还将做好两件事，具体如下。

第一，出台三个文件。2018 年，生态环境部印发了《生态环境监测监督检查三年行动计划（2018—2020 年）》，我们还先后会同国家市场监管总局出台了《关于加强生态环境监测机构监督管理工作的通知》《检验检测机构资质认定生态环境监测机构评审补充要求》两个文件，为规范监测市场健康有序发展提供了制度保障。

第二，开展三个专项行动。生态环境部去年分别对三种不同类型的生态环境监测机构组织开展了专项行动：一是联合国家市场监管总局对生态环境监测机构进行了专项检查；二是对排污单位自行监测开展了专项检查；三是对自动监测运维单位的运维质量进行了专项检查。这三项检查应该说起到了应有的效果，总体而言，社会环境监测机构的能力、水平、条件、监测的结果是基本可信的，但是也存在一些问题。

举一个例子，2018 年，生态环境部联合国家市场监管总局对各省开展了两个层次的检查，第一个层次是国家级检查，第二个层次是省市两级的联动检查。各省（市）全面开展了自查。国家共对12个省、109家机构进行了检查，发现有10个机构涉嫌数据弄虚作假或数据失实，分别受到当地市场监管部门和生态环境部门的联合惩处。

第三，下一步还将做好两件事。第一件事，今年我们六个部委联合开展生态环境监测技术大比武，通过监测技术大比武提高各级、各类机构的业务能力和技术水平。因为提高数据质量的核心是依靠各级监测机构建立健全内部的质量管理体系，这是核心。外部检查主要起警示、威慑作用。我们通过技术大比武，整体提升监测系统、监测队伍的技术能力，从根本上保证监测数据的质量。

第二件事，我们将研究制定起草"生态环境监测条例"，通过条例的制定，进一步明确生态环境监测的法律地位和作用，明确各级、各类生态环境监测机构的权利与义务，同时也进一步强化各级生态环境监测机构的法律责任。从以上两个方面来加强对社会监测机构的监管，既培育好监测市场，又规范好监测市场，谢谢。

"装、树、联"已覆盖全国353家投入运行的垃圾焚烧厂

中国日报记者： 去年7月有环保组织发布报告称，全国在运行的垃圾焚烧厂中，有四成未在网上公开环境信息。请问目前全国垃圾焚烧厂信息公开情况如何？生态环境部如何推动垃圾焚烧厂信息公开工作？

柏仇勇：谢谢这位记者的提问，我简单介绍一些相关情况。

大家知道，垃圾处理关系千家万户，影响世界各国，包括刚才提到的洋垃圾进口的问题。我理解，垃圾处置分为四个阶段，第一个阶段是自然利用排放处置阶段。在这个阶段垃圾不是问题，自然排放，自然综合利用，自然分解处置。第二阶段是集中填埋处置阶段。第三个阶段是收集焚烧处置阶段。第四个阶段是综合利用处置阶段，以综合利用为主，实现资源化、减量化、无害化。我认为，我国现在主要处在第二和第三阶段，主要是集中填埋和垃圾焚烧处置，而国外主要是第三和第四阶段，焚烧处置和分类收集、综合处理。

有种说法，国外正在关停垃圾焚烧厂，我们中国正在大量新建垃圾焚烧厂，而且把国外淘汰的技术引进到中国来。我认为这是一个误区，刚才我已经讲了几个阶段的问题，在目前的阶段，我们中国还是需要大力新建垃圾焚烧厂。

总体来看，中国垃圾焚烧厂采用的工艺以及排放标准都跟国际接轨，甚至有一些工艺、设备、标准达到国际先进水平。我们需要加强的是垃圾焚烧厂的日常运行和监督管理工作。生态环境部高度重视垃圾焚烧厂的规范化整治，近年来采取了一系列措施，大力推进实施垃圾焚烧厂的全面稳定达标排放，以消除公众的疑虑和恐慌。实际上，垃圾焚烧厂完全能够做到与周边百姓、周边环境和谐相处。

为推进垃圾焚烧厂监测和信息公开，我们主要做了以下工作：

第一，实施"装、树、联"，推动污染治理。截至目前，"装、树、联"已覆盖全国 353 家投入运行的垃圾焚烧厂。上个月新闻发布会已经说过了，我不再赘述。

第二，规范垃圾焚烧厂企业自行监测，加强企业信息公开与社会监督。我们明确要求垃圾焚烧企业全部开展"5+1"监测，即常规五参数，再加上一个温度。同时要求垃圾焚烧厂一年至少开展一次全指标自行监测。目前，我们正在制定"自行监测技术指南　固体废物焚烧"，力争今年能够出台。我们要求企业全面公开自行监测信息，公开方式可以是网上公开，也可以是电子屏等形式公开。对垃圾焚烧厂实施排污许可证管理以后，将实现垃圾焚烧厂按排污许可证要求的信息全公开，进一步加大信息公开力度。

第三，开展定期监督监测，加强对垃圾焚烧厂的执法监管。从2017年开始，我部就把垃圾焚烧厂集中规范化整治和处置作为一个优先、重点抓的行业。李干杰部长强调要解决"垃圾围城"，解决"邻避效应"，我们通过加强监测监管，加大执法力度来推动解决"垃圾围城"和"邻避效应"的问题。

这几年，我们的垃圾焚烧厂总体规范处置排放，是能够基本实现达标排放要求的。谢谢大家。

刘友宾：为进一步推进固体废物源头减量和资源化利用，推动形成绿色发展方式和生活方式，国务院印发了《"无废城市"建设试点工作方案》，生态环境部启动"无废城市"建设试点工作，努力形成可复制、可推广的模式，从根本上解决垃圾处理面临的环境问题，建设更加宜居的美丽家园。

主持人刘友宾：今天的发布会到此结束，谢谢。

6月例行新闻发布会实录

2019年6月28日

　　6月28日，生态环境部举行6月例行新闻发布会。生态环境部环境影响评价与排放管理司司长刘志全介绍了深化环境影响评价"放管服"改革、"三线一单"编制实施和推动建立覆盖所有固定污染源的排污许可制度三个方面有关情况。生态环境部新闻发言人刘友宾主持发布会，通报近期生态环境保护重点工作进展，并共同回答了记者关注的问题。

6月例行新闻发布会现场（1）

重点工作

↗ 开展"不忘初心、牢记使命"主题教育

↗ 第一阶段统筹强化监督工作取得积极成效

↗ 排污口排查整治工作有序推进

6月例行新闻发布会现场（2）

主持人刘友宾：新闻界的朋友们，上午好！欢迎参加生态环境部6月例行新闻发布会。

环境影响评价是从源头防治环境污染和生态破坏的重要环境管理手段。在去年机构改革中，生态环境部设立环境影响评价与排放管理司，承担规划环境影响评价、政策环境影响评价、项目环境影响评价以及排污许可综合协调和管理工作。今天的新闻发布会，我们邀请到环境影响评价与排放管理司刘志全司长介绍有关情况，并回答大家关心的问题。

下面，我先通报三项生态环境部近期的工作。

一、开展"不忘初心、牢记使命"主题教育

5月31日，"不忘初心、牢记使命"主题教育工作会议在京召开。习近平总书记出席会议并发表重要讲话，深刻阐述了开展主题教育的重大意义，对开展主题教育提出了明确要求。生态环境部认真贯彻落实，积极开展"不忘初心、牢记使命"主题教育。

5月31日晚，生态环境部党组书记、部长李干杰主持召开部党组（扩大）会议，传达学习习近平总书记在"不忘初心、牢记使命"主题教育工作会议上的重要讲话和会议精神，要求扎实推进主题教育，确保取得预期效果。

6月10日，生态环境部召开"不忘初心、牢记使命"主题教育动员会。李干杰部长出席会议并做动员讲话，强调要自觉把思想和认识统一到习近平总书记重要讲话精神上来，推动"不忘初心、牢记使命"主题教育抓实、抓好、抓出成效。中央第24指导组组长宋秀岩出席会议并作指导讲话，要求把深入学习贯彻习近平新时代中国特色社会主义思想这一根本任务作

为最突出的主线，落实到主题教育全过程的各方面。

6月12日，生态环境部召开部党组（扩大）会议，审议通过《生态环境部开展"不忘初心、牢记使命"主题教育的实施方案》。按照主题教育工作安排，生态环境部近期还举行了陈奔烈士先进事迹报告会和廉政警示教育、生态环境部领导班子成员和机关司局级干部集体参观"复兴之路"大型主题展览、领导干部深入开展调研等活动。6月24—28日，生态环境部正在举办"不忘初心、牢记使命"主题教育集中学习研讨班，部领导班子和各司局主要负责同志进行深入学习和集中研讨交流。

下一步，生态环境部将进一步贯彻落实习近平总书记在"不忘初心、牢记使命"主题教育工作会议上的重要讲话，牢牢把握"守初心、担使命，找差距、抓落实"这个总要求，把学习教育、调查研究、检视问题、整改落实贯穿主题教育全过程，确保主题教育取得实实在在的成果。

二、第一阶段统筹强化监督工作取得积极成效

2019年5月15—24日，生态环境部组织开展第一阶段统筹强化监督工作，聚焦污染防治攻坚战重点任务开展现场监督，将城市黑臭水体治理、水源地保护、"清废"行动、打击洋垃圾进口、长江"三磷"整治、《斯德哥尔摩公约》和《关于汞的水俣公约》履约抽查、群众信访线索现场核查7个专项任务纳入统筹，共组成25个省工作组92个现场组，现场核查25个省份251个地市625个县（区）3 804个点位，共发现各类问题5 206个。具体情况如下：

一是水源地专项。对长江经济带以外13个省份120个地市476个县

（区）的 754 个县级水源地逐一现场排查，共核查"清单内"问题 3 029 个，已完成整治 1 744 个，新发现清单外问题 264 个。

二是黑臭水体专项。对 13 个省份 116 个城市 1 138 个黑臭水体整治情况开展了现场核查，发现 362 个黑臭水体 829 个问题，其中 38 个城市黑臭水体消除比例低于 80%。

三是"清废"专项。对"清废 2018"中除挂牌督办的 6 个重点问题逐一现场核查，对其他 1 302 个问题按 5% 的比例（共 65 个）进行"回头看"抽查，共发现 8 个问题，占比为 11.3%。

四是洋垃圾专项。全面完成了 352 家固体废物加工利用企业现场检查工作，涉及 8 个品种固体废物，共发现 35 家企业存在 79 个环境违法问题，环境违法率为 10%。

五是"三磷"专项。共抽查 5 个省份 15 家"三磷"企业（矿、库）环境守法情况，发现 11 家企业存在 21 个环境问题。

六是履约专项。对 7 个省份 15 个地市 24 家生产或使用持久性有机污染物或汞的企业开展检查，未发现违反公约问题。

七是信访专项。现场核查 1 058 个群众信访投诉线索，属实或部分属实问题 784 个，信访属实率为 74.1%。在 784 个举报问题中，有 462 个问题已解决，占总数的 58.9%；但仍有 322 个信访问题尚未得到有效解决。

总体来看，各地对生态环境保护的认识在不断提高，环境治理的力度在不断加大，但存在的问题依然不容忽视。

下一步，生态环境部将对第一阶段统筹强化监督发现的 5 206 个问题逐一拉条挂账、移交地方、紧盯解决，推动中央决策部署落实到位。今年

9—10月，生态环境部将组织开展第二阶段统筹强化监督工作，对各地整改情况逐一核查，督促每一个问题都得到有效解决，努力增强人民群众的环境获得感。

三、排污口排查整治工作有序推进

为打好渤海综合治理攻坚战和长江保护修复攻坚战，生态环境部于今年1月、2月分别开展渤海入海排污口和长江入河排污口排查整治工作，采取"试点先行与全面铺开相结合"的方式，计划利用两年时间完成"查、测、溯、治"4项任务。今年的主要任务是"查"，要通过试点工作，形成排查的模式方法，把向渤海和长江排污的所有"口子""查清楚""数明白"。

经过近半年的努力，试点工作取得积极成效，试点排查任务基本完成。生态环境部会同相关地方在充分调研的基础上，全面清查向渤海和长江排污的"口子"，综合运用了卫星遥感、无人机、无人船、声呐、红外等技术手段，对试点地区160多千米岸线、约800平方千米区域范围实现排查全覆盖，并对近400个点位、1400多个样品进行取样监测，初步形成试点地区入河（海）排污口台账。目前正在进行进一步分类核查统计。

通过试点工作，验证了无人机航测、人工核查、难点攻坚等三级排查体系总体可行，建立了排污口"交办给政府、落实到河长"的排查整治责任机制，先后制定了资料整合、排查指南、信息台账等一系列技术规范，初步形成一整套可复制、可借鉴、可推广的程序方法和工作模式，为全面推进入海排污口排查整治工作奠定了较好的基础。

借鉴试点排查的模式做法，生态环境部于6月24日起，组织开展了天津（滨海新区）、唐山、大连、烟台4市入海排污口现场排查工作。在4市无人机航测的基础上，生态环境部组织260个现场组，对1 700千米的海岸线进行拉网式排查，实现"有口皆查、应查尽查"的目标。同时，环渤海、长江其他地区都在抓紧行动，有序推进基础资料整合分析、无人机航测等任务。

下一步，生态环境部将组织对各地航测结果进行统一解译，并有序完成环渤海其他9个城市和长江经济带其他62个城市的现场排查，全面掌握渤海入海和长江入河排污口情况，为渤海和长江生态环境质量改善提供坚强保障。

下面，请刘志全司长介绍情况。

生态环境部环境影响评价与排放管理司司长刘志全

"三线一单"编制完成省级试点，推进排污许可证全覆盖

刘志全：感谢主持人。新闻界的朋友，大家上午好！我代表环境影响评价与排放管理司，对大家长期以来对环评与排污许可工作的关心和支持表示衷心的感谢！

大家注意到，自去年生态环境部机构改革以后，环评司的名字发生了变化，从环境影响评价司变为环境影响评价与排放管理司，名称的变化反映了职责的整合和管理思路的调整。就是要根据党中央、国务院相关改革精神和部党组部署，从过去以项目准入为主的管理向既抓宏观又抓微观的全流程管理转变，逐步构建起"三线一单"为空间管控基础、项目环评为环境准入把关、排污许可为企业运行守法依据的管理新框架，深化整个环评与排污许可体制机制建设。

今天，我就重点从"三线一单"编制实施、深化环评"放管服"改革、推动建立覆盖所有固定污染源的排污许可制度这三个方面，介绍有关工作进展和成效。

第一，推进"三线一单"编制实施，积极参与综合决策。编制实施"三线一单"是践行习近平生态文明思想的具体举措，是全国生态环境保护大会部署的重点任务，生态环境部高度重视、全力推进，取得了阶段性进展。

一是加强顶层设计，基本建立"三线一单"管理和技术体系。在管理层面，发布实施了《区域空间生态环境评价工作实施方案》《长江经济带战略环境评价"三线一单"编制工作实施方案》，确立了先试点、后推进、

边实践、边应用的工作思路，明确了国家指导、省为主体、地市参与的工作模式，建立了国家对地方对口指导机制和技术专家责任制，各省（自治区、直辖市）成立了省级政府领导为组长、各部门分工协作的协调小组机制，保障了各项工作积极有序推进。在技术层面，发布《"生态保护红线、环境质量底线、资源利用上线和环境准入负面清单"编制技术指南（试行）》以及准入清单编制、技术审核、技术要求、制图规范等10余项技术文件，技术框架体系基本建立。在法治层面，地方也在同步强化"三线一单"管控效力，天津市、贵州省通过修订生态环境保护条例，首次明确了"三线一单"的法律地位，四川等省也在积极推进"三线一单"入法。

二是完成省级试点，近期将发布长江经济带11个省（市）及青海省"三线一单"成果。各省（市）均已完成成果初审，在修改完善的基础上，近期将完成省（市）内审核完善工作并报送生态环境部，今年下半年将陆续发布。6月26日，贵州省人民政府已召开专题会议审议通过了"三线一单"成果。初步成果显示，12个省（市）在"三线"分析的基础上，综合叠加生态、水、大气和土壤等要素管控分区和行政区域、工业园区、城镇规划边界等，统筹划定了优先、重点和一般三类环境管控单元，共划分综合管控单元1万多个，重点地区空间管控精度达到乡镇及园区级别。针对管控单元，各省（市）总体采用结构化的清单模式，从省域、区域、市域不同层级，对环境管控单元提出了具体生态环境准入要求。各省（市）在"三线一单"编制中同步探索落实途径，不少阶段性成果已经在地方综合决策、区域规划、项目准入等方面得到积极应用。其他19个省（自治区、直辖市）和新疆生产建设兵团"三线一单"编制已经全面启动，预计2019年年底可基本完成初步成果，2020 年发布实施。

第二，深化"放管服"改革，协同推进经济高质量发展和生态环境高水平保护。深化"放管服"改革是党中央、国务院的重大决策部署，生态环境部勇于简政放权、切实强化监管、持续优化服务，改革力度和效果较为显著。

一是简政放权，再减少一个审批事项，再下放 9 类项目审批权限。通过修改《环境影响评价法》（2018 年修正）取消了环评机构资质许可，至此环评领域原来 5 项行政审批中，只保留了建设项目环评审批 1 项。修订由生态环境部审批环评的建设项目目录，进一步下放运输机场等 9 类项目审批权限。今年第一季度全国审批项目环评 4.6 万个，备案 18.9 万个，80% 以上无须审批。截至今年 6 月 27 日，全国审批环评报告书（表）9.7 万个，备案环评登记表 50.1 万个。

二是放管结合，探索监管新思路、新手段。环评资质取消后，及时发布公告对过渡期内相关要求做出暂行规定，目前正在制定新的建设项目环境影响报告书（表）编制监督管理办法，建立以信用监管为手段的新型监管机制。推进"互联网＋监管"工作，全国排污许可证在同一个平台核发和监管，推进全国环评在同一平台申报和审批的试点工作，提升智能化监管水平。

三是优化审批服务，提升获得感、满意度。建立并动态调度重大项目环评服务台账，与相关部委和地方建立协作机制，对基础设施等项目，提前介入，超前服务，开通绿色通道，生态环境部审批时间已压缩至法定时限的一半，今年第一季度地方报告书、报告表的平均审批时间已分别压缩至 22 天和 13 天。推进"互联网＋政务服务"，下一步，生态环境部将按照 6 月 25 日国务院深化"放管服"改革优化营商环境电视电话会议精神，认真抓好贯彻落实。

第三，聚焦"一证式"管理，推进排污许可证全覆盖。认真贯彻落实党中央、国务院和部党组部署，不断完善排污许可制法律法规、管理和技术体系。

一是建立健全排污许可法规制度体系。完成《排污许可管理条例》起草，已按程序报送审查。发布《排污许可管理办法（试行）》《固定污染源排污许可分类管理名录》两个部令，规范排污许可证申请、核发和监管；发布 40 项申请与核发技术规范，基本建立了技术支撑体系。

二是组织开展固定污染源清理整顿试点。坚决贯彻落实两个"两步走"原则（先试点再推开、先发证再整改），在京津冀及周边地区、汾渭平原等 8 个省（市）开展 24 个已核发行业的清理整顿工作试点，通过"摸、排、分、清"4 项重点任务进行全面清理，摸排发现"应发未发"的企业数量占过去已发证企业数量的近三成，对这类尚未纳入排污许可管理的企业实施分类处置，推动解决历史遗留问题，实现"核发一个行业、清理一个行业、规范一个行业、达标一个行业"。

三是组织完成阶段性核发任务。按时序进度要求完成 24 个行业排污许可证核发，截至 6 月 27 日共发证 50 894 张，登记企业排污信息 3.8 万余家。提前一年完成《城市黑臭水体治理攻坚战实施方案》提出的 36 个重点城市建成区污水处理厂核发任务，助力长江保护修复攻坚战。

四是开展排污许可证后监管。今年，生态环境部发布《关于在京津冀及周边地区、汾渭平原强化监督工作中加强排污许可执法监管的通知》，将排污许可证执行情况纳入相关重点区域强化监督定点帮扶工作，监管执法得到显著强化。

下面，我愿意回答大家关心的问题。谢谢各位！

主持人刘友宾：下面，请大家提问。

创新理念、创新管理、创新手段，确保改革举措落地生根

中央广播电视总台央视记者：请问环评领域"放管服"工作进展情况如何，取得哪些成效？有人担心，"放管服"改革将使地方陷入"放不开""管不住"的尴尬处境，请问"放管服"改革存在哪些短板和问题？将如何解决？

刘志全：深化"放管服"改革是党中央、国务院做出的重大决策部署。6月25日，国务院召开了全国深化"放管服"改革优化营商环境电视电话会议，李克强总理发表重要讲话，部署当前和今后一个时期"放管服"改革的重点工作，生态环境部将认真贯彻落实。对生态环境领域而言，"放管服"改革是新时代推动经济高质量发展的内在要求，是打好污染防治攻坚战的重要保障，是推进生态环境治理体系和治理能力现代化的战略举措，生态环境部高度重视，优化顶层设计、推进全系统落实。

去年以来，生态环境部制定实施《关于生态环境领域进一步深化"放管服"改革、推动经济高质量发展的指导意见》，李干杰部长召开视频会议在全系统进行了动员和部署，会议一直开到基层。目前，生态环境领域

"放管服"改革全面推进，市场主体的获得感和满意度有了进一步提高。这里面，既有简政放权、放管结合的内容，也有依法严格执法、又坚决反对"一刀切"的内容。在环评审批方面，可以从三个方面说明改革进展和成效。

第一，"放"的方面。一是"砍"审批事项，环评涉及的5项行政许可，已经依法取消了部门预审、试生产审批、竣工环保验收许可、环评机构资质许可4项，仅保留1项，即建设项目环评审批。二是减审批数量，两次修改环评分类名录，将登记表由审批改为告知性备案，去年全国审批项目环评22.1万个，备案登记表项目环评98.2万个，网上备案仅需10分钟办结。修改生态环境部审批的建设项目目录，下放了运输机场等9类项目的环评审批权。三是压审批时间，平均审批时间已缩短至法定审批时限的一半左右。

第二，"管"的方面。一是加强"三线一单"宏观管控，加强区域、流域规划环评管理，强化对项目环评的指导和约束。二是出台有关建设项目环评事中事后监管办法和指导意见，对未批先建等违法行为加强监管执法。三是加大对环评文件质量的监督检查，2018年生态环境部抽查了535个环评文件，处理了存在重大质量问题的31个单位和76名环评工程师。四是完成了全国环评管理检查指导，加强对地方的指导帮扶和督促监管。

第三，"服"的方面。一是加快出台技术规范标准，包括40多项审批原则、重大变动清单等，并修订了一批环评技术导则，简化不必要的技术内容。二是建立了与相关部门协同推进环评工作的机制，制定了重大项目环评审批服务三本台账，提前做好指导服务。三是推进在线审批和一网通办，方便企业、群众办事。

今年以来，生态环境部还印发了《生态环境部行政许可标准化指南（2019版）》，规范行政许可行为；印发文件规范环境行政处罚自由裁量权等，以公正执法促进公平竞争；印发《关于支持服务民营企业绿色发展的意见》，在优化服务、助推实体经济发展上继续下功夫。

如您刚才提出的，环评"放管服"改革中还存在一些短板和不足，主要包括：一是一些地方对"放管服"改革认识还不到位，改革主动性不够；二是个别地方改革过犹不及，一味求新求变，以至于违背了环评制度的初衷，削弱了环评源头预防的作用；三是重事前审批轻事中、事后监管，重下放轻监管，并且基层监管能力不足的现象还在一定程度上存在；四是"互联网＋政务服务""最多跑一趟"等信息化支撑工作还需要提速。

针对这些问题，在改革方面，我们将密切关注各地的改革动向，积极做好支持指导。对地方的成功经验，及时总结推广；对一些严重偏离改革方向的行为，及时纠正，避免以改革为名削弱源头预防效力。我们将指导各地，一是立足于发挥环评制度源头预防的作用，谋划改革，用是否有利于改善环境质量来评价改革。二是建立改革举措的跟踪评估和反馈机制，在取得实效的情况下，稳妥推进改革。三是做到放管结合、并重，抓住是否存在未批先建行为、环评文件编制质量、环评要求落实情况等重要环节，加强监管。四是及时总结改革中的经验，对符合改革方向、改革精神的，积极通过国家修法和地方立法等形式加强保障。

在监管方面，我们进一步突出放管结合、并重，加强4个方面的措施落实。一是按照《建设项目环境保护管理条例》中"五个不批"要求，做好项目环评与区域环境质量改善的结合、与规划环评要求的结合，在审批中严格把关、依法审批。二是进一步规范事前审批要求，保障全国用一把尺子审查审批。三是强化事中事后监管，在"互联网＋监管"、后评价管理、区域限批管理等方面继续发力。四是严格环评文件编制质量监管，近期将通报一批存在问题的单位和人员。

总体上，我们将按照"放管服"协同推进的原则，加强改革创新，创新理念、创新管理、创新手段，确保改革举措落地生根，协同推进经济高质量发展和生态环境高水平保护。

对未批先建违法行为"零容忍"，依法严肃查处

北京晚报记者：从中央生态环境保护督察公布的案例来看，未批先建问题在地方是比较普遍的问题，请问生态环境部今后是否会加大对此类问题的查处力度和问责力度？

刘志全：谢谢您的提问。6月27日，在国新办新闻发布会上，翟青副部长对中共中央办公厅、国务院办公厅印发的《中央生态环境保护督察工作规定》有关内容进行了解读，中央生态环境保护督察对未批先建等环境违法行为起到非常大的震慑作用。

第一轮中央生态环境保护督察发现，未批先建的问题在不少地方确实存在，且带有一定的普遍性。督察组以典型案例形式进行了公开，向地方进行了反馈，并转办地方进行了查处，切实发挥了督察警示和震慑作用。

对此类问题，生态环境部历来高度重视，也一直态度鲜明，发现一起，

查处一起，决不姑息。生态环境部将认真贯彻落实习近平生态文明思想，建立源头严防、过程严管、后果严惩的生态文明制度体系。对未批先建在内的各类生态环境违法行为"零容忍"，依法严肃查处。督促各级生态环境部门严格按照《环境保护法》（2014 年修订）和《环境影响评价法》（2018 年修正）规定，对发现的未批先建违法行为，依法进行处理处罚。尤其是新《环境保护法》（2014 年修订）实施后开工的建设项目，建设单位未依法提交建设项目环境影响评价文件或者环境影响评价文件未经批准擅自开工建设的，由负有环境保护监督管理职责的部门责令停止建设，根据违法情节和危害后果，按照《环境影响评价法》（2018 年修正）规定，处建设项目总投资额百分之一以上百分之五以下的罚款，并可以责令恢复原状；对建设单位直接负责的主管人员和其他直接责任人员，依法给予行政处分。对案情重大、影响恶劣的案件，生态环境部将综合实施挂牌督办、约谈问责、环评限批等措施。

今后，查处力度不仅不会减弱，而且会持续加严。即将开展的第二轮中央生态环境保护督察，也会持续关注未批先建等环保问题，始终保持高压态势。

继续推动试点地区清理整顿工作，严格排污许可证后监管执法

每日经济新闻记者：根据国务院印发的《控制污染物排放许可制实施方案》，到 2020 年，完成覆盖所有固定污染源的排污许可证核发工作，

实现"一证式"管理。请问排污许可工作进展情况如何？是否存在"应发未发"等问题？下一步如何解决？

刘志全：谢谢提问。排污许可制实施两年多来，"一证式"管理的理念正在逐步推进，排污许可制度的先进性和生命力开始在实践中得以呈现，取得了积极进展，具体如下。

一是着力构建排污许可法规和技术规范体系。发布《固定污染源排污许可分类管理名录》《排污许可管理办法》两项部门规章，起草《排污许可管理条例（草案）》，推动完善排污许可法规规章体系。同时，发布钢铁、水泥等 40 项排污许可技术规范，初步构建排污许可技术规范体系。

二是全面开展重点行业排污许可证核发工作。刚才已经介绍，截至 6 月 27 日，全国共发放排污许可证近 5.1 万家。

三是组织开展固定污染源排污许可清理整顿试点工作。今年 3 月起，生态环境部组织北京等 8 个省（市）针对火电、造纸等 24 个重点行业开展固定污染源排污许可清理整顿试点，按照部党组要求，通过两个"两步走"，即先试点再推开、先发证再整改，推动实现固定污染源排污许可全覆盖。截至 6 月 20 日，京津冀及周边地区、汾渭平原等重点区域共摸底排查 36 000 多家排污单位，清理出无证排污单位近 2 000 家，做到了应发尽发，不满足发证要求的依法处理处置，目前重点区域已基本完成清理整顿工作。

四是强化固定污染源信息化管理。建成并稳定运行全国排污许可证管理信息平台，承担排污许可证申请、核发和日常监管；指导河北、上海等地开展排污口信息化试点，用二维码记载排污许可、环境监测以及监督执法等信息；启动 8 个省（市）的环评与排污许可信息化衔接试点工作，推动实现环评与排污许可两个环节数据打通。

五是加快推动相关环境管理制度衔接融合。衔接环评和执法，推动形成环评管准入、许可管排污、执法管落实的固定污染源环境管理体系。统筹总量控制制度，为环境税、环境统计等工作提供统一的污染排放数据，减少重复申报，提升管理效能。

同时，工作中发现仍然存在一些问题。一是尚未实现企业全覆盖。8 个清理整顿试点省（市）在过去发证近 1.4 万张，此次清理出无证企业 3 500 多家；重点区域清理整顿前发证 6 800 多张，此次清理出无证企业近 2 000 家，大量应发证企业仍游离于环境监管范围外。这些"漏网企业"对局部环境质量负面影响大，容易形成"破窗效应"，影响污染防治攻坚战的积极成效。二是企业主体责任有待推进落实。很多企业对排污许可制改革认识严重不足，以为拿到证就万事大吉，缺乏依证排污意识，没有按照排污许可证要求开展自行监测、记录、执行报告等方面的工作，责任义务履行不到位。三是地方证后监管能力不足。有些地方没有将排污许可证执法纳入执法计划，有些基层部门技术力量薄弱，有些工作人员对政策、规范掌握不够，理解不透，一定程度上影响了依证执法、按证监管工作的顺利开展。

为了解决上述问题，我们将开展以下工作。

一是继续推动试点地区清理整顿工作，坚决贯彻落实两个"两步走"要求，先试点再推开，总结清理整顿试点地区经验和问题，推广到全国范围以及今后两年其他行业发证工作。先发证再整改，针对未批先建、无总量指标、暂不能达标排放等情形，可在企业做出整改承诺后先发许可证，给予合理过渡期。如果整改期限到了还没整改到位，再采取相应的处罚措施。禁止少报、瞒报、弄虚作假，以及以清理整顿为名搞"一刀切"等两类行为，这周生态环境部领导专门召开电视电话会议对此进行了部署。

二是严格排污许可证后监管执法，继续将排污许可证执行情况纳入强化监督检查内容，督促地方严格排污许可执法监管。继续严厉打击无证排污、不按证排污等违法行为，曝光一批排污许可违法企业，形成严管、重罚的强大震慑，营造良好社会氛围。

三是如期完成排污许可证年度核发工作。今年和明年核发任务较重，我们将结合固定污染源排污许可清理整顿的工作思路，结合排污许可全覆盖的目标，抓紧部署加快排污许可证核发工作，推动地方生态环境部门如期完成核发任务。

四是加快印发十几个行业的排污许可技术规范，配合司法部推动排污许可条例的出台。

大气污染治理既要"冬练三九"又要"夏练三伏"

华夏时报记者：我们注意到，去年攻坚行动目标完成不是很理想，大气污染治理仍面临很大压力，请问生态环境部在大气污染治理"冬病夏治"方面做了哪些工作？另外，近期在打击消耗臭氧层物质方面会有什么安排？

刘友宾：去年秋冬季，我们组织有关部门和地方联合开展秋冬季大气污染防治攻坚行动，总体上取得了非常积极的进展。同时，受不利气象条件和部分城市管控力度有所放松的影响，去年一些地方没有如期完成攻坚行动目标任务。京津冀及周边地区、长三角地区、汾渭平原 $PM_{2.5}$ 平均浓度"一升一降一平"。前不久，生态环境部对因工作不力导致没有完成秋冬季攻坚行动目标任务的地区进行了约谈，这些地方主要负责同志表示要进一步加大大气污染防治工作力度，确保污染防治工作不松懈，能取得新进展。

经过各方努力，今年 3—5 月，京津冀及周边地区、汾渭平原 $PM_{2.5}$ 平均浓度同比分别下降 16.1%、18.0%，年初 $PM_{2.5}$ 大幅反弹的形势得到初步遏制。

近年来，我国大气环境质量持续改善，但污染物排放总量仍处于高位，我们要久久为功，不能有丝毫松懈。大气污染防治工作既要"冬练三九"，做好秋冬季重污染天气应对；又要"夏练三伏"，持之以恒地落实好蓝天保卫战各项措施。在今年大气治理"冬病夏治"上，生态环境部开展如下工作：

一是深化重点行业企业污染治理。印发实施《关于推进实施钢铁行业超低排放的意见》，对钢铁企业有组织排放、无组织排放和大宗物料产品运输等方面提出量化指标要求。发布《挥发性有机物无组织排放控制标准》《涂料、油墨及胶粘剂工业大气污染物排放标准》《制药工业大气污染物排放标准》，系统建立了 VOCs 排放标准指标体系。研究制定《工业炉窑大气污染防治专项行动方案》和《重点行业挥发性有机物综合治理方案》，拟于近期发布实施。

二是持续推进移动源污染防治。印发《柴油货车污染治理攻坚战行动计划》，全面统筹"油、路、车"。2019年1月1日，全面供应符合国六标准的车用汽柴油，实现车用柴油、普通柴油、部分船舶用油"三油并轨"。积极推进加快交通运输结构优化调整，环渤海重点港口全面启动"公转铁"工作。

三是完善重污染天气应急预案编制工作。加紧编制《关于修订完善重污染天气应急预案进一步夯实应急减排措施的意见》和《重污染天气重点行业应急减排措施技术指南》，进一步细化重点行业应急减排措施，科学制定差异化减排方案，提前指导各地修订应急减排清单，确保在秋冬季重污染天气高发时期，及时采取应急减排措施，有效减轻重污染天气影响。

四是加大强化监督帮扶力度。自2019年5月起，启动新一轮重点区域大气污染防治强化监督帮扶工作，目前正在进行第4轮次，前3轮共向地方政府交办涉气环境问题2 241个。持续推进大气攻关项目，将"一市一策"跟踪专家组覆盖范围从京津冀及周边地区扩大至汾渭平原，为地方科学决策、精准施策提供技术支持。

关于你提到的"打击消耗臭氧层物质（ODS）方面的安排"问题，之前发布会上我们向大家介绍过生态环境部高度重视履行国际公约、严厉打击违法生产销售使用消耗臭氧层物质的措施和行动。

为进一步做好消耗臭氧层物质监督管理，履行国际公约，严厉打击非法生产、销售、使用涉ODS的行为，生态环境部近期将在全国范围内开展新一轮ODS专项执法行动。该专项执法行动也是2019年生态环境部开展的蓝天保卫战多个专项行动之一。对此次专项行动中发现的违法行为，将依照有关法律法规严厉处罚，对涉嫌犯罪的行为将联合司法机关追究相关人员刑事责任。同时，我们鼓励公众通过举报电话010-12369，举报涉ODS违法行为或提供违法线索，生态环境部将对举报人信息严格保密。

环评文件如存在严重质量问题，编制人员或面临终身禁止从业处罚

界面新闻记者：环评资质取消后，是不是意味着环评管理放松了，会不会影响环评工作的科学性、准确性？《环境影响评价法》（2018年修正）在监管方面有哪些新的规定，生态环境部又将采取哪些措施来防范隐患？

刘志全：谢谢您的提问。取消环境影响报告书（表）编制单位的资质许可，并不意味着不管。相反，《环境影响评价法》（2018年修正）对监督管理、责任追究做出了更加严格的规定，赋予了各级生态环境部门更强有力的监管武器。

一是大幅强化法律责任，实施单位和人员的"双罚制"。环评文件如果存在严重的质量问题，将对负主体责任的建设单位处五十万至二百万元罚款，对其相关责任人员处五万元至二十万元罚款；对技术单位罚款额度由1~3倍提高到3~5倍，并没收违法所得，情节严重的禁止从业；对编制人员实施五年内禁止从业等处罚，构成犯罪的还将依法追究刑事责任，并终身禁止从业。

二是增强了有关考核和处罚的可操作性。从基础资料明显不实，内容存在重大缺陷、遗漏或者虚假，环境影响评价结论不正确或者不合理三

个方面，细化了环境影响报告书（表）存在"严重质量问题"的具体情形，标准更明确，更有利于各级生态环境部门加强监管。

三是实施信用管理，加强环评文件质量考核。明确要求市级以上生态环境部门均应当对建设项目环境影响报告书（表）编制单位进行监督管理和质量考核。环评审批部门需依法将编制单位、编制主持人和主要编制人员的相关违法信息记入社会诚信档案，强化联合惩戒的威慑。

下一步，生态环境部将加快制定有关管理文件，并进一步强化事中事后监管。一是按照法律规定，加快制定建设项目环境影响报告书（表）编制监督管理办法及编制能力建设指南、编制失信行为记分办法、编制单位和编制人员信息公开管理规定三个配套文件。前段时间已经广泛征求社会意见，近期生态环境部将进行审议。管理办法发布后将进一步规范环评文件编制行为，保障编制质量，维护市场秩序。二是进一步加大环评文件技术复核力度，对发现的违规单位和人员实施严管重罚，抓紧建设全国统一的环境影响评价信用平台，落实信用管理要求。三是组织开展环评文件审批质量抽查，对地方环评审批部门的审批质量进行抽查、抽检。四是进一步完善环评文件编制技术体系，加快推进生态、地表水、机场等一系列环境要素和行业的环评技术导则的制（修）订，强化规范和指导。

依托"无废城市"建设试点推进垃圾精细化管理

新京报记者： 目前上海等地垃圾分类试点如火如荼，但也暴露出诸多问题。请问生态环境部在垃圾分类工作中扮演了什么样的角色？垃圾分类存在哪些难点和问题？将如何解决？

刘友宾：党中央、国务院高度重视生活垃圾分类工作。6月3日，习近平总书记做出重要指示，强调实行垃圾分类，关系广大人民群众的生活环境，关系节约使用资源，也是社会文明进步的一个重要体现。

在推进垃圾分类处理方面，生态环境部主要做了以下工作。

一是推动修法。积极推进《固体废物污染环境防治法》的修订，将垃圾分类制度及相关要求纳入修订内容，并进一步明确生活垃圾处理处置和污染防治要求。《固体废物污染环境防治法（修订草案）》于今年6月5日通过国务院常务会议审议，并于6月25日初次提请全国人大常委会审议。

二是开展试点。2018年12月，国务院办公厅印发《"无废城市"建设试点工作方案》，将推动生活垃圾源头减量和资源化利用作为"无废城市"建设的主要任务之一。生态环境部印发《"无废城市"建设指标体系（试行）》，明确将生活垃圾分类收运系统覆盖率、有害垃圾收集处置体系覆盖率、生活垃圾填埋量等作为考核指标，并确定首批试点城市，探索垃圾分类的模式和机制。

三是严格执法。开展垃圾焚烧行业达标排放专项整治行动，实现垃圾焚烧发电设施"装、树、联"全覆盖，依法查处烟气超标排放等违法行为。督促地方加大对工艺落后、超标排放焚烧设施的关停或改造力度。

四是促进开放。生态环境部联合住房和城乡建设部开展四类环保设施（包括垃圾处理设施）向公众开放，要求到2020年年底前，全国所有地级及以上城市选择至少一座垃圾处理设施向公众开放，接受公众监督，增强公众环境意识。目前，全国已有145座垃圾处理设施向公众开放。

五是协同联动。今年4月，生态环境部联合住房和城乡建设部等有关部门印发《关于在全国地级及以上城市全面开展生活垃圾分类工作的通知》，启动生活垃圾分类工作。积极推进家庭源有害垃圾分类收集，稳步推动废弃含汞荧光灯、含汞温度计等有害垃圾单独收运和处理处置工作。

垃圾分类工作与每一个人的生活息息相关，需要社会各界共同行动，积极参与，共建美丽家园。下一步，生态环境部将认真落实习近平总书记的有关要求，将垃圾分类的突出问题纳入中央生态环境保护督察，督促各级政府切实履行主体责任。依托"无废城市"建设试点，引导城市持续推进垃圾的精细化管理。同时，继续配合做好《固体废物污染环境防治法》的修改和尽快发布，加强垃圾污染环境的监督执法。

企业按证排污、生态环境部门依证监管是排污许可制度落地的关键

封面新闻记者： 排污许可证是企事业单位在生产运营期接受环境监管和生态环境部门实施监管的主要法律文书。那么企事业单位在领证后需要开展什么工作？生态环境部门如何依证开展监管？

刘志全： 谢谢提问。您说得非常正确，排污许可证是有关企事业单位在生产运营期接受环境监管和生态环境部门实施监管执法的主要法律文书。排污许可制定位是依法规范企事业单位在生产运营期排污行为的基础性环境制度，所以企业按证排污、生态环境部门依证监管，是排污许可制度落地的关键，我们非常重视。

按照相关法律法规和文件要求，有关企事业单位在领证后，一是要落实按证排污责任，排污许可证载明了很多承诺内容，排污单位应依承诺按照排污许可证的规定排污并落实各项环境管理要求，履行相关法律责任义务。二是按照排污许可证要求，依法开展自行监测，保障数据合法有效，妥善保存原始记录，做好信息公开。三是按照相关技术规范，建立准确完整的环境管理台账，记录与污染物排放相关的主要设施运行情况、污染治理设施运行情况以及污染物排放情况等。四是按照排污许可证规定的关于执行报告内容和频次的要求，按期如实向生态环境部门报告排污许可证执行情况。

生态环境部门应当依证开展监管执法，具体如下。

一是加强对排污许可证的执法力度。全国正在逐步落实依证监管，将排污许可证执法检查列入年度执法计划，明确依证执法范围，重点查处无证排污、不按照许可证要求排污和违反环境管理要求的行为。

二是继续将排污许可纳入相关专项监督工作。今年的京津冀及周边地区、汾渭平原等重点区域强化监督定点帮扶中，将排污许可证执行情况纳入重点检查内容，严格监管、指导帮扶。今年 7 月起，将组织开展重点区域排污许可清理整顿结果的监督检查，对 24 个应发证的重点行业仍未持证排污的企业，依法责令停止排污。生态环境部已召开视频会议做出部署。

三是强化排污许可证的证后监管力度，发布《关于全面开展排污许可证后管理工作的通知》，严格排污许可证核发管理，定期抽查已核发的排污许可证质量，确保排污许可证的规范性、完整性。加强执行报告管理，依法查处未按期报送执行报告或执行报告质量差的企业，并视情况将名单移交国家相关信用平台。

保障国六标准实施，加大生产、销售企业环保达标监管检查力度

路透社记者： 原环境保护部在 2016 年宣布将在 2020 年前禁止车企生产和销售国五标准的轻型车，但包括北京、上海等多地宣布将在今年 7 月 1 日提前实施国六排放标准。汽车生产厂家、车型检测机构以及经销商普遍反映提前实施对原本的排产、销售造成了很大压力。请问生态环境部，提出国六排放标准的初衷是什么？对当前汽车行业的压力有何评论？

刘友宾： 近年来，随着人们生活质量不断改善，汽车保有量也在不断增加，在给生活带来便利的同时，也成为我国空气污染的重要来源。研究显示，北京、天津、上海等大城市本地排放源中移动源对 $PM_{2.5}$ 浓度的贡献范围达 13.5% ~ 52.1%。2018 年 6 月，国务院印发的《打赢蓝天保卫三年行动计划》要求：2019 年 7 月 1 日起，重点区域、珠三角地区、成渝地区提前实施国六排放标准，以进一步改善大气环境质量，促进汽车产业高质量发展。

从技术和产业准备情况看，汽车生产企业已完成大部分车型国六开发工作，目前已进入量产销售阶段。截至 2019 年 6 月 20 日，已有 99 家轻型车企业 2 144 个国六车型、60 家重型车生产企业 896 个国六车型进行了环保信息公开。从汽车销售市场看，国六车型已全面上市，市场基本实现

平稳过渡。从油品供应看，2019 年 1 月 1 日，全国已全面供应国六汽柴油，为机动车国六标准实施奠定了坚实的基础。

下一步，生态环境部将坚决贯彻落实党中央、国务院的决策部署，按照打赢蓝天保卫战和柴油货车污染治理攻坚战要求，做好以下工作：

一是严格按照国务院要求，做好重点地区 2019 年 7 月 1 日实施轻型汽车和公交、邮政、环卫等城市用途重型柴油车国六标准工作。

二是配合市场监管等有关部门，做好油品监督检查、打击黑加油站（点）和流动加油车等工作，促进油品质量提升。

三是严格实施《大气污染防治法》（2018 年修正），加大生产、销售企业环保达标监督检查工作力度，严厉打击生产销售不达标车辆违法行为，确保消费者购买到符合国六标准的车辆。

长江经济带 11 省（市）和青海省"三线一单"下半年将陆续发布实施

中新社记者：长江经济带 11 省（市）及青海省"三线一单"的成果将于 8 月底前发布，其他 19 省（自治区、直辖市）也要在年底完成初步成果编制。目前进展如何？还存在哪些问题？下一步将开展哪些工作？

刘志全：谢谢您的提问。首先，我向大家介绍下"三线一单"的背景和内涵。"三线一单"是习近平总书记在十八届中央政治局第 41 次集体学习和全国生态环境保护大会上提出的要求，《中共中央 国务院关于全面加强生态环境保护 坚决打好污染防治攻坚战的意见》进一步明确了相关要求和牵头部门，目的是推动形成绿色发展方式和生活方式，优化空间管控，改善生态环境质量。其内涵是生态保护红线、环境质量底线、资源利用上线和生态环境准入清单。用"线"管住空间布局，逐步解决产业结构、布局不合理问题，用"单"规范发展行为。

为贯彻落实习近平生态文明思想，按照中央文件的有关要求，生态环境部在工作试点基础上制定了区域环评和"三线一单"编制工作有关方案、管理和技术方法，明确了技术思路和成果数据规范等一系列要求。成立了专家咨询组和工作组，加强技术方面的指导和对口帮扶。组织开展全国各省（自治区、直辖市）"三线一单"编制工作，共分两个批次推进，第一批为长江经济带11省（市）和青海省，目前省政府层面正在审议成果，下半年将陆续发布实施，其他19省（自治区、直辖市）将于今年年底初步完成，明年发布实施。各地高度重视"三线一单"的推进工作，基本上都成立了分管省长担任组长的协调小组，统筹推进编制工作，各地市也基本上相应成立了分管市长挂帅的协调小组，并相应成立了省级或市级技术团队开展工作。

长江经济带11省（市）和青海省作为第一梯队，"三线一单"工作进入审核发布阶段，有以下四个特点。

一是突出目标引领和问题导向，细化"三线"管控。坚持长江经济带"共抓大保护、不搞大开发"的战略要求，贯彻落实"山水林田湖草"的系统化思维，紧紧围绕以改善生态环境质量为核心，以解决区域发展面临的重大资源环境问题为导向，加强"三线"管控。结合发布的生态保护红线成果以及生态保护红线划定过程中生态评估成果，按照"应划尽划"的原则，将生态功能重要区和极重要区、生态环境敏感区和极敏感区及地方相关法律法规等确定的需要保护的各类保护地划入生态空间。结合流域水系特征和水环境管理需求，以及区域气象特征、污染源分布和空气质量状况等，明确环境质量底线目标。选取对当地生态环境质量有重大影响的资源要素，从改善环境质量的角度，提出资源利用的上线要求。

二是合理划分环境管控单元，提炼生态环境准入清单。12省（市）在"三线"成果基础上，综合叠加生态、水、大气和土壤等要素管控分区和行政区域、工业园区、城镇规划边界等，统筹划定了优先、重点和一般三类环境管控单元，管控单元的管控精度总体上与经济社会发展水平和区域自然地理特征匹配。截至目前，长江经济带11省（市）和青海省共划分综合管控单元1万余个，重点地区空间管控精度达到乡镇及园区级别。结合环境管控单元划分和管理需求，从空间布局约束、污染物排放管控、环境风险防控、资源利用效率要求等方面入手，分省域、区域、市域不同层级，有针对性地提出了差别化生态环境管控要求。

三是强化领导、高效互动，深入开展对接协调。"三线一单"成果对基层综合决策非常重要，因此在成果落地实施中，涉及大量衔接工作，例如，与国土空间规划、城镇或土地规划、工业园区规划要统筹起来，与当地发展战略和未来发展规划要深度耦合。12省（市）中，大部分省（市）"三线一单"成果已完成多轮的地市、部门对接，有的地市将征求意见和对接工作延伸到了区县，并陆续进入到审议、论证、发布阶段。

四是边做、边应用、边完善，探索"三线一单"落地应用。12省（市）以"三线一单"成果为抓手，在法规政策制定、规划编制、综合决策和环评管理等领域，开展了"三线一单"应用探索，如天津市、贵州省将"三线一单"入法，重庆市在招商引资、项目审批、规划环评和项目环评联动中已开展应用。

虽然各地开展了大量行之有效的工作，但从客观来讲，"三线一单"工作技术难度大，需协调的部门多，还面临三方面的挑战。一是分区环境管控的针对性和可操作性还要进一步提高。要把握好保护与发展区域格局特征，夯实区域环境功能定位—环境管控单元—生态环境准入清单的逻辑关系，确保"三线一单"成果能用、好用。二是成果落地应用的保障机制还要进一步明确，按照中央文件要求把地方党委政府的主体责任落到实处，确保"三线一单"成果实用、管用。三是各地工作基础不平衡，一些省份还需要进一步强化指导帮扶力度。

下一步，生态环境部将继续会同有关部门做好顶层设计，服务好地方的"三线一单"编制工作。一是加强指导。抓紧组织制定加快实施"三线一单"生态环境分区管控指导意见，与地方一起谋划"三线一单"落地应用的制度保障。不断规范技术要求、完善技术支撑体系。二是推动"三线一单"成果尽快发布和落地实施。指导长江经济带11省（市）和青海省加快完成成果衔接与技术论证，加快审议、发布和应用。三是积极研究"三线一单"成果数据的共享应用机制，用大数据助推科学决策。具体包括对"三线一单"系统平台服务功能进行优化，实现与排污许可、环评审批等数据的互联互通，推动"三线一单"管控要求与环保日常管理工作的结合。四是进一步强化技术支撑和宣传培训。

将出台土壤污染责任人认定办法，加强土壤环境风险管控

澎湃新闻记者：环保组织近期的一项报告显示，中国主要城市多个污染地块未完成修复即被出让，存在环境安全隐患。请问生态环境部对此怎么看？

刘友宾：自《土十条》发布以来，我国污染地块环境管理取得了积极进展，部门联合监管机制逐步形成。特别是《土壤污染防治法》的出台，以及《土壤环境质量建设用地土壤污染风险管控标准（试行）》（GB 36600—2018）的颁布，为加强污染地块管理，保障人居环境安全提供了法治保障。

一是摸清底数。开展土壤污染状况调查，重点行业企业用地调查工作全面启动，将在 2020 年年底前掌握重点行业企业用地中污染地块的分布及其环境风险。

二是加强信息公开。原环境保护部第 42 号令《污染地块土壤环境管理办法（试行）》明确规定设区的市级环境保护部门建立污染地块名录，并向社会公开；土地使用权人要将土壤污染调查、风险评估、风险管控、治理与修复及其效果评估等环节的方案或报告通过其网站等便于公众知晓的方式向社会公开。

三是强化风险管控。目前，全国绝大多数省（自治区、直辖市）均已公开污染地块名录；生态环境、自然资源、住房和城乡建设等部门初步建立了污染地块信息共享和联动监管机制，严格用地准入，将建设用地土

壤环境管理要求纳入城市规划和供地管理，需要实施风险管控、修复的地块不得作为住宅、公共管理与公共服务用地，确保土地开发利用符合土壤环境质量要求。

从国内外实践来看，土壤污染的形成非一朝一夕，问题的解决也不可能一蹴而就。下一步，生态环境部将会同自然资源部、住房和城乡建设部等部门贯彻落实《土壤污染防治法》，加强联合监管，严格用地准入，出台土壤污染责任人认定办法，有效管控城市建设用地土壤环境风险，切实保障人居环境安全。

主持人刘友宾：今天的发布会到此结束。谢谢大家！

7月例行新闻发布会实录

2019 年 7 月 26 日

7月26日，生态环境部举行7月例行新闻发布会。生态环境部法规与标准司司长别涛、副司长王开宇出席发布会，向媒体介绍了我国生态环境保护法律法规和标准建设有关情况。生态环境部新闻发言人刘友宾主持发布会，通报近期生态环境保护重点工作进展，并共同回答了记者关注的问题。

7月例行新闻发布会现场（1）

重点工作

2019
26/07

↗ 第二轮第一批生态环境保护督察工作进展顺利

↗ 上半年全国生态环境质量持续改善

↗ 国家生态环境科技成果转化综合服务平台正式启动

7月例行新闻发布会现场（2）

主持人刘友宾： 新闻界的朋友们，大家上午好！欢迎参加生态环境部 7 月例行新闻发布会。

依法加强生态环境保护，是维护公众环境权益、建设美丽中国的重要保障。去年，在党和国家机构改革中，生态环境部内设法规与标准司，主要职责是起草法律法规草案和规章，承担机关有关规范性文件的合法性审查工作，承担国家生态环境标准、基准和技术规范管理工作。今天的新闻发布会，我们邀请到法规与标准司别涛司长、王开宇副司长向大家介绍生态环境保护法律法规和标准建设的有关情况，并回答大家关心的问题。下面，我先通报三项生态环境部工作。

一、第二轮第一批生态环境保护督察工作进展顺利

根据《中央生态环境保护督察工作规定》的要求，经党中央、国务院批准，以朱之鑫、黄龙云、蒋巨峰、张宝顺、焦焕成、杨松、李家祥、马中平任组长的 8 个中央生态环境保护督察组，已分别进驻上海、福建、海南、重庆、甘肃、青海 6 个省（市）和中国五矿集团有限公司、中国化工集团有限公司两家中央企业，开展第二轮第一批中央生态环境保护督察工作。

这次督察总的要求是"坚定、聚焦、精准、双查、引导、规范"，不断夯实生态环境保护政治责任。对 6 个省（市）的督察，原则仍按照"省级层面督察、下沉地市督察和梳理分析归档"三个阶段开展工作。对两家中央企业的督察，原则按照"综合督察、重点督察、分析汇总"三个阶段开展工作。其中，综合督察主要聚焦集团公司在贯彻落实习近平生态文明

思想，推动落实党中央、国务院决策部署，以及履行污染防治主体责任等方面的问题；重点督察阶段主要分总部组和下沉组调查核实前期梳理的重点问题线索，详细核查有关下属企业生态环境保护工作情况及其存在的问题，并做到"见事、见人、见责任"。考虑到中央企业所属企业"点多面广"的特点，还专门安排现场组开展机动式督察。

目前，8个督察组均已完成督察进驻，进入下沉督察或重点督察阶段。截至2019年7月25日20时，8个督察组共向被督察对象转办群众来电、来信举报6459件。

二、上半年全国生态环境质量持续改善

2019年上半年，全国生态环境系统深入贯彻习近平生态文明思想和全国生态环境保护大会精神，以改善生态环境质量为核心，推动污染防治攻坚战取得积极进展，生态环境质量持续改善。

2019年1—6月，全国337个地级及以上城市平均优良天数比例为80.1%，同比上升0.4个百分点；$PM_{2.5}$平均浓度为40微克/米^3，同比下降2.4%；二氧化硫平均浓度为12微克/米^3，同比下降14.3%；臭氧平均浓度为143微克/米^3，同比持平。北京市1—6月，优良天数比例为62.4%，同比上升2.7个百分点；$PM_{2.5}$平均浓度为46微克/米^3，同比下降13.2%。

全国地表水国控断面Ⅰ～Ⅲ类水体比例为74.5%，同比提高4.4个百分点；劣Ⅴ类断面比例为4.3%，同比下降2.6个百分点。其中，长江流域水质好于Ⅲ类断面比例为90.4%，同比上升6.9个百分点，劣Ⅴ类断面比

例为 1.2%，同比下降 0.8 个百分点。

同时，我国环境形势依然严峻，污染物排放总量仍处高位，污染防治工作不能有丝毫松懈。下半年，我们将按照党中央、国务院的决策部署，坚守阵地、巩固成果，不动摇、不松劲、不开口子，继续深入实施污染治理攻坚战行动计划，以优异成绩庆祝中华人民共和国成立 70 周年。

三、国家生态环境科技成果转化综合服务平台正式启动

为贯彻习近平总书记在中央经济工作会议上关于"要增强服务意识，帮助企业制定环境治理解决方案"的指示精神，生态环境部积极推进生态环境科技成果转化工作，加快构建生态环境技术服务体系。国家生态环境科技成果转化综合服务平台于 2019 年 7 月 19 日正式上线，域名为 ceett.org.cn。

平台将围绕打好污染防治攻坚战的具体需求，坚持线上咨询与线下服务互动、公益支持与市场机制结合、开放共享与供需对接统筹三项运行原则，充分利用生态环境领域的重要科技成果，根据各级政府部门生态环境管理、企业生态环境治理和环保产业发展的实际需要，提供专业化、定制化的技术服务。

平台一期数据库收录了近 4 000 项污染防治与环境管理技术，其中，水污染防治技术 1 930 项、环境监测与预警技术 648 项、大气污染防治技术 337 项、固体废物处理处置技术 174 项、生态保护技术 167 项、环境政策管理研究 118 项、土壤污染治理与修复技术 99 项、资源化与综合利用技术 72 项、清洁生产技术 65 项、噪声污染控制技术 21 项、核安全与放

射性污染防治技术 12 项。平台汇集各方面专家 1 000 余位，涵盖水、气、土壤等生态环境保护主要领域，作为平台内部工作团队提供线下技术服务。

下面，请别涛司长介绍情况。

生态环境部法规与标准司司长别涛

全面试行生态环境损害赔偿制度以来，全国办理案件 424 件

别涛：新闻界的各位朋友，大家上午好！刚才刘司长说了距离上次见面已经过去两年，各位别来无恙。

我谨代表新组建的生态环境保护法规与标准司，对各位朋友长期以来对法规与标准工作给予的关心和支持表示由衷的感谢。借此机会我向大家简要介绍生态环保领域的法规与标准工作的最新进展。

近年来，特别是党的十九大以来，生态环境部坚决贯彻落实习近平生态文明思想和习近平全面依法治国新理念、新思想、新战略，积极推动用最严格制度、最严密法治保护生态环境，取得新的进展。我向大家介绍三方面的情况。

第一，加快立法步伐，推动完善最严密的法制体系，分三个层面：法律、行政法规和部门规章。

一是法律层面，涉及六部法律。配合立法机关制定出台了《土壤污染防治法》《核安全法》两部新的法律，填补土壤污染防治和核安全领域的立法空白，使我国的生态环境法律体系更趋于完善。《固体废物污染环境防治法（修订草案）》，已报国务院审议通过后，提请全国人大常委会审议。上月底，全国人大常委会已进行初次审议。修订了《环境噪声污染防治法》和《环境影响评价法》中涉及机构改革带来的职能和部门名称变化，以及"放管服"改革带来的许可资质管理相关条款。配合开展《长江保护法》中有关生态环保部分条款的调研起草。

二是法规层面，涉及四部法规。配合原国务院法制办和现司法部推动修订生态环保方面的行政法规，已向国务院报送了排污许可管理条例草案。配合有关部门出台了《环境保护税法实施条例》，修订了《海洋石油勘探开发环境保护管理条例》。目前正在研究起草生态环境监测等方面的行政法规。

三是规章层面，涉及十二件规章。已经制定出台了九件，包括排污许可管理，农用地污染防治，污染场地、建设用地环境管理等方面的规章，还有《固定污染源排污许可分类管理名录》等三件规章已经完成部务会审议程序，即将发布。

迄今为止，生态环保领域由生态环境部门负责组织实施的法律共计13部，行政法规共计30部，如果大家需要，可以在会后给大家提供一个清单，供大家参考或者工作中选用查阅。

此外，生态环境部高度重视行政规范性文件的合法性审核工作，对报送党中央、国务院的有关党内环保法规，涉及生态文明体制改革、污染防治攻坚战等方面重要的行政规范性文件，都按要求开展合法性审核。此外，自2016年以来，还完成了1 400余件/次生态环境部行政性、规范性文件的合法性审核工作，处理了一部分与上位法不一致或者有冲突或者影响市场公平竞争等方面的问题，提高了规范性文件的质量，保障了法制的统一。

第二，标准方面的工作，加快构建生态环境保护标准体系，分以下六个方面。

一是大气的方面，为支撑打赢蓝天保卫战，发布了固定源无组织排放控制标准等3项以及轻型汽车（国六）等11项移动源相关涉气标准，涉气标准总数达14项。

二是水的方面，发布了船舶水污染物排放标准等18项涉水标准。

三是土的方面，发布了农用地土壤污染风险管控标准等4项涉土标准。

四是环境管理标准方面，为支持排污许可制实施，制定发布了40项排污许可申请与核发技术规范，18 项企业自行监测技术指南，5 项可行技术指南，配合排污许可管理的相关规范标准共计 63 项。为支撑环境监测工作，包括环境质量监测和对企业的监督性监测，制定发布了国家环境监测类标准 202 项。

五是标准基础工作方面，为夯实标准基础，制定发布了国家水污染物排放标准制（修）订技术导则等 3 项基础标准。

六是标准实施评估方面，组织开展了陶瓷、炼焦、铝等行业污染物排放标准实施评估工作。借此向大家报告一个数字，迄今为止，国家层面有效环境标准总数已达 2 011 项，我国标准体系分为国家层面和地方层面，我这里说的是国家层面。国家层面标准分为五类：质量标准、排放标准、监测类标准、基础类标准和管理规范类标准，其中质量标准包括大气、水、土等领域，是 17 项，排放类标准是 186 项，覆盖了主要的行业和主要的污染物。

第三，生态环境损害赔偿制度改革，落实党中央、国务院重要改革部署，全力推进生态环境损害赔偿制度改革落地，分两方面给大家报告：一是实践方面，二是制度建设方面。

一是在各地的实践方面。现在全国 31 个省（自治区、直辖市）和新疆生产建设兵团均已按照党中央、国务院的要求印发了本地区的生态环境损害赔偿改革实施方案，还有 126 个市级单位印发了市地级的改革实施方案，各地还制定发布了涉及生态环境赔偿的磋商程序、调查程序、赔偿资金的管理、修复方案的监督等相关配套文件 90 余件。

2018 年 1 月，生态环境损害赔偿制度改革全面试行以来，全国共办理案件 424 件，这些案件涉及金额 10 亿元左右，已经办结 206 件生态环境损害赔偿案件。结案的方式根据中央改革方案规定有两种：一种磋商，一种诉讼。以磋商结案的方式有 186 件，占结案总数的 90% 以上，磋商的比例要远大于诉讼。

二是赔偿制度改革的立法保障方面，新出台的《土壤污染防治法》增加了生态环境损害赔偿的相关规定。今年 6 月，中办、国办联合印发的《中央生态环境保护督察工作规定》也将生态环境赔偿制度的实施纳入督察范围，规定对于督察发现需要开展生态环境损害赔偿工作的，由督察组移送所在地的省、自治区、直辖市政府，依照有关规定开展索赔。

以上是法规标准方面的重点工作进展，下一步我们将着力加强三方面的工作。

一是立法方面，将继续坚持立改废释并举，进一步完善生态环保领域的法律法规规章体系。

二是继续加大标准的制（修）订工作力度，为打好污染防治攻坚战提供标准方面的支撑。

三是继续深化生态环境损害赔偿改革，推动各地方加快实施生态环境损害赔偿的磋商和诉讼，确保党中央关于生态环境赔偿改革的部署在全国落地见效。

我先给大家简要报告到这，下面我愿意和王开宇副司长回答各位关心的问题，谢谢大家。

主持人刘友宾：谢谢别司长，下面欢迎大家提问。

七方面制度措施确保地方党委政府及其部门履行生态环保责任

中央广播电视总台央视记者：《环境保护法》（2014 年修订）虽然对地方政府环境责任进行了规定，但政府如何依法担责没有统一标准。请问在立法层面如何保障环境责任的落实？

别涛：我来回答一下这个问题，谢谢您关心《环境保护法》（2014 年修订）中一项重要的制度规定，就是环境责任的归属、承担及其监督。

2014 年修改、2015 年生效实施的《环境保护法》（2014 年修订），作为环境领域的基础性、综合性法律，对政府的环保责任做了明确规定。《环境保护法》（2014 年修订）第六条规定地方各级人民政府应当对本辖区的环境质量负责。为了确保地方政府切实履行保护和改善生态质量的责任，除《环境保护法》（2014 年修订）之外，其他相关的环保法律特别是污染防治法律，《水污染防治法》（2017 年修正）、《大气污染防治法》（2018 年修正）、《土壤污染防治法》等，还有相关的党内环保法规，例如《中央生态环境保护督察工作规定》《党政领导干部生态环境损害责任追究办法》等，规定了一系列监督政府以及政府相关人员履职的制度措施，主要涉及七个方面。

一是实行环保目标责任制和目标考核制度。

二是实行向人大报告环保工作进展，接受人大监督的制度。

三是限期达标制度。法律规定如果地方环境质量不能达到规定的要求，地方政府应组织制定限期达标规划，并向社会公开。

四是约谈制度。对超过国家重点大气污染物排放总量控制指标或者未完成国家下达的大气环境质量改善目标的地区，省级以上生态环境部门应当会同有关部门，约谈该地区人民政府的主要负责人，约谈情况应向社会公开。

五是区域限批制度。为了监督地方，确保环境质量持续改善，法律规定对超过国家重点污染物排放总量控制指标或者未完成国家确定的环境质量目标的地区，省级以上生态环境部门应当暂停审批其新增重点污染物排放总量的建设项目环评文件。

六是法律责任制度，包括未能履职尽责的政府部门和相关责任人员，包括生态环境部门工作人员，未尽到责任的要依法承担责任。触犯党内法规的还要承担党内法规规定的责任。

七是最重要的关键性、创新性制度，就是中央生态环境保护督察。《中央生态环境保护督察工作规定》是首次以党内法规形式做出的一个系统全面的规定，对中央生态环境保护督察的主体、对象、内容、程序、方式以及追责的办法都做了全面系统的规定。中央生态环境保护督察也是监督和保障地方政府履行对辖区环境质量负责的重要制度措施。谢谢！

生态环境损害赔偿制度改革进展不平衡，重庆、江苏、浙江、贵州等地工作比较突出

中国青年报记者：请问生态环境损害赔偿制度改革进展如何？还存在哪些问题？下一步将开展哪些工作？有哪些试点开展比较好的地区，可

否举例说明？

别涛：我很高兴这位记者关心生态环境损害赔偿制度及其改革，这是一项探索性的制度，说探索改革，是针对现行的损害赔偿制度。大家知道企业造成环境污染、生态破坏，根据现有法律规定要承担两类民事赔偿责任：如果造成人身伤害，要依法承担对人身伤害的赔偿责任；如果造成财产损害，要按照规定承担财产损害的赔偿责任；对生态环境本身损害的赔偿责任，没有明确的规定。中央提出这个改革要求，就是要在现有人身赔偿、财产赔偿之上加大赔偿的力度，引入新的概念，即生态环境损害的赔偿责任。

根据中央改革规定，生态环境损害包括三类内容：一是因为污染环境、破坏生态导致环境要素损害；二是造成动物、植物、微生物等生物要素的损害；三是上述环境要素、生物要素构成的生态系统功能的损害。对生态环境损害经过鉴定评估之后，政府及其指定的部门或机构提起索赔，要求责任者承担损害赔偿责任。

对于这项新的责任，需要探索、需要改革，所以2016年开始在部分地区试点，2018年开始在全国推行这项工作。近两年来的改革试行进展情况，我借这个机会从以下五个方面给大家补充报告一下：

一是加强组织领导和制度建设。31个省（自治区、直辖市）和新疆生产建设兵团均成立了此项改革工作领导小组、印发了实施方案，另有126个市（区、县）印发了本地实施方案，各地已研究制定了90件磋商、调查、资金等改革配套文件，另有94件正在编制。

二是以案例实践推进改革。各地办理案件424件，涉案金额约10亿元；

办结 206 件，其中以磋商方式结案 186 件。

三是积极推进相关立法。去年通过的《土壤污染防治法》中第九十六条已有相关规定，我们积极推动将生态环境损害赔偿内容纳入正在制（修）订的《固体废物污染环境防治法》《长江保护法》和民法典侵权责任编等法律。

四是纳入中央生态环境保护督察。今年 6 月，中共中央办公厅、国务院办公厅印发的《中央生态环境保护督察工作规定》明确规定：对督察发现需要开展生态环境损害赔偿工作的，移送省、自治区、直辖市政府依照有关规定索赔。

五是加强业务指导。生态环境部已经制定了相关技术导则，包括《生态环境损害鉴定评估技术指南　土壤与地下水》等技术方法；与司法部联合印发了《环境损害司法鉴定机构登记评审细则》和《环境损害司法鉴定执业分类规定》；最高法（最高人民法院）出台了关于审理生态环境损害赔偿案件的若干规定等。

目前，这个方面存在一些困难和问题，我也跟大家交流一下：一是各地进展不平衡，办案数前十名的省份，实践案例数量占全国总数的 82%，反过来说有相当一部分省份办的案子很少，需要积极推动；二是部分地方认识不到位，推进力度不足，人员、能力欠缺；三是法律制度和技术支撑体系尚不完善。

下一步，我们将重点做好以下工作：一是联合有关部门加大推动力度；二是加强统筹调度和业务指导，指导各地解决实践中发现的问题；三是强化环境损害鉴定评估技术方法体系建设；四是继续开展调研和跟踪评价；

五是推动相关立法和配套政策措施出台。

刚才您说比较关注案例，重庆、江苏、浙江、贵州等地工作比较突出，这些地方的案例有些特点，值得关注。

重庆市将生态环境损害赔偿制度改革纳入省级生态环境保护督察范围和政府管理考核体系，强化对本区域改革工作的督导考核，已办理生态环境损害赔偿案件93件，是全国办理案例最多的省份。已实施修复23件，其中，修复污染受损土地35.2万平方米。

江苏省人民政府诉安徽海德化工科技有限公司生态环境损害赔偿诉讼一案，经泰州市中级人民法院一审和江苏省高级人民法院二审，判令海德公司赔偿环境修复等各项费用共计5 482.85万元。该案是首例省级政府作为单独原告的案件，被最高人民法院（以下简称最高法）、中央电视台评为"2018年推动法治进程十大案件"。

浙江省对生态环境损害无法修复的情形，积极探索创新，开展了23起替代修复案例。例如，2018年11月，浙江省绍兴市某违法排放大气污染物案中，绍兴市生态环境局与涉案企业展开磋商达成赔偿修复协议，并进行司法确认。截至今年1月，企业已在当地建成一个生态公园，改善环境质量。

贵州省办理的息烽大鹰田违法倾倒废渣案，是全国首例开展磋商的案件，也是首起经司法确认的生态环境损害赔偿案，现在已经结案并完成了生态环境修复，取得了良好的社会效果，也为相关制度的建立提供了良好的实践经验。

党的十九大以来完成《土壤污染防治法》等10部环保法律法规制（修）订工作

封面新闻记者：请介绍近年来环保法律法规制（修）订进展情况。有哪些法律法规正在起草？近期会出台哪些法律法规？正在制（修）订的《固体废物污染环境防治法》和"长江保护法"各有哪些亮点？

别涛：我很愿意回答你的问题，因为这是我的本行。关于立法的近期进展，我想从三个方面跟你介绍，一是已经完成的，二是正在进行的，三是我们正在研究之中的。

第一，已经完成的。党的十九大以来，生态环境部门全力配合立法机关，已经完成了10部法律法规的制（修）订工作。我把名字跟你报一下。

一是出台了《土壤污染防治法》《核安全法》两部法律，制定了《环境保护税法实施条例》。二是完成了机构改革所涉及的《大气污染防治法》（2018年修正）、《环境保护税法》（2018年修正）、《循环经济促进法》（2018年修正）、《防沙治沙法》（2018年修正）、《农产品质量安全法》5部法律中有关生态环境部职责条款的修改工作。三是完成落实"放管服"改革要求涉及的《环境影响评价法》（2018年修正）（取消环评机构资质）和《环境噪声污染防治法》（2018年修正）（取消环保设施验收许可）两部法律有关条款的修改工作。

以上是已经完成了的10部法律法规的制（修）订工作。

第二，正在进行的。一是《固体废物污染环境防治法》修订。去年，原环境保护部报送国务院，国务院今年6月完成审议之后提请全国人大常委会审议。全国人大常委会今年 6 月进行了初次审议。现在正在向社会公开征求意见。大家关注的也可以跟踪一下，有意见也可以借这个机会向全国人大常委会反映，也可以跟我们反映。

二是"长江保护法"的制定。这是一部很重要的法律，习近平总书记很关心，中央有关文件也有明确规定。这部法律是由全国人大环资委牵头起草的，目前正在抓紧进行中。计划今年年底之前要提请全国人大常委会审议。

三是排污许可管理条例的制定。根据中央的改革要求，原环境保护部去年向司法部报送了排污许可管理条例（草案），目前正在配合司法部修改审查。

第三，正在开展研究的。涉及 5 部法律和法规。一是《海洋环境保护法》正在研究修改。大家知道去年全国人大常委会对《海洋环境保护法》组织执法检查，明确提出要研究修改。

二是《环境噪声污染防治法》正在研究修订。这部法是 1996 年公布的，有 23 年时间没有全面修改，也没有一个配套的法规。这部法是明显落伍的，实施中出现了很多问题。

另外，还有 3 个比较重要的行政法规：一是"生态环境监测条例"；二是"化学物质环境风险评估与管控条例"；三是《放射性同位素与射线装置安全与防护条例》。前两个是新制定的，后一个是修订的。

关于《固体废物污染环境防治法》修订的进展和亮点，我前面说到今年 6 月全国人大常委会对《固体废物污染环境防治法》进行了一审。目前的《固体废物污染环境防治法》中，我觉得有五个方面可以称为亮点和比较关注的问题。

一是完善固体废物污染环境防治监督管理制度。例如，引入信用记录制度，将违法信息纳入全国信用信息共享平台并予以公示。明确国家逐步基本实现固体废物零进口。

二是进一步强化工业固体废物防治制度，包括强化固体废物产生者的责任，补充完善固体废物产生单位排污许可的义务要求等。

三是健全生活垃圾污染防治制度。最近，部分地方出台了生活垃圾管理方面的立法，有的地方正在制定。目前的草案明确提出生活垃圾的分类制度，要求加快建立生活垃圾分类投放、分类收集、分类运输、分类处理制度，同时还针对大中建筑垃圾、快递包装垃圾、餐厨垃圾等做出新的、有针对性的规定。

四是加强对危险废物的污染防治规定。如加强危险废物污染防治规划建设实施，引入危险废物强制责任保险制度等。

五是加大对违法行为的处罚力度。大家知道最近有几部法律对法律责任的要求是比较严厉的，例如《疫苗管理法》，提出了非常严厉的、有创新性的处罚措施。《固体废物污染环境防治法》修订时，我们也借鉴引入相关的机制。

关于"长江保护法"，刚才也说了。习近平总书记2016年在重庆市提出，要生态优先、绿色发展，共抓大保护，不搞大开发。去年5月，全国生态环境保护大会通过的决定，也提出了要加快制定"长江保护法"。去年4月，习近平总书记在湖北省武汉市视察中，对长江保护相关工作提出了具体要求。目前，全国人大环资委正在牵头组织有关方面推动这项立法工作，已经开展多次调研、论证，相关稿子正在形成和完善中。我愿意在此报告生态环境部门比较关注的几个问题。

大家知道长江保护涉及水资源的合理调配、开发利用等，从生态环境保护角度，我们关注水污染的防治、水质量的改善、水生态的保护、水风险的防范和水安全的保障，特别是饮用水安全保障，生态环境部已经提出相应的条款，向全国人大环资委反映，许多基本精神得到原则采纳。我们将进一步配合全国人大环资委做好相关工作。

我愿意借这个机会跟大家报告一个精神。全国人大常委会委员长栗战书于今年 6 月 6 日在江苏省苏州市召开的"长江保护法"立法座谈会上做了重要讲话，对"长江保护法"的制定有很重要的指导意义。

栗战书委员长强调，要深入学习贯彻习近平总书记"共抓大保护、不搞大开发"的重要指示精神，立足全局、着眼长远，充分认识制定"长江保护法"的重要性、紧迫性，扎实做好立法工作，让长江保护有法可依，为长江经济带发展提供法律支撑。

栗战书委员长对立法提出专业性的指导意见。他说"长江保护法"是一部保护长江全流域生态系统，推进长江经济带绿色发展、高质量发展的专门法和特别法。在立法中要找准定位，突出重点。栗战书委员长说到了八个重点：

一是明确立法目的和法律适用范围，增强法律的针对性、科学性、有效性。二是系统设计和安排各项制度，把最基本、最重要的制度用法律形式规范和确立下来。三是统筹国土空间规划和资源开发利用，避免盲目过度开发和无序建设。四是把修复长江生态环境摆在压倒性位置，采取有效措施加大生态修复和保护力度。五是推动结构调整、促进转型升级、鼓励技术创新，为长江经济带绿色发展提供法律保障。六是加强水源地保护和应急备用水源建设，确保饮用水绝对安全。七是建立统一高效、协调有序的管理体制，形成修复保护发展的工作合力。八是规定更严格、更严密的法律责任，依法严惩违反法律规定、破坏生态环境的行为。

生态环境部将继续全力配合全国人大环资委做好研究、论证、起草工作，推动制定出一部让党中央放心、让人民群众满意的"长江保护法"。谢谢。

长江经济带7省（市）自查核实692家"三磷"企业，四成存在生态环境问题

澎湃新闻记者：请介绍一下长江"三磷"专项排查整治行动进展、成效情况。存在哪些问题？对于磷石膏整治生态环境部开展了哪些工作？

刘友宾：生态环境部高度重视长江保护修复工作，"三磷"排查整治是长江生态保护修复攻坚战的一项重要内容。为做好这项工作，生态环境部制定了《长江"三磷"专项排查整治行动工作方案》，明确了"查问题、定方案、校清单、督进展、核成效"5个阶段的整体任务安排。

目前"三磷"专项涉及的湖北、湖南、重庆、四川、贵州、云南、江苏7省（市）均已完成地方自查工作，建立了"三磷"企业基础信息库和问题库。同时，生态环境部还在第一阶段统筹强化监督中抽查了部分省（市）"三磷"专项开展情况和企业环境守法情况。

经各地自查核实，目前共存在 692 家（个）"三磷"企业（矿、库），其中 275 家（个）存在生态环境问题，占企业总数的 40%。这些问题主要表现为四个"不完善"、两项"不规范"。四个"不完善"，即雨污分流设施不完善，扬尘等无组织排放污染防治措施不完善，事故应急设施管理不完善，危险废物贮存管理不完善；两项"不规范"，即磷石膏库地下水监测井建设不规范，厂区环境管理不规范。

下一步，我们将重点开展以下三项工作，切实做好长江"三磷"专项排查整治。

一是加强组织调度。督促地方各级生态环境部门根据地方自查情况，梳理重点问题，制定整改方案，拉条挂账，逐一销号。

二是做好培训指导。由各技术单位按照企业类型进行分领域包干，选取典型企业，进行"解剖麻雀式"指导，协助企业制定"一企一策"整改方案。同时，在每个阶段任务开始前，对各地执法人员和企业分阶段开展专项培训。

三是强化责任落实。针对发现的问题，督促地方依法查处，抓紧整改，并开展督办，对工作进展缓慢的，适时通过约谈督办方式，督促地方按期完成任务。

2018 年生态环境部门移送涉嫌环境污染犯罪案件 2 574 件，是 2013 年的 3.7 倍

光明日报记者：去年，生态环境部与最高检等部门签署协议在污染

防治方面开展相关合作，请问都在哪些领域开展了合作？进展情况如何？最高检今年年初发布《关于在检察公益诉讼中加强协作配合依法打好污染防治攻坚战的意见》，请问生态环境部配合最高检开展了哪些工作？

别涛：谢谢您关注这个问题，在党中央、国务院统一领导下，各级司法机关都在积极主动地进入生态环保领域工作。作为最高司法机关，最高检在这方面做了积极的探索和实践，我们表示高度赞赏。

近年，最高检不止出台了这个文件。根据我们了解，2018年最高人民检察院先后出台了《关于充分发挥检察职能为打好"三大攻坚战"提供司法保障的意见》《关于充分发挥检察职能作用助力打好污染防治攻坚战的通知》。今年，最高检又联合生态环境部等九部委印发了《关于在检察公益诉讼中加强协作配合依法打好污染防治攻坚战的意见》。最高检党组多次召开会议研究支持污染防治攻坚战，并且在内部机构改革中成立了专门机构。最高检党组召开会议专门讨论环保问题，李干杰部长应张军检察长的邀请做了专题介绍，而且我们专门签署了合作协议。

对于最高检对生态环境保护工作的重视和支持，我们高度赞赏、积极配合，落实环境保护行政执法与刑事司法（以下简称"两法"）衔接制度，打击环境污染犯罪。近年来在"两法"衔接方面，我们所做的工作可以用"六个共同"来概括。

一是共同做好顶层设计。2018年，最高检与生态环境部互动频繁，最高检召开"检察机关加强协作　配合服务打好污染防治攻坚战"座谈会，邀请李干杰部长参会，双方达成加强协作配合、共同打好污染防治攻坚战等重要共识。最高检与生态环境部就互派干部进行岗位实践锻炼签署了合作协议，目前互派首批骨干人员已经到位。

二是共同完善司法解释。近年来，生态环境部3次配合"两高"（最高法、最高检）修改完善关于环境污染犯罪的司法解释，相关规定日益细化，解决基层环保执法人员在办理案件过程中很多难题和困惑，解决具体问题，为打击环境犯罪、支持污染防治攻坚战起到促进作用。

三是共同构建衔接机制。2017年以来，生态环境部联合或者会同最高检、公安部等部门，先后出台《环境保护行政执法与刑事司法衔接工作办法》《关于在检察公益诉讼中加强协作配合依法打好污染防治攻坚战的意见》《关于办理环境污染刑事案件有关问题座谈会纪要》等一系列重要规范性文件，完善了"两法"的衔接机制。

四是共同办理大案、要案。生态环境部联合公安部、最高检对西安、临汾等地环境监测数据弄虚作假等具有影响的案件进行联合现场督办，办成了具有典型示范意义的指导性案例，起到强烈的震慑性作用。这些案例专门做了全国性通报。

五是共同实施挂牌督办。2015年以来，生态环境部联合公安部、最高检对安徽长江安徽池州段污染环境案等9起案件实施联合挂牌督办，督促地方在较短时间内查明案情。

六是共同组织交流培训。自2016年起，生态环境部联合最高检、公安部每年举行"两法"衔接专业培训班，已经形成了三部门的交流和业务信息分享平台。

以上合作取得明显成效，"两法"衔接打击犯罪效果显著。以2018年为例，全国生态环境部门向公安、检察机关移送涉嫌环境污染犯罪的案件 2 574 件，是"两高"2013 年发布关于环境污染犯罪司法解释时的 3.7 倍。2018 年，全国检察机关批捕破坏环境资源保护犯罪共计 15 095 人，比 2017 年上升了 51.5%；起诉 42 195 人，比 2017 年上升了 21%，这些数字来自最高检的工作报告，是相当权威的。谢谢。

2020 年年底前推进城镇地下水型饮用水水源地 "划、立、治"

每日经济新闻记者：我们注意到，生态环境部等五部委上半年联合印发《地下水污染防治实施方案》，请问地下水污染防治工作进展如何？还存在哪些问题？治理重点是什么？

刘友宾：地下水污染防治工作与人民群众生产生活密切相关，是打好污染防治攻坚战的重要方面。生态环境部组建以后，按照"三定"方案赋予的职责，把地下水污染防治工作摆上重要议事日程，主要开展了以下工作：

一是完善政策法规体系。今年 3 月，生态环境部联合自然资源部、住房和城乡建设部、水利部、农业农村部印发《地下水污染防治实施方案》，明确了地下水污染防治的主要目标、工作任务和保障措施。方案提出，到 2020 年，地下水污染加剧趋势得到初步遏制，到 2025 年，地下水污染加剧趋势得到有效遏制，到 2035 年，力争全国地下水环境质量总体改善，生态系统功能基本恢复。此外，不断完善地下水污染防治标准规范，出台《污染地块地下水修复和风险管控技术导则》，启动《地下水环境状况调查》《废弃井封井回填》等技术指南编写工作。

二是开展试点示范。生态环境部积极协调自然资源部、水利部等部门，推进部委间合作共享。在多个地市开展地下水水质监测试点，推进全国地下水环境监测网络建设。初步完成国家地下水污染防治专家库建设。

地下水污染具有长期性、复杂性、隐蔽性，我国地下水污染防治工作起步晚、基础弱，相关法规标准不健全，地下水环境监测体系尚未建立，监管基础能力薄弱，科技支撑和投入不足。

下一步，我们将扎实推进"一保、二建、三协同、四落实"地下水污染防治工作任务。

"一保"是保障地下水型饮用水水源环境安全。2020年年底前，有序推进城镇地下水型饮用水水源地"划、立、治"等重点工作。以"千吨万人"地下水型饮用水水源为重点，开展乡镇级地下水饮用水水源排查整治工作。

"二建"是建立完善地下水污染防治法规标准体系、全国地下水环境监测体系。

"三协同"是协同地表水与地下水、土壤与地下水、区域与场地污染防治工作。构建地表水—地下水—土壤保护的管理和技术体系，整体保护和恢复水土生态功能。

"四落实"是落实《水十条》确定的四项地下水污染防治重点任务，即开展调查评估、防渗改造、修复试点、封井回填工作。统筹考虑地下水污染防治工作的轻重缓急，分批开展试点示范，形成一批可复制、可推广的管理、技术、工程模式，有序推进地下水污染防治和生态保护工作。

1973 年至今我国颗粒物标准加严了 20 ~ 30 倍

中国经营报记者：我们听到有一些企业反映排放标准问题，认为随着排放标准加严，给企业生产经营活动带来负担和压力，增加生产成本。但从生态环保的角度来看，排放标准过低会增大环境压力。请问您对此怎么看？如何平衡二者的关系？

生态环境部法规与标准司副司长王开宇

王开宇：一般来说，一个国家环保标准的宽严程度，实际上是跟这个国家的经济社会发展阶段有关。总体来说，我国环保标准的控制水平与我国社会经济发展阶段是相适应的。经过这么多年的发展，我国的环保标准已经形成比较健全的标准体系。随着国家经济发展、人民生活水平的提高，一方面人民群众对环境质量改善的期望在不断提高；另一方面，工业源、机动车数量和规模都在不断加大，污染物排放量也在不断增多。这种情况下，环境压力也在不断加大。因此，适时加严环保标准，提高环保要求，是社会发展的必然。

以大气污染控制为例，环保工作从 1973 年开始，对于颗粒物的控制要求，实际上现在已经加严了 20 ~ 30 倍，氮氧化物和二氧化硫的控制要求加严了 10 倍左右。正因为采用了这些措施，我国才能在保证经济快速发展的同时，保证环境风险是可控的。加严标准或者制定排放标准的过程中，最重要的就是要平衡好成本和效益的关系，也就是要付出多少经济代价来获得什么样的环境效益，这是必须平衡好的。这个问题的本质，就是要处理好发展和保护的关系。

按照《环境保护法》（2014 年修订）的要求，生态环境部根据国家环境质量标准和国家经济、技术条件来制定国家污染物排放标准。以行业排放标准为例，我们在实际工作过程中，需要结合国家环境形势和产业政策的要求，针对行业的技术发展水平、行业清洁生产水平、产排污情况、治理技术发展水平，以及全行业达到污染物排放标准所要付出的成本包括管理成本等进行综合分析，制定国家污染物排放标准。这个过程中，我们还要广泛征求各方面的意见，包括征求有关部门、地方、行业协会、企业等的意见，我们希望标准能够在充分考虑经济技术条件的情况下，实现环境效益的最大化。

现阶段，最重要的问题还是现行标准的执行问题。下一步，一是要抓好现行标准的实施落地，加大执法力度，推动现行标准得到切实有效执行。二是要推动地方因地制宜制定地方污染物排放标准，体现地区差异性和标准适应性。要加强对地方制（修）订污染物排放标准的指导和规范，出台相应的技术指南、技术导则。三是要开展标准实施评估工作，要综合考虑标准实施的时间长短、污染物分担率等因素，选择一些重点行业的标准或综合标准开展这项工作，根据标准实施评估的结果适时修订标准。谢谢。

全面达到超低排放的 A 级企业，今冬遇重污染不要求其停（限）产

路透社记者：近日，有媒体报道，今年冬季中国将继续加严对钢铁企业的生产限制。中国钢铁工业协会的高管表示，政府应采取更公平的措施，保护和支持那些环境清洁和技术先进的钢铁制造商。请问您对此怎么看？今年冬季，生态环境部对钢铁企业将采取哪些政策举措？

刘友宾：近年来，我国大气环境质量持续改善。刚才向大家通报了今年上半年全国空气质量变化情况，应该说总体上也是处于稳步改善的趋势。但进入秋冬季，受污染物排放总量和不利气象条件的综合影响，导致一些地方重污染天气频发，给人民群众生产生活带来影响。

今年冬季，生态环境部将根据《大气污染防治法》（2018 年修正）等法律法规，积极推动钢铁行业超低排放改造和重污染天气应对，努力让人民群众享受更多的蓝天白云。同时，继续坚持依法减排、科学减排、精准

减排,生态环境部不会统一组织对工业领域包括钢铁企业进行限产或停产。地方对冬季工业企业生产有明确规定的,按照地方法规执行。

今年4月,生态环境部、国家发展改革委、工业和信息化部、财政部、交通运输部五部委联合印发《关于推进实施钢铁行业超低排放的意见》,指导钢铁企业开展超低排放改造。这是推动钢铁企业高质量发展的重大举措,各钢铁企业积极行动,正在开展超低排放改造。我们相信,钢铁企业的大气污染物排放量会大幅下降,为解决空气污染做出应有的贡献。

根据《大气污染防治法》第九十六条规定,县级以上地方人民政府应当依据重污染天气的预警等级,及时启动应急预案,根据应急需要可以采取责令有关企业停产或者限产等应急措施。

为指导各地做好重污染天气应对工作,目前,生态环境部正在制定重污染天气重点行业应急减排措施技术指南,拟按照工艺装备、有组织排放限值、无组织控制措施、运输方式等环保绩效水平将企业分为A、B、C三类,分别采取不同重污染预警等级应对措施和力度,提前告知企业,指导企业合理安排生产,在保障公众身体健康的同时,最大限度地减少对企业经济活动的影响。

生态环境部拟将全面达到超低排放的企业列为A级,这类企业在今年冬季重污染应对时不需采取限产或停产等减排措施,树立标杆企业,推动行业治理水平提升,形成"良币驱逐劣币"的公平竞争环境,促进重点行业高质量发展。

北京市生态环境局对江淮汽车开出 1.7 亿元罚单，涉案企业已缴纳罚款

南方周末记者：近期江淮汽车涉嫌 OBD 造假，被给予了 1.7 亿元的罚款，创下车企环保罚单最高纪录，我们想问一下根据相关的法律法规，这次处罚的依据是什么？谢谢。

别涛：我们也注意到媒体对这个案子的报道，也调取了案件相关文书。北京市生态环境局对机动车排放从源头上加强控制，对此，生态环境部是支持的。大家知道，北京市为了控制大气污染，降低 $PM_{2.5}$ 的浓度，实施了一系列重要措施，如控煤、限车等。北京市大气颗粒物污染源解析显示，机动车对 $PM_{2.5}$ 贡献率是很高的，所以对在用机动车及新生产、新销售的机动车都要加强监管。

据了解，北京市生态环境局最近在依法开展的新车一致性检查中，对安徽江淮汽车集团股份有限公司生产销售的江淮牌特定型号车辆进行抽检，发现抽检车辆的车载诊断系统（OBD 系统）功能性检测不符合相关标准要求。

北京市生态环境局认为，上述行为属于《大气污染防治法》（2018年修正）规定的机动车生产企业对污染控制装置以次充好、冒充排放检验合格产品出厂销售的行为。《大气污染防治法》（2018 年修正）第五十二条明确规定，机动车的生产企业应当对其新生产的机动车进行排放检验，经检验合格之后方可出厂销售。经过现场检查，发现车载诊断系统不达标，因此，依据《大气污染防治法》（2018 年修正）第一百零九条

第二款的规定，对江淮公司做出相应处罚，确定了 1.7 亿元的罚款数额。

据我们所知，涉案企业已经缴纳了罚款。该案后续是否有进一步的行政复议或者诉讼，我们也将持续跟踪。

七大流域（海域）生态环境监督管理局已全部挂牌成立

中国日报记者：机构改革将七大流域生态环境监管局划归生态环境部，大家对这些机构还有一些陌生，请问七大流域生态环境监管局的主要职责是什么？主要发挥哪些作用？

刘友宾：组建七大流域（海域）生态环境监管局，是以习近平同志为核心的党中央做出的重大决策部署，是落实《深化党和国家机构改革方案》和习近平总书记在生态环境保护大会上重要讲话的具体举措，也是对中央部署的按流域设置环境监管和行政执法机构这一全面深化改革任务的进一步深化。

长期以来，流域海域生态环境监管存在职责交叉重复、"九龙治水"、多头管理、力量分散的问题，对流域和海洋生态环境保护工作形成较大制约。

组建七大流域（海域）生态环境监督管理局，切实按流域、海域开展生态环境监管和行政执法，将有利于遵循生态系统整体性、系统性及其内在规律，有利于解决流域海域生态环境保护体制机制突出问题，有利于形成流域海域生态环境保护统一政策标准制定、统一监测评估、统一监督执法、统一督察问责的新格局，进一步提升生态环境工作的系统性和科学性。

根据中央编办批复，七大流域（海域）生态环境监督管理局主要负责流域生态环境监管和行政执法相关工作，具体包括组织编制流域生态环境规划、水功能区划，参与编制生态保护补偿方案，提出流域纳污能力和限制排污总量，承担流域生态环境执法、重大水污染纠纷调处、重特大突发水污染事件应急处置等工作。

此外，海河流域北海海域生态环境监督管理局、珠江流域南海海域生态环境监督管理局、太湖流域东海海域生态环境监督管理局还承担所辖海域内，组织拟订海域生态环境规划、标准，排海污染物总量控制、陆源污染物排海监督等工作。

在污染防治攻坚战的七大标志性战役中，有五大战役涉水、涉海，七大流域（海域）生态环境监管局的组建，将为进一步加强流域海域生态环境监管、打好污染防治攻坚战、持续改善流域海域生态环境质量、建设美丽中国提供重要支撑。

刚才您提到对这些新机构还有些陌生，但我可以非常高兴地告诉大家，目前，七大流域（海域）生态环境监督管理局已经全部挂牌成立，新战友已经和我们一起并肩走向污染防治攻坚战的第一线，将在污染防治攻坚战中发挥越来越大的作用。

主持人刘友宾：今天的发布会到此结束。谢谢！

8 月例行新闻发布会实录

2019 年 8 月 30 日

8 月 30 日，生态环境部举行 8 月例行新闻发布会。生态环境部应对气候变化司司长李高出席发布会并介绍了应对气候变化工作有关进展。生态环境部新闻发言人刘友宾主持发布会，通报近期生态环境保护重点工作进展，并共同回答了记者关注的问题。

8月例行新闻发布会现场（1）

↗ 第二轮第一批中央生态环境保护督察完成督察进驻工作

↗ 生态文明建设涌现出一批典型案例

↗ 长江经济带国家级自然保护区管理评估结果公布

8月例行新闻发布会现场（2）

主持人刘友宾：新闻界的朋友们，大家上午好！欢迎参加生态环境部8月例行新闻发布会。今天的新闻发布会，我们邀请到应对气候变化司司长李高，向大家介绍我国应对气候变化工作情况，并回答大家关心的问题。

下面，我先通报三项近期我部重点工作。

一、第二轮第一批中央生态环境保护督察完成督察进驻工作

2019年7月10日—8月15日，8个中央生态环境保护督察组顺利完成对上海、福建、海南、重庆、甘肃、青海6个省（市）和中国五矿集团有限公司、中国化工集团有限公司两家中央企业的督察进驻工作。

截至8月25日，各督察组共受理转办群众举报18 868件，被督察地方和中央企业已办结8 385件，阶段办结5 403件；立案处罚2 362家，罚款13 659.9万元；立案侦查79件，拘留57人；约谈党政领导干部1 556人，问责298人。

督察始终坚持"坚定、聚焦、精准、双查、引导、规范"的要求，聚焦重点领域，突出问题导向，做到见人、见事、见责任，查实一批工作不实、责任不实、效果不实，甚至敷衍应对、弄虚作假等形式主义、官僚主义问题，到目前为止，已曝光典型案例16个。对已经转办、待查处整改的群众举报问题，各督察组均已安排人员继续督办，要求被督察地方和中央企业盯住不放，不解决问题决不松手，确保群众举报问题能够查处到位、整改到位、公开到位，并建立完善长效机制，不断回应人民群众的生态环境诉求。

目前，各督察组正在开展督察报告起草、移交案卷梳理等工作。经

报党中央、国务院批准后，将按照有关程序，组织交换意见，向被督察地方和中央企业进行反馈，并按照有关权限、程序和要求进行问题移交。

二、生态文明建设涌现出一批典型案例

党的十八大以来，以习近平同志为核心的党中央把生态文明建设摆在治国理政的突出位置，开展了一系列根本性、开创性、长远性工作，形成了习近平生态文明思想，成为习近平新时代中国特色社会主义思想的重要组成部分。

社会各界认真践行习近平生态文明思想，持之以恒地抓紧、抓好生态文明建设和生态环境保护，坚决打好污染防治攻坚战，生态文明建设成效显著，美丽中国建设迈出重要步伐。在这个过程中，涌现出了一批正面典型，生动展示了我国生态文明建设的伟大实践和取得的显著成效。其中，有的始终坚持生态优先，走出了一条生产发展、生活富裕、生态良好的文明发展道路；有的大力整治污染问题，实现由"黑"到"绿"的华丽转身；还有的创新工作方法，引导公众积极参与生态环境保护，有效破解了"邻避"困境。

近日，中组部组织编选的《贯彻落实习近平新时代中国特色社会主义思想、在改革发展稳定中攻坚克难案例》收录了各地、各部门推荐的30个生态文明建设领域典型案例。这些正面典型是我国生态文明建设的先锋和代表。

为进一步宣传习近平生态文明思想，推广这些好经验、好做法，目前，生态环境部已在"生态环境部"两微、官方网站开设"美丽中国先锋榜"

专栏，陆续转发 30 个案例，以期扩大典型案例的影响力，引导全社会牢固树立生态文明意识，共同建设美丽中国。

三、长江经济带国家级自然保护区管理评估结果公布

为贯彻落实习近平总书记对长江经济带"共抓大保护、不搞大开发"指示精神，督促帮助长江经济带相关自然保护区不断加强自身能力建设、提高监督管理水平，2017—2018 年，原环境保护部联合原国土资源部、水利部、原农业部、原国家林业局、中国科学院、原国家海洋局六部门组织开展长江经济带国家级自然保护区管理评估。

评估结果表明，长江经济带国家级自然保护区管理工作取得积极进展，绝大部分保护区设置了独立管理机构，所有的保护区都建立了管理制度并开展了日常巡护工作，自然保护区主要保护对象状况基本稳定，部分重点保护野生动植物数量稳中有升，保护区与社区协同发展取得了一定成效。

从各省总体情况来看，上海、江苏、浙江、湖北、江西等省（市）评估情况较好。评估结果前十名的保护区包括四川卧龙、湖北五峰后河、江苏泗洪洪泽湖湿地、湖北神农架、江苏大丰麋鹿、贵州赤水桫椤、江西武夷山、浙江天目山、贵州梵净山、江西九连山。

同时，评估结果中也反映出一些共性问题。例如，部分地方政府仍然存在重视程度不高、落实保护区管理责任不到位等问题；保护区管理机构的人员配置与勘界立标等基础工作薄弱，科研监测、专业技术能力等方面存在明显短板；人类活动负面影响仍然不同程度存在。评估结果后十名的保护区包括安徽扬子鳄、重庆缙云山、重庆五里坡、贵州佛顶山、长江

上游珍稀特有鱼类（贵州段）、云南文山、江西赣江源、江西铜钹山、四川察青松多白唇鹿、四川长沙贡玛。

下一步，生态环境部将持续加强自然保护地监管，深入开展自然保护地成效评估，并通过帮扶指导、后评估等多种形式，不断提升我国自然保护地保护成效。

下面，请李高司长介绍情况。

生态环境部应对气候变化司司长李高

加强应对气候变化与生态环境保护工作的统筹融合

李高：谢谢刘司长。各位记者朋友，女士们，先生们，大家上午好！很高兴就应对气候变化工作和大家进行交流。非常感谢大家对应对气候变化工作的关心支持。媒体在应对气候变化工作中，发挥着不可替代的作用，我们也非常希望各位媒体朋友持续支持应对气候变化工作，更多地报道气候变化。

中国政府始终高度重视应对气候变化。习近平总书记多次强调，应对气候变化不是别人要我们做，而是我们自己要做，是中国可持续发展的内在需要，也是推动构建人类命运共同体的责任担当。李克强总理担任国家应对气候变化及节能减排工作领导小组组长，多次对应对气候变化工作做出重要部署。今年7月9日，李克强总理主持召开国家应对气候变化及节能减排工作领导小组会议，研究了应对气候变化的相关工作，并对做好下一阶段工作做出了部署、提出了要求。

本次机构改革以来，面对应对气候变化工作的新形势、新情况、新任务，生态环境部坚持以习近平生态文明思想为指导，贯彻落实全国生态环境保护大会的部署和要求，积极落实"十三五"控制温室气体排放目标任务，加快推进碳排放权交易市场建设，强化适应气候变化相关工作，加强应对气候变化与生态环境保护工作的统筹融合，积极推动领导小组各组成部门之间的协调沟通，应对气候变化工作取得新进展。同时我们继续积极参与气候变化国际谈判，为去年年底的联合国气候变化卡托维兹大会取得成功做出重要贡献。目前，我们正在积极准备参加即将于9月召开的联合国气候行动峰会，持续推动全球气候治理进程。

下一步，我们将继续贯彻落实党中央、国务院决策部署，实施积极应对气候变化国家战略，按照国家应对气候变化及节能减排工作领导小组会议要求，进一步加强应对气候变化相关工作，推动绿色低碳转型，为高质量发展和生态文明建设继续做出贡献。

下面我愿意回答媒体记者朋友们提出的问题，谢谢大家！

主持人刘友宾： 下面请大家提问。

2018 年我国碳排放强度比 2005 年下降了 45.8%，比 2017 年下降了 4.0%

中央广播电视总台央广记者： 2019 年 7 月，国家应对气候变化及节能减排工作领导小组召开会议，研究部署了应对气候变化工作，请问我国应对气候变化取得了哪些进展？生态环境部作为应对气候变化工作的主管部门，对落实领导小组会议精神有何考虑？

李高： 谢谢你的提问。2019 年 7 月 9 日，李克强总理主持召开了国家应对气候变化及节能减排工作领导小组会议，研究部署应对气候变化工作。这是机构改革后的第一次领导小组会议，充分体现了党中央、国务院对应对气候变化工作的高度重视。

会议肯定了近年来应对气候变化工作的成效，强调要坚持以习近平新时代中国特色社会主义思想为指导，按照推动高质量发展的要求，统筹谋划经济社会发展和应对气候变化工作，促进经济结构优化升级，推动新旧动能转换，加快形成绿色低碳、循环发展的产业体系，加强生态文明建设，坚决打好污染防治攻坚战，促进经济社会持续健康发展，并为全球应对气候变化挑战继续做出应有贡献。同时，会议指出，中国会继续付出艰苦卓绝的努力，确保兑现对国际社会做出的 2030 年前后二氧化碳排放总量达峰和强度大幅下降的承诺。会议还强调坚持"共同但有区别的责任"原则、公平原则和各自能力原则，与国际社会一道共同维护《联合国气候变化框架公约》《巴黎协定》及其实施细则，推动气候变化多边谈判充分体现发展中国家的诉求。

近年来，在党中央、国务院的坚强领导下，我国应对气候变化工作取得明显成效。

一是减缓气候变化工作全面推进。我们采取措施持续落实"十三五"碳强度下降目标，同时持续推动开展各类低碳试点示范，支持地方制定低碳发展战略和政策。经过努力，2018 年我国碳排放强度比 2005 年下降了45.8%，比 2017 年下降了 4.0%，基本扭转了温室气体排放快速增长的局面。大家比较关心煤炭，如果我们看煤炭占能源消费的比重，2005 年是72.4%，2018 年这个数字是 59%，也就是说在过去十多年当中，我国煤炭占能源消费比重基本上以每年一个百分点的速度下降。如果考虑到我国能源消费总量，取得这个成绩是非常不容易的。非化石能源占能源消费比重达 14.3%，这个成绩对我国的经济结构转型升级、对应对全球气候变化做出了突出的贡献。这些成绩的取得，也为我们落实"十三五"国家应对气候变化目标任务，以及实现 2030 年国家自主贡献目标打下了坚实基础。

二是适应气候变化工作有序开展。我们发布了国家适应气候变化战略，开展气候适应型城市试点。加强气候风险管理，提高生态系统服务功能。我们参与发起了全球适应委员会，同时还推动全球适应中心在中国开设办公室，为下一步适应气候变化领域开展国际合作搭建了非常好的平台。

三是应对气候变化体制机制不断完善。应对气候变化和减排职能划入新组建的生态环境部，强化了与生态环境保护工作的统筹协调。国家应对气候变化领导小组统一领导、气候变化主管部门归口管理、各部门相互配合、各地方全面参与的工作机制进一步完善。机构改革后，国务院调整了领导小组的组成单位，制定了工作规则，建立了联络机制。这次调整把金融主管部门也纳进来，我们认为这是非常显著的进展。金融在推动我国绿色低碳发展和应对气候变化方面发挥着非常重要的作用，对实现国家自主贡献目标也发挥了非常重要的作用，生态环境部将与金融主管部门、金融监管部门、宏观经济管理部门共同推进气候投融资方面的工作。

四是碳排放权交易市场建设持续推进。2017年12月，全国碳排放交易体系正式启动，我们陆续推动相关工作，发布了24个行业碳排放核算报告指南和13项碳排放核算国家标准，这些都是很重要的技术基础。同时，相关的法律制度建设、基础设施建设、能力建设工作都在持续推进。

五是在全球气候治理中的影响力和引导力显著增强。习近平主席亲自出席巴黎大会，并为《巴黎协定》快速签署和生效提供重要推动力，我国成为全球气候治理重要的参与者、贡献者和引领者。在《巴黎协定》实施细则谈判中，我们积极贡献中国智慧，提出中国方案，为谈判取得成功做出了重要贡献。去年，卡托维兹大会经过艰苦努力取得成功后，联合国秘书长古特雷斯几次专门致信习近平总书记，感谢习近平总书记和中国代表团为卡托维兹会议成功做出的贡献。

六是气候变化宣传持续强化。我想利用这个机会再次感谢媒体朋友在这方面做出的努力和贡献。我们每年组织开展"全国低碳日"活动,把"全国低碳日"作为提升社会公众低碳发展意识的重要活动,我们编写并发布年度报告,向国际社会介绍我国在各个领域开展应对气候变化、低碳发展政策行动和取得的成效,让公众、国际社会更好地了解应对气候变化工作。我们还开展了形式多样、内容丰富的宣传活动。经过近几年的努力,全社会应对气候变化意识稳步提高。

这些成绩的取得来之不易,我国是最大的发展中国家,发展不平衡、不充分的问题突出,此外,还面临着发展经济、改善民生、消除贫困、打赢污染防治攻坚战等一系列非常艰巨的任务,但我们坚持履行应对气候变化承诺。在过去付出艰苦努力的基础上,李克强总理做出郑重表态,我们要继续付出艰苦卓绝的努力,确保落实国家自主贡献目标。我们应对气候变化的决心也不会因为外部环境的变化而发生任何动摇。下一步,我们将继续深入贯彻习近平新时代中国特色社会主义思想及习近平生态文明思想、外交思想、经济思想,全面落实党中央、国务院的决策部署,坚定不移实施积极应对气候变化国家战略,积极参与和引领全球气候治理,落实领导小组会议部署,重点是确保完成"十三五"应对气候变化目标任务。

在体制机制方面,我们要在领导小组机制下进一步发挥好统筹协调作用,更好地推动各部门形成政策合力,共同把应对气候变化推向前进。另外,地方机构改革工作基本完成,也面临加强地方应对气候变化工作队伍和能力建设的繁重任务,这也是下一步工作重要的着力点。

在完成"十三五"目标任务方面,我们将在评估相关进展的基础上,继续采取措施确保落实"十三五"碳强度约束性目标。加强落实目标任务的基础能力，推动建立完善温室气体管理、统计核算、监督考核等工作机制。同时也要开始谋划"十四五"应对气候变化目标任务和重点工作。

在碳排放权交易市场建设方面，我们将加快推进相关工作，积极推动《碳排放权交易管理暂行条例》立法进程，适时印发《全国碳排放权配额总量设定与分配方案》《发电行业配额分配技术指南》和重点排放单位温室气体排放报告管理办法、核查管理办法、交易机构管理办法等配套管理制度，持续、深入、系统地开展面向各类市场主体的全国碳排放权交易市场能力建设活动，组织开展全国碳排放权注册登记系统和交易系统这两个非常重要系统的建设。

在适应气候变化方面，我们将评估《国家适应气候变化战略》的进展情况，继续深入开展气候适应型城市试点，总结并形成可供推广的经验，继续推进与全球适应委员会的合作。

在参与全球气候治理方面，我们将继续积极建设性参与气候变化国际谈判，与各方一道共同努力，争取在今年的圣地亚哥气候变化大会[①]上解决《巴黎协定》实施细则的遗留问题，推动《巴黎协定》全面有效实施。同时，我们还将进一步推动气候变化"南南合作"，为其他发展中国家应对气候变化提供我们力所能及的帮助。

在提升应对气候变化意识方面，我们将继续通过"全国低碳日"等主题宣传活动，倡导绿色低碳的生产生活方式，进一步普及绿色低碳发展理念。谢谢！

---

① 　原定在智利圣地亚哥举行的联合国气候变化大会（COP25）于 2019 年 12 月在西班牙马德里召开。

重点推动《碳排放权交易管理暂行条例》尽早出台，为碳排放权交易市场建设奠定法律制度基础

中国青年报记者：刚才您提到了碳排放权交易市场，请介绍一下全国碳排放权交易市场建设情况如何？还存在哪些问题？下一步有何举措？

李高：谢谢你的提问。建设全国碳排放权交易市场，是利用市场机制以较低社会成本控制和减少温室气体排放，推动绿色低碳发展的重大制度创新。这项工作非常重要，也受到了国际、国内社会的广泛关注。

目前，我们正在按照《全国碳排放权交易市场建设方案》各项任务要求，积极推动全国碳排放权交易市场建设，包括法规制度体系建设、基础设施建设、能力建设、管理体系建设等。我们也取得了很多具体进展，碳排放权交易市场建设的数据基础非常重要，我们组织开展了 2018 年度碳排放数据报告、核查及排放监测计划制订工作，组织各省（市）报送了发电行业重点排放单位名单，修改完善《碳排放权交易管理暂行条例》并向社会公开征求了意见。我前面提到的相关配套制度也在反复修改完善过程中，我们还组织开展了一系列面向发电行业和地方管理机构的能力建设培训活动。

碳排放权交易市场建设确实是一个全新的工作，挑战很大，在法规体系建设、管理体系、基础设施建设、能力建设等方面有大量的工作要做，任务非常繁重。下一步，我们将牢牢把握碳排放权交易市场作为控制排放政策工具的工作定位，按照碳排放权交易市场建设方案要求推动有关工作，有效地发挥碳排放权交易市场对控制温室气体排放、降低全社会减排成本的作用。从具体工作来讲，我们将重点推动《碳排放权交易管理暂行条例》

尽早出台，为碳排放权交易市场建设奠定法律制度基础，加快印发《全国碳排放权配额总量设定与分配方案》《发电行业配额分配技术指南》和重点排放单位温室气体排放报告管理办法、核查管理办法、交易机构管理办法，这些工作都非常重要，也非常复杂，我们都在积极推动。我们还要进一步持续开展能力建设，能力建设不是虚的，是非常重要的工作基础。全国碳排放权注册登记系统和交易系统已经有了初步建设方案，下一步，我们要对这个方案进行论证，论证确定方案后要加快两个系统的建设。我们还要确定纳入全国碳排放权交易市场的发电行业重点排放单位名单，并组织在注册登记系统和交易系统开户，为碳排放权交易市场的测试运行和上线交易打下坚实的基础。同时，全国碳排放权交易市场是以发电行业为突破口，我们也已经在考虑扩大参与碳排放权交易市场的行业范围和主体范围，增加交易品种的问题，提前做好将其他行业尽快纳入碳排放权交易市场的相关准备工作。

在此对关心全国碳排放权交易市场建设的社会各界表示感谢，同时也请大家放心，我们一直在按既定计划积极、稳妥、持续地推进有关工作，第四季度我们将碳排放权交易市场建设的一系列成果展现给大家，让大家看到我们在碳排放权交易市场建设方面的重要进展。谢谢大家。

各方同心协力推动峰会取得成果，对维护多边主义、全球气候治理进程具有重要意义

中央广播电视总台央视记者：2019 年 9 月 23 日，联合国秘书长古特

雷斯将在美国纽约市联合国总部召开联合国气候行动峰会，中方对此有何期待？中方对参加此次峰会有何具体考虑？

李高：谢谢你的提问。2019 年联合国气候行动峰会是今年气候变化多边进程非常重要的活动，中方对此高度重视。当前，我们正处于《巴黎协定》实施承前启后的重要阶段，去年，联合国气候变化会议达成《巴黎协定》实施细则"一揽子"决定，为各方履行《巴黎协定》提供了明确指导，2020 年我们将进入全面实施《巴黎协定》的新时期。在这样的背景下，联合国秘书长召开此次联合国气候行动峰会，具有非常重要的意义。

这个会议将集中展示各方积极应对气候变化的行动和成效，为全球合作应对气候变化提供政治推动力。我们认为，在当前复杂多变的国际形势下，各方同心协力推动峰会取得成果，对维护多边主义、全球气候治理进程具有重要意义。我们也积极支持联合国秘书长和联合国团队办好这次峰会。

我们对这次峰会有以下四方面考虑。

一是希望峰会为全面有效实施《巴黎协定》凝聚强劲政治推动力，我们也期待峰会就坚持多边主义、推动全球低碳发展、增强适应气候变化能力发出强有力信号，特别是在为发展中国家提供支持方面，能够产生具体、积极的成果，能够表明各方对落实《巴黎协定》的政策支持，营造全球重视《巴黎协定》、兑现承诺的积极氛围。

二是希望峰会着力推动各国结合国情加速转型，把气候行动与联合国《2030 年可持续发展议程》紧密结合起来，与各国的经济发展、优先事项紧密联系起来，向国际社会发出强烈信号，我们采取行动应对气候变化能够协同推动经济发展、消除贫困、增加就业、改善环境。

三是希望峰会秉承开放、包容的精神，充分发挥成员国作用，充分调动广大利益相关方的积极性，广泛听取各国特别是发展中国家的意见，动员各方为合作应对气候变化提供更多的解决方案，同时也推动发达国家为发展中国家提供资金、技术、能力建设支持。

四是希望峰会目标成果设计、后续实施安排充分尊重《联合国气候变化框架公约》和《巴黎协定》的原则和条款，统筹考虑行动与支持。重在鼓励各方通过峰会这一契机，落实承诺、交流最佳实践经验，形成国际社会合作应对气候变化的积极氛围，助推《巴黎协定》全面有效实施。

在峰会筹备过程中，中方与联合国秘书长的团队保持着非常密切的沟通，我们也受联合国方面委托，与新西兰一道共同牵头"基于自然的解决方案"这一领域工作。目前，我们正在积极筹备参会相关工作，届时，生态环境部领导将陪同国家领导人出席有关峰会正式活动，并出席"基于自然的解决方案"等领域峰会配套活动，为峰会成功举办做出中国贡献。利用这次峰会的机会，我们也将积极展示中国应对气候变化政策行动，讲好积极应对气候变化的"中国故事"。

我们相信，在各方的共同努力下，2019 年联合国气候行动峰会将会进一步提振国际社会合作应对气候变化、采取有力气候行动的信心和动力，强化全球合作，为推进《联合国气候变化框架公约》《巴黎协定》全面有效实施发挥积极作用，谢谢。

与中外合作伙伴共建绿色"一带一路"，让生态文明的理念和实践造福沿线各国人民

南华早报记者：请问中国在"一带一路"绿色投资上有哪些举措？下一步在"一带一路"绿色发展方面会有哪些具体措施？

刘友宾：中国政府高度重视绿色"一带一路"建设。2017年，习近平主席在首届"一带一路"国际合作高峰论坛上强调，要践行绿色发展的新理念，倡导绿色、低碳、循环、可持续的生产生活方式，加强生态环保合作，建设生态文明，共同实现2030年可持续发展目标。2018年9月，习近平主席在中非合作论坛北京峰会上明确提出，要把"一带一路"建成"绿色之路"。2019年4月，习近平主席在第二届"一带一路"国际合作高峰论坛上再次指出，要坚持开放、绿色、廉洁理念，把绿色作为底色，推动绿色基础设施建设、绿色投资、绿色金融。

生态环境部认真贯彻落实习近平主席指示，采取多项举措，推进绿色"一带一路"建设。

一是开展顶层设计，明确目标和任务。2017年发布《关于推进绿色"一带一路"建设的指导意见》和《"一带一路"生态环保合作规划》，明确总体思路和任务措施。

二是推进平台建设，健全合作机制。在第二届"一带一路"国际合作高峰论坛期间，成立"一带一路"绿色发展国际联盟，发布"一带一路"生态环保大数据服务平台。启动"一带一路"绿色供应链平台，成立澜沧江－湄公河环境合作中心，筹建中非环境合作中心。在中国深圳市设立"一

带一路"环境技术交流与转移中心。

三是加强对话交流，开展务实合作。目前，中国已与共建国家和国际组织签署近50份双（多）边生态环境保护合作文件。举办"一带一路"生态环保国际高层对话等系列主题交流活动。开展环境管理对外援助培训班和应对气候变化"南南合作"培训，每年支持300多名共建国家和地区代表来华交流培训。

我们将进一步围绕"一带一路"绿色发展国际联盟和生态环保大数据服务平台两项重点工作，与中外合作伙伴共建绿色"一带一路"，让生态文明的理念和实践造福沿线各国人民。

"十四五"规划将把气候变化相关工作内容纳入生态环境保护工作规划

封面新闻记者：机构改革后，气候变化职能划入生态环境部，打通了一氧化碳和二氧化碳。请问在污染物控制和节能减排协同治理方面有哪些新的举措？

李高：气候变化职能转入生态环境部，对于加强应对气候变化工作与环境污染治理和生态环境保护工作的统筹融合是一个非常好的契机。我们在生态环境部的领导下，与有关司局配合，持续推动这方面工作。

统筹融合工作涉及很多方面，体现在目标设定、落实和监督，规划制定，数据的管理和监测等方面，在各领域都有进一步加强融合的空间，我们也在朝这个方向努力。举一个具体的例子，生态环境状况公报纳入了气候变化和温室气体管理的内容，在打好大气污染防治攻坚战的过程中，我们也同有关司局加强联系，研究在有效控制温室气体排放的同时对大气污染防治有作用的政策。将来，我们要在落实这些政策方面做出更多的努力，并加大执行力度。

应对气候变化、控制温室气体与控制污染物排放有很大的协同性，如果采取恰当的措施，这种协同的效果会更好，因为它们都是由化石燃料燃烧产生，同根同源。下一步，我们在这个领域还要加大相关工作力度，把生态保护和生态修复工作与适应气候变化、减少气候变化不利影响的工作有效结合起来。我们还要进一步把气候变化相关工作内容纳入"十四五"国民经济和社会发展规划纲要，纳入"十四五"生态环境保护工作规划中，成为其重要组成部分，强化各项工作间的协调、协同。今后，温室气体管理也要更好地利用污染物管理的现有平台、现有机制和现有队伍来开展。我们将继续与有关司局加强协同，共同推动做好应对气候变化工作和环境保护工作的协同增效。

全球应采取更有力的合作行动应对气候变化，把极端气候事件影响降到最低

新京报记者：最近有观点认为，亚马孙雨林的燃烧将加剧全球变暖，气候变化的加剧又将进一步导致亚马孙雨林功能丧失。另外，今年第9号台风"利奇马"对浙江、江苏、山东等地造成了极大破坏，有观点认为是气候变化导致近年来台风越来越北上的趋势，请问您怎么看待这两个观点？

李高：最近一段时间，"利奇马"台风对我国浙江、江苏、山东等地造成了巨大的破坏，造成了人民生命财产的严重损失，大家都非常痛心。近期，亚马孙雨林大火也引起全球高度关注，大家都希望各方面采取强有力的措施，能够尽快把亚马孙大火控制住，尽量减少损失。

不管是"利奇马"超强台风还是亚马孙的大火，都是在全球气候变化加剧的大背景下发生的。全球气候变化已经不是一个研究问题，而是观测事实。气候变化非常显著的特征就是极端天气发生频率加大，影响的空间范围增大，持续时间加长，造成的损害更大。我想这两起事件应该增强我们对于应对全球气候变化紧迫性的认识。

从"利奇马"台风对我国造成的损失可以看出，我国的基础设施建设还有很大的差距，应对极端气候事件的能力还有所欠缺。从这个角度来讲，应对气候变化，中国也不可能置身事外，我们要积极采取有力的政策措施。我们也希望以此为契机，全社会进一步提升对应对气候变化工作重要性的认识，提高气候风险意识，并且把对气候风险的认识贯穿到政策制定当中，进一步加大应对气候变化工作力度。

从亚马孙雨林大火事件来看，全球都需要进一步强化应对气候变化。否则，类似亚马孙这样的事情，就可能明天发生在刚果的森林、在巴布亚新几内亚的森林，或者在其他地方的森林。在气候变化的背景下，这样的事件会持续发生，而且损害会更大。全球都要更加高度重视应对气候变化，采取更有力的行动措施和合作行动应对气候变化，把这样的风险降低到最小，把极端气候事件带来的影响降到最低。

派出16个工作组对全国所有16家四氯化碳副产企业开展驻厂监督帮扶

中央广播电视总台国际电视台记者： 9月16日是国际保护臭氧层日，前段时间生态环境部在全国范围内开展了新一轮消耗臭氧层物质（ODS）专项执法行动，请问目前行动进展情况如何？

刘友宾： 为进一步做好消耗臭氧层物质ODS监督管理，严厉打击非法生产、销售、使用涉ODS的行为，在各地生态环境部门日常执法的基础上，生态环境部在全国范围内开展了ODS专项执法行动（以下简称专项执法行动）。

专项执法行动开展以来，生态环境部直接派出11个工作组67人次，深入一线对山东、河北等11个重点省（市）656家涉ODS企业进行了排查，对所有符合采样条件的企业采集样品，并用快速检测仪进行检测，目前对初步检测有问题的企业样品正在进行实验室复检。在此次专项执法行动中，发现1家非法生产三氯一氟甲烷（CFC–11）的企业，相关案情正在侦办中。

为强化管控，生态环境部还直接派出16个工作组，对全国所有16家四氯化碳（CTC）副产企业开展驻厂监督帮扶，目前驻厂已持续近两个月，派出人员228人次。同时，生态环境部要求16家CTC副产企业全部安装CTC在线监控设施。目前，4家企业已经完成安装任务，其余12家企业将于今年年底前全部完成。

为做好此次专项执法行动，生态环境部开展了两期培训，合计培训近150人次，向22个省增加配发36台ODS快速检测仪，进一步提升了各地执法监测能力。此外，今年年底前，生态环境系统将至少新增6个具备ODS产品检测资质的实验室，为执法提供法律依据。

近期，中国保护臭氧层行动英文网站将正式上线，为社会各界了解中国履行《蒙特利尔议定书》工作提供信息交流平台。

每年的9月16日是国际保护臭氧层日，今年，我国将以"打击涉消耗臭氧层物质非法行为"为主题，举办国际保护臭氧层日纪念活动，进一步宣传《蒙特利尔议定书》履约要求，动员社会各界参与保护臭氧层行动，营造绿色发展和绿色生活方式的社会氛围。

下一步，生态环境部将制定涉ODS执法技术指南，持续开展ODS执法培训，不断提升地方执法能力，全力打击涉ODS违法行为。

实现2030年碳排放达峰目标，不要低估难度也不要低估努力和决心

路透社记者：近期，有专家学者撰文指出，在当前政策下，中国可能无法实现2030年碳排放达峰的承诺，除非在"十四五"期间采取更加严格的减排措施，请问生态环境部对此有何评论。另外在大阪G20峰会期间，中方承诺将要更新国家自主贡献目标，确保其较此前更具进步性，体现减排决心。中国将采取哪些具体方式进一步进行碳减排？

李高：一段时间以来，围绕中国实现国家自主贡献目标研究的论文有很多，你讲到的是其中一个研究结论，有的专家认为我们要实现目标有难度，我们还看到一些研究，认为中国能够提前很多年实现这个目标。专

家学者们从他们各自的专业角度，根据他们获得的数据，用他们自己的方法来开展研究，对中国能不能实现2030年自主贡献目标得出了不同结论。这些研究从不同角度考察了中国应对气候变化的政策措施，其中有一些好的建议，我们会认真汲取。但这些不同的研究结论只代表有关机构和专家的个人观点。

在中国实现2030年国家自主贡献目标这个问题上，我想强调两个"不要低估"。

第一，不要低估作为最大的发展中国家，中国实现这些目标的难度。我们发展不平衡、不充分的问题还很突出，还面临着发展经济、改善民生、消除贫困、防治污染等各种繁重的工作任务，近期，还要面对更加复杂的外部环境，实现2030年目标的难度可想而知。就像李克强总理指出的那样，需要付出艰苦卓绝的努力。这些目标肯定不是能提前很多年、很顺利就实现的。我们制定的目标是充分考虑中国经济社会发展的现状和能力，同时也考虑我们可持续发展的需要，考虑我们对全球应对气候变化的贡献，经过认真研究，做出的审慎决策。它不可能是轻而易举达到的。

第二，不要低估中国政府对于落实自身承诺的坚定信心，不要低估中国政府为促进本国可持续发展、高质量发展、生态文明建设和应对全球气候变化做出努力的决心。我们将持续地采取有力的政策措施来确保实现我们已经做出的2030年国家自主贡献目标。

当前，工作重点就是确保"十三五"碳强度目标能够顺利实现。"十四五"期间，我们要进一步制定应对气候变化的目标任务，采取有力措施。在"十四五"方面，我们还要做很多工作，因为"十四五"非常重要，是我们落实 2030 年目标的关键时期，也是实现高质量发展和美丽中国建设的关键时期。在这样的关键时期，我们要进一步把应对气候变化与经济社会发展、生态环境保护紧密联系起来，这也是在不久前结束的国家应对气候变化领导小组会上李克强总理明确要求的。

实际上，前面我已经介绍了，下一步，我们要把应对气候变化的目标任务纳入"十四五"规划纲要和"十四五"生态环境保护规划，进一步强化温室气体排放控制和适应气候变化工作，并且与大气污染治理、生态环境保护、节能提高能效等工作领域更好地衔接。

第一，在继续有效控制温室气体排放方面，"十四五"期间，我们将继续实施有力的碳强度下降控制目标，同时还将积极稳妥地支持鼓励部分地方行业结合自身发展实际开展二氧化碳排放达峰行动，制定明确的目标、路线图和实施方案，为我国整体实现目标做出贡献，为其他地方和行业提供学习借鉴。

我们将继续制定"十四五"控制温室气体排放工作方案，开展分解落实考核工作。"十四五"期间，应对气候变化目标设定、分解落实和考核工作将会进一步与生态环境系统现有的工作结合起来，利用好生态环境系统强有力的监督、督察职能。

我们目前提出的国家自主贡献目标主要是围绕化石燃料燃烧产生的二氧化碳排放，"十四五"期间，我们将推动开展二氧化碳以外的其他温室气体的控制工作。

第二，"十四五"期间，我们还将进一步加强温室气体的管理工作。要建立健全相关机制，由生态环境部统筹协调，其他相关部门包括统计、能源、林业、农业等共同参与、各负其责的温室气体管理、统计核算机制。开展常态化的温室气体清单编制和温室气体数据的年度发布工作。目前，我们现有的机制、人员、资金支持都不能满足年度发布我国温室气体排放数据的要求，如果不能做到这一点，我们就无法履行《巴黎协定》对履约透明度的要求，也无法满足国内应对气候变化工作的数据要求。这是我们非常重要的工作。

第三，"十四五"期间，全国碳排放权交易市场将进入平稳有效运行的阶段，交易范围、交易品种都将进一步扩大，法律制度体系、数据管理体系、市场监管体系将进一步完善，总体上将基本建成制度完善、交易活跃、监管严格、公开透明的全国碳排放权交易市场。

第四，我们还要进一步强化适应气候变化工作，进一步根据适应气候变化工作需要，在"十四五"期间考虑更新、充实现有的国家适应气候变化战略，开展落实战略的具体行动，完善相关体制机制，进一步开展适应气候变化国际合作。把我国好的做法介绍给其他发展中国家，同时也向其他发展中国家学习经验。

第五，在"十四五"期间，应对气候变化与污染防治、生态保护工作要做到全面融合，在目标规划、政策、监管、考核各个方面形成统筹融合、协同增效、不断完善的机制，包括工作机制、政策、队伍、管理等方面。

第六，在推进全球气候治理体系方面，我们将继续参与和引领全球气候治理，坚定不移地支持多边主义，坚定维护《联合国气候变化框架公约》和《巴黎协定》，进一步开展气候变化"南南合作"。重点是推动《巴黎协定》的全面有效实施，推动各国采取切实行动履行已经做出的承诺。

今年7月起又将8个品种固体废物从非限制进口类调整列入限制进口类

财经杂志记者：今年上半年，生态环境部在推进固体废物进口管理制度改革等方面做了哪些工作？取得了哪些成效？

刘友宾：禁止洋垃圾入境、推进固体废物进口管理制度改革是中国政府坚定不移的政策措施，是中国推进生态文明建设的重要举措，也是建设美丽中国的必然要求。

2019年上半年，按照党中央、国务院部署，生态环境部会同有关部门，坚定不移地抓好禁止洋垃圾进口这一生态文明建设的标志性举措，各项工作取得了积极进展。上半年，全国固体废物进口量为728.6万吨，同比下降28.1%，其中，限制进口类固体废物进口量为543.9万吨，同比下降33.2%。

一是继续深化固体废物进口管理制度改革。《固体废物污染环境防治法（修订草案）》已于今年6月25日提请全国人大常委会第一次审议。继续调整进口废物管理目录，7月1日开始将铜废碎料、铝废碎料、废钢铁等8个品种固体废物从非限制进口类调整列入限制进口类。

二是坚决强化洋垃圾非法入境管控。严厉打击洋垃圾走私，严格控制审批总量。5月，开展了新一轮打击进口固体废物加工利用企业环境违法行为专项行动。企业环境违法率从2017年的59.9%降至2019年的9.9%，违法行为得到有效遏制。

三是着力构建防止洋垃圾入境长效机制。各级生态环境部门将进口废物加工利用企业作为环境监管重点，按季度进行现场检查。各级生态环境、海关、公安等部门健全情报互通机制，实施执法监管联动。

下半年，生态环境部将联合有关部门继续充分利用部际协调小组机制，进一步强化部门间协调配合，持续提升国内固体废物回收利用水平，确保全面落实 2019 年工作计划，坚决完成全年固体废物进口总量控制目标。

成立全球适应中心中国办公室，进一步深化在适应领域的国际合作

中国日报记者：请问关于应对气候变化"南南合作"，有何最新进展？下一步还将有哪些安排？此外，近期，我国成立了全球适应中心中国办公室，办公室成立后将开展哪些工作？

李高：实际上中国作为最大的发展中国家，我们对其他发展中国家受到气候变化不利影响、应对不利影响能力较弱的情况感同身受。所以，我们始终坚持在力所能及的情况下，尽可能帮助其他发展中国家更有效地应对气候变化。

习近平主席多次对应对气候变化"南南合作"做出指示，也对国际社会做出了郑重承诺。目前为止，我们在推动气候变化"南南合作"方面取得很多进展。我们与相关发展中国家、部门之间签署了 35 个应对气候变化"南南合作"谅解备忘录，累计已安排 10 多亿元人民币，为其他发展中国家，特别是非洲国家、小岛屿国家应对气候变化提供支持，其中很多国家都是"一带一路"沿线国家，主要是帮助他们提高应对气候变化能

力、减少不利影响。除了刚才我说的 35 个已签署的备忘录，目前，我们正与 10 多个发展中国家商签相关协议。下一步，我们将进一步推进、拓展应对气候变化"南南合作"。除了双边合作以外，我们也将积极探索三方合作的可能性，动员更多资源，为其他发展中国家应对气候变化提供支持，也是我们要进一步探索和推进的领域。

"南南合作"工作主要有以下两方面：

一是为合作国提供低碳、节能、环保设备等物资，帮助他们减缓气候变化。向合作国无偿赠送 LED 节能灯、太阳能光伏发电系统、太阳能路灯、电动汽车、节能空调等一系列物资，与这些国家共建低碳示范区，同时提升合作国应对气候变化的公众意识。此外，在适应气候变化领域，通过提供一些环保设备，包括气象机动站和遥感微小卫星等高科技设备，帮助他们利用航天技术，提高环境遥感监测、气候灾害预警预报监测等能力。赠送节水灌溉设备，帮助他们在农业领域节水、提高水资源利用效率，提高适应气候变化水平。

还有一些物资赠送项目，与增进合作国民生福祉有很大关系。包括我们为发展中国家边远、受灾地区的学校、家庭、医院提供太阳能发电设备、节能低碳照明产品等，解决百姓用电困难。我们还赠送清洁炉灶，不仅满足了当地人民的实际生活需要，而且大大减少了薪柴使用，大幅降低传统炉灶污染物排放，这对当地居民特别是妇女健康产生很好效果，这些工作都受到当地民众的热烈欢迎。

二是开展培训。在过去几年中，我们累计举办了 30 多期"南南合作"培训班，培训了来自 120 个发展中国家应对气候变化领域的 1 500 多名官员和技术人员，介绍我国气候变化战略、政策制定，包括怎样把应对气候变化和国家经济社会发展、环境保护更紧密结合的好做法，也包括一些新技术发展、推动绿色低碳发展的地方经验，介绍了我国生态文明思想和绿色发展理念。今年，我们还要在国内举办9期应对气候变化"南南合作"培训班。

今后，我们在两个领域，即物资赠送和人员培训方面都要进一步加大力度，为其他发展中国家应对气候变化、提高能力做出我们的贡献。

在我国的气候变化政策体系中，我们始终强调减缓与适应并重。大家关心比较多的是温室气体排放，但是对于已经发生的气候变化，提高适应能力、减少不利影响同样很重要，而且这个更加贴近老百姓的日常生活。我们非常重视适应气候变化工作，这就是为什么我们要制定国家适应气候变化战略，开展气候适应型城市试点工作，把适应气候变化工作纳入国家规划，与各个部门一起合作推动这项工作。

在适应气候变化领域，坦率地讲，我们国家的工作基础与发达国家相比还有一定距离。在发展中国家中，我们是在适应方面做了不少工作的，但还有很大的提升改进空间。

我们参与发起全球适应委员会有两个目的，第一，搭建中国适应气候变化国际合作新平台。第二，不仅我们自己坚持减缓、适应并重的理念，我们也希望在全球应对气候变化中能够体现减缓、适应并重，因为适应问题是发展中国家最关切的问题。我们积极跟有关国家合作，推动全球适应委员会的成立，李干杰部长担任全球适应委员会中方委员。同时，全球适应委员会也非常重视中国的作用，在中国的办公室是他们在荷兰以外开设的第一家办公室。这项工作也得到了我国国家领导人的高度重视，李克强总理亲自出席办公室在中国成立的揭牌仪式。在办公室建设方面，我们与全球适应委员会和全球适应中心紧密配合，共同推动。我们也希望中国办公室的开设和开展活动，能够为进一步深化适应领域的国际合作发挥积极作用。

3 626 个县级及以上水源地环境问题中 3 086 个已完成整治，部分地市整治工作迟缓

南方周末记者：我们注意到，生态环境部持续推进水源地整治工作，请问进展情况如何？发现了哪些问题？下一步将有何措施？

刘友宾：为贯彻落实党中央、国务院关于打好水源地保护攻坚战的决策部署，生态环境部与各省（自治区、直辖市）持续推进水源地环境问题整治工作。按照部署，在 2018 年已完成长江经济带 11 个省份县级及以上水源地整治的基础上，2019 年应完成其他省（自治区、直辖市）和新疆生产建设兵团县级及以上水源地环境问题清理整治，共涉及 156 个地市527 个县 899 个水源地 3 626 个环境问题。截至 2019 年 8 月 27 日，3 626个问题中有 3 086 个已完成整治，完成率为 85.1%，超过序时进度要求。

从各省份情况看，北京、福建、西藏、宁夏和新疆生产建设兵团已率先完成水源地环境整治相关任务；新疆、河南、河北 3 省任务完成率达到 90% 以上；山东、山西、广东、青海、广西、甘肃、吉林、陕西 8 省（区）任务完成率在 75% 以上，达到序时进度要求。从各地市情况看，超过 1/3的地市（58 个）已完成全部整治任务。

同时，一些地市水源地整治工作相对迟缓。辽宁、黑龙江、海南 3 省

任务完成率分别为 74%、75% 和 75%，进度相对滞后。特别是黑龙江省鸡西市尚未完成任何一项整改任务；辽宁铁岭、海南屯昌、吉林辽源、甘肃陇南 4 个市（州、直辖县）任务完成率不到一半。辽宁省锦州市锦凌水库农田退耕问题整治不彻底，山西省晋中市、吉林省吉林市等地部分水源地农业、生活面源污染整治效果需要进一步巩固。

下一步，生态环境部将继续按月调度并公开通报各地整治进展，督促落实水源地保护主体责任；继续发挥包保协调等机制作用，帮助进展滞后的地区查找问题，推动解决到位，并杜绝虚假整改、敷衍整改，切实保障水源地环境问题整治效果。

IPCC 发布《气候变化与土地特别报告》，提出减少过度消费和粮食浪费

中新社记者：联合国政府间气候变化专门委员会（IPCC）近日正式发布《气候变化与土地特别报告》，指出只有减少包括土地和食品在内所有领域的温室气体排放，才能将全球变暖温度控制在 2℃以下。请问生态环境部对此有何评论？

李高：今年 8 月，IPCC 正式发布《气候变化与土地利用特别报告》及其决策者摘要，这是气候变化领域一份新的科学报告。这个报告也得到了各国政府批准，我国科学家也全面参与了报告起草工作。这个报告指出气候变化加剧了土地荒漠化、土地退化，威胁粮食安全，不可持续的土地利用还会加剧气候变化。报告希望各国采取可持续的土地利用方式，减少

过度消费和粮食浪费，避免森林焚烧和毁林，建议各国加强土地和粮食等所有行业的减排行动。这个报告进一步向我们提出应对气候变化的紧迫性，强调了气候变化的负面影响，从土地利用角度提出了一些建议，对于各国进一步开展行动是有益参考。

从政策制定的角度，我们需要认真考虑如何能够做到这些要求。比如报告提出减少过度消费和粮食浪费，这些现象最主要还是发生在发达国家。落实这一要求，发达国家要采取有效措施，不仅是在现有基础、现有承诺上采取强有力的行动，而且在国内各项政策，包括 IPCC 报告提出来的过度消费、粮食浪费方面要采取进一步措施。同时，我们要注意土地利用与粮食安全的关系，对于发展中国家来讲，我们面临多重挑战，包括中国在内，很多发展中国家一方面面临气候变化威胁，另一方面也面临粮食安全问题。我们要充分考虑发展中国家的特殊国情，在采取可持续的土地利用方式方面，也希望发达国家能够做出表率，同时在政策制定、规划、利用方式等方面能够为发展中国家提供支持。

另外，在资金支持方面，也需要进一步加大力度。这个报告强调减少所有领域温室气体排放。对于发达国家来讲，目前应采取全经济领域减排措施，包括土地和食品在内的领域。如果有些发达国家在这方面做得不够，应当对照 IPCC 报告要求，进一步优化政策措施。对于很多发展中国家来讲，技术能力、资金缺口需要发达国家的支持，还要统筹应对气候变化和确保粮食安全，要采取协同的政策。

发达国家要进一步加大减排力度，同时要在资金、技术、能力建设方面加强对发展中国家的支持。很多发展中国家都提出了国家自主贡献目标，但是资金有很大缺口，如果缺口不能得到弥补，落实自主贡献也会面临很大困难。

我们不应只讲减排力度，还要讲支持力度。如果没有充分的资金、技术和能力建设支持，要求发展中国家加大减排力度，这既不符合《巴黎协定》精神，在现实中也没有可操作性，所以还是要回到《联合国气候变化框架公约》和《巴黎协定》的要求上，发达国家不仅自己在减排上要做得更好，同时对发展中国家的支持也要进一步加大力度。我们也需要找到推动绿色低碳发展成本低、风险小的解决方案，包括我们推动的"基于自然的解决方案"，下一步能够为更多国家所认识，在应对气候变化工作中更多采用。

当前应对气候变化工作的重点还是要强调各个国家信守承诺，要落实自己已经做出的承诺。有些国家推行单边主义，不遵守或者完全抛弃自己已经做出的承诺，对于全球气候治理进程，这些问题是比加大治理力度更加紧迫的问题。同时，有的国家以自己优先为目标，采取损害开放、包容的贸易体系和全球经济体制的行动，这样的行动如果继续下去，会损害全球经济增长前景，进而损害全球应对气候变化的努力。当前的重点是国际社会要加强合作，避免出现这样的情况。

大气污染防治既要打好攻坚战，又要打好持久战

中央广播电视总台央视财经记者：生态环境部近日发布消息，今年1—7月平均优良天数比例为80.9%，同比下降0.6个百分点。请问下降的原因是什么？

刘友宾：大家非常关心大气环境质量的变化。总体来看，在社会各界的共同努力下，我国大气环境质量整体上持续稳中向好，这一趋势没有变化。

1—7月优良天数比例下降，一方面，个别地方确实存在李干杰部长讲的"自满松懈、畏难退缩、简单浮躁、与己无关"的四种不良情绪和心态，工作措施落实不到位。另一方面，当前，我们的污染排放强度仍处于高位，大气环境质量还处于"气象影响型"阶段。今年1—2月，受厄尔尼诺影响，冷空气活动明显偏弱，边界层高度大幅降低，大气污染物扩散条件极端不利。5—7月，华北、华东地区气温较常年同期偏高，平均日最高气温较常年同期分别偏高1.9℃、0.1℃，较2018年同期分别偏高0.9℃、1.0℃；华北地区降水偏少，累计降水186毫米，较常年同期偏少37%，较2018年同期偏少40%。此外，受持续高温少雨和强太阳辐射影响，大气光化学反应活跃，臭氧污染有所抬升。

空气质量的波动充分说明了大气污染治理的长期性、复杂性和艰巨性，需要我们持之以恒、不懈努力，既要打好大气污染防治攻坚战，又要打好持久战。

大气污染的成因是清楚的，工作要求是明确的。下一步，生态环境部将按照蓝天保卫战的要求继续真抓实干，较真碰硬，以重点区域重污染天气应对为重点，加大力度调整产业结构、能源结构、交通结构和用地结构，促进环境空气质量持续改善。

主持人刘友宾：今天的发布会到此结束。谢谢各位！

9 月例行新闻发布会实录

2019 年 9 月 20 日

9 月 20 日，生态环境部举行 9 月例行新闻发布会。生态环境部自然生态保护司司长崔书红出席发布会，向媒体介绍了我国自然生态保护有关情况。生态环境部新闻发言人刘友宾主持发布会，通报近期生态环境保护重点工作进展，并共同回答了记者关注的问题。

9月例行新闻发布会现场（1）

**重点
工作**

↗ 深化"放管服"改革推动经济高质量发展

↗ 严厉打击涉消耗臭氧层物质非法行为，强化履约监督管理

↗ 国家生态环境科技成果转化综合服务平台开始发挥作用

9月例行新闻发布会现场（2）

407

主持人刘友宾：新闻界的朋友们，大家上午好！欢迎参加生态环境部9月例行新闻发布会。今天的新闻发布会，我们邀请到自然生态保护司司长崔书红，向大家介绍我国自然生态保护的有关情况，并回答大家关心的问题。下面，我先通报三项工作。

一、深化"放管服"改革推动经济高质量发展

为贯彻落实全国深化"放管服"改革优化营商环境电视电话会议精神，把服务"六稳"工作放在更加突出的位置，生态环境部近日印发《关于进一步深化生态环境监管服务　推动经济高质量发展的意见》，从"放、管、服、治"四个方面，推出20项具体举措，进一步优化营商环境，推动企业绿色发展。

一是加大"放"的力度，激发市场主体活力。进一步梳理生态环境领域市场准入清单，清单之外不得另设门槛和隐性限制，全面实施市场准入负面清单；持续推进"减证便民"行动，进一步减少行政申请材料。推进道路运输车辆年审、年检和机动车排放检验"三检合一"等。

二是优化"管"的方式，营造公平市场环境。强化事中、事后监管，推动出台关于全面实施环保信用评价的指导意见。将在2020年年底前，各级生态环境部门实现"双随机、一公开"监管常态化，全面推进行政执法公示制度、执法全过程记录制度、重大执法决定法制审核制度。

三是提升"服"的实效，增强企业绿色发展能力。在全部行政审批事项"一网通办"的基础上，持续推进政务服务标准化。同时，积极推动落实环境保护税、环境保护专用设备企业所得税、第三方治理企业所得税、

污水垃圾与污泥处理及再生水产品增值税返还等优惠政策。

四是精准"治"的举措，提升生态环境管理水平。稳妥推进民生领域环境监管，分类实施"散乱污"企业整治，精准实施重污染天气应急减排，统筹规范生态环境督察执法。

下一步，生态环境部将强化责任担当，健全保障机制，切实解决企业、群众关心的实际问题，推动实现环境效益、经济效益、社会效益共赢。

二、严厉打击涉消耗臭氧层物质非法行为，强化履约监督管理

9月16日，2019年国际保护臭氧层日纪念大会在山东省济南市举行，今年，国际保护臭氧层日的主题是"32年，不断修复"。大会的主题是"打击涉消耗臭氧层物质非法行为，强化国内履约监督管理"。

今年是中国加入《保护臭氧层维也纳公约》30周年。30年来，中国始终认真履行《保护臭氧层维也纳公约》和《蒙特利尔议定书》的要求，坚持政策法规建设、生产削减、消费淘汰和替代品发展"四同步"的指导思想，综合运用技术、经济、法律以及行政手段协调推进履约工作，取得了积极成效。目前，中国已如期实现《蒙特利尔议定书》规定的各阶段履约目标，累计淘汰 ODS 约 28 万吨，占发展中国家淘汰量一半以上。

中国政府把严格执法作为巩固履约成果的重要保障，始终以"零容忍"态度严厉打击涉 ODS 非法行为，已连续两年在全国范围内开展 ODS 专项执法行动。2018 年，排查相关企业 1 172 家，对涉及非法生产和使用 CFC-11 的企业依法立案查处。2019 年，进一步加强 CFC-11 主要原料的源头管控，对全部 16 家副产四氯化碳企业实施 24 小时驻厂监督，并实施在线监控，

对 11 个省（市）泡沫制品等企业开展执法检查，以实际行动坚决维护《蒙特利尔议定书》。

下一步，中国政府将持续完善协作机制和政策法规体系，加强国家履约能力建设，保持对已淘汰 ODS 的严格监督管理，坚决履行好承诺。中国政府也愿与各缔约方、国际组织继续深入开展交流与合作，推动形成持续履约的体制和长效机制。

三、国家生态环境科技成果转化综合服务平台开始发挥作用

生态环境科技对打好污染防治攻坚战、推动生态环境质量持续改善、带动生态环保产业发展、促进经济高质量发展具有重要作用。国家生态环境科技成果转化综合服务平台自 7 月 19 日上线以来，得到地方和企业等有关方面的广泛关注，目前，平台共有注册用户近 400 人，总访问量近 4 万人次，日均访问量 700 人次左右。通过平台，用户提交需求 200 多项，平台工作人员和专家团队已对大部分需求做了线下对接，取得了较好的效果。

同时，生态环境部还组织开展了系列生态环境科技成果线下推介对接活动，分别在成都市、长沙市举办了长江上、中游"打好长江保护修复攻坚战生态环境科技成果推介活动"，指导广东省和天津市举办生态环境保护技术供需对接交流活动。在这些活动中，累计推介污染治理技术 670 余项，共计 300 余家污染防治重点行业技术需求企业、3 300 余人参加了对接推介活动，汇集环境治理与管理需求共 400 余项。

下一步，生态环境部将持续完善平台功能，扩充技术成果数据信息，加强线上互动与线下对接服务，逐步增强平台对地方政府、企业在污染防

治和生态建设中的环境管理与环境治理等方面的技术支撑保障作用，帮扶地方和企业治理污染，助力打好污染防治攻坚战。

下面，请崔书红司长介绍情况。

生态环境部自然生态保护司司长崔书红

生态保护工作"成效明显，平稳推进，任务艰巨"

崔书红：谢谢新闻发言人！连续三年，在9月例行新闻发布会上和各位记者朋友见面，感到非常高兴。首先，欢迎大家的到来。其次，感谢各位长期以来对生态保护工作的关心和支持。今天在座的，就有刚从现场采访生态文明示范创建和"绿水青山就是金山银山"实践创新基地回来的记者朋友，大家辛苦了！

过去的一年，是深入学习贯彻习近平生态文明思想和全国生态环境保护大会精神的一年，是"三定"方案落地的一年，是贯通生态保护监管和污染防治监管的一年，是实现推进生态保护监督与污染防治监督并重的一年。

这一年，我们召开了党的十八大以后、"十三五"以来、生态环境部组建后的第一次全国生态保护工作会议，李干杰部长出席会议并作重要讲话，描绘了生态保护工作"七个一"（即着眼一个目标，加快建立完善生态保护监管体系；守好一条红线，坚决维护国家生态安全；用好一把利剑，持续深入推进自然保护地强化监督；办好一个大会，不断强化生物多样性保护工作；打造一批样板，大力推动生态文明建设试点示范工作；夯实一个基础，不断提高监管能力和水平；打造一支铁军，争做生态环境攻坚排头兵）的宏伟蓝图。这一年，我们的工作可以用"成效明显，平稳推进，任务艰巨"这十二个字来概括。

"成效明显"是指在国内，又涌现出一批深入学习贯彻落实习近平生态文明思想的先进典型。过去一年，我们命名了第二批 45 个生态文明建设示范市县和 16 个"绿水青山就是金山银山"实践创新基地，表彰了第二届中国生态文明奖 35 个先进集体和 54 名先进个人。国际上，《生物多样性公约》第 15 次缔约方大会筹备正式启动，"生态文明：共建地球生命共同体"成为第 15 次缔约方大会（COP15）的主题，这将是联合国首次以"生态文明"为主题召开的全球性会议。这个主题顺应了世界绿色发展潮流，表达了全世界人与自然和谐共生、共建共享地球生命共同体的愿望和心声，彰显了习近平生态文明思想的鲜明世界意义。

"平稳推进"是指"三定"赋予生态环境部生态保护各项工作平稳推进，自然生态保护司适应新的监督职能要求，在划定并严守生态保护红线工作、自然保护地监管等方面完成阶段目标任务。启动了"绿盾2019"强化监督专项行动。联合国《生物多样性公约》第15次缔约方大会筹备正在有条不紊地推进。

"任务艰巨"是指新"三定"下，全面深入贯彻习近平生态文明思想，全力推进"七个一"生态保护的任务要求，实现美丽中国美好愿景任务还十分艰巨。突出表现：一是在职能上要实现"四个转变"，即由管理向监督转变，由被动监管向主动监管转变，由结果监管向全过程综合监管转变，由生态系统结构数量管理向以生态系统服务功能为核心的综合监管转变。二是在生态保护监管体系上要做到"四个统一"，即统一政策规划标准、统一监测评估、统一监督执法、统一督察问责。三是在体制机制制度上要体现"一个贯通"，即贯通生态保护监管与污染防治监管，做到生态保护监督与污染防治监督并重，实现"污染减排与生态增容"协同发力。

今年是新中国成立70周年，也是决胜全面建成小康社会的关键之年。当前和今后一段时间，我们将深入学习贯彻习近平生态文明思想和全国生态环境保护大会精神，紧紧围绕做好生态保护监管的核心任务，推动形成机制更加健全、监管更加有力、保护更加严格的生态保护监管新格局，为打好污染防治攻坚战和建设美丽中国提供坚实保障。

谢谢！下面我愿意回答大家的提问。

主持人刘友宾：下面请大家提问。

生态文明示范创建和"绿水青山就是金山银山"实践创新基地建设有力推进了绿色发展

中国日报记者：据悉，生态环境部一直在开展生态文明建设示范市县和"绿水青山就是金山银山"实践创新基地的创建工作，请问创建成效如何？两者在定位上有什么区别？形成了哪些"绿水青山就是金山银山"转化的有效路径和模式？

崔书红：谢谢！2017 年和 2018 年，生态环境部先后组织开展并命名了两批共 91 个国家生态文明建设示范市县和 29 个"绿水青山就是金山银山"实践创新基地，初步形成了点面结合、多层次推进、东中西部有序布局的建设体系，推动各地生态文明思想认识和实践不断深化，打造了一批生态文明建设和"绿水青山就是金山银山"实践的鲜活案例和实践样本，有力推进了绿色发展，形成了一批具有借鉴意义的有效模式。

最近，我们配合宣教司组织媒体记者深入创建地区采访，亲身感悟创建地区在习近平生态文明思想引领下，统筹推进"五位一体"总体布局，协调推进"四个全面"战略布局，坚定不移贯彻落实创新、协调、绿色、开放、共享发展理念，改善生态环境质量、推动绿色发展等方面取得的实实在在成绩。有记者已经发回了采访报道，写得很生动，我读后很感动，再次谢谢大家的支持！

生态文明示范创建和"绿水青山就是金山银山"实践创新基地建设两者在建设内容上各有侧重、互为补充，共同形成了贯彻落实习近平生态文明思想和党中央、国务院关于生态文明建设决策部署的重要举措和有力抓手。国家生态文明建设示范市县更加侧重于统筹推进"五位一体"总体布局;"绿水青山就是金山银山"实践创新基地是践行习近平总书记"绿水青山就是金山银山"理念的实践平台,旨在创新探索"绿水青山就是金山银山"转化的有效途径。具体成效体现在:

一是实现了"三个走在前列"。示范创建地区在改善生态环境质量、推动绿色发展转型以及落实生态文明体制改革任务三个方面走在区域和全国的前列,有力支撑了打好污染防治攻坚战,有效推动了区域高质量发展,为贯彻落实习近平生态文明思想提供了示范样板。

二是推动了"三个显著提升"。示范创建显著提升了生态文明参与程度、人民群众获得感以及建设美丽中国的信心,人民群众对生态环境质量改善的满意度显著提高;示范创建显著提升了党政领导干部的绿色政绩观、绿色执政观、绿色发展观,企业依法治污排污、保护生态环境的法治意识、主体意识正在形成;示范创建显著提升了中国特色社会主义建设的道路自信、理论自信、制度自信、文化自信,提供了一批习近平生态文明思想和协同推进高质量发展与高水平保护的鲜活实证。

三是探索了一批"绿水青山就是金山银山"转化的经验和模式。例如,以提升生态资产为核心的"绿色银行型",一批国家级贫困县通过生态资产的不断累积变现,实现脱贫致富,深刻诠释了习近平生态文明思想——"生态兴则文明兴"的深邃历史观。例如,以发展生态产业为核心的"生态市场型",他们依托生态环境优势不断发展壮大生态产业,走出了一条生态优势向经济优势转化的生态经济发展道路。例如,以产业转型为核心的"腾笼换鸟型",他们对传统的工矿产业进行绿色化改造,实现了从牺牲生态到保护生态，从"吃山靠开矿"到"发展靠生态"的转变，生动实践了"绿水青山就是金山银山"的绿色发展观。例如，以扩容提质为核心的"生态延伸型"，他们围绕已有的生态产业基础，创新优化生态价值实现机制，推动大生态与大健康产业、大数据产业、大旅游产业的融合发展。

下一步，我们将继续扎实推进国家生态文明建设示范市县和"绿水青山就是金山银山"实践创新基地的创建工作，探索总结以生态文明建设示范市县为载体全面推进"五位一体"总体布局的经验模式，总结推广"绿水青山就是金山银山"的转化路径，持续发挥创建工作的引领示范作用。

生态文明创建实践永无止境。我们欢迎各地符合条件的地区在实践中不断总结和丰富实践经验，为深入贯彻落实习近平生态文明思想，建设美丽中国做出贡献，奉献智慧！

11月完成对陕西、河南、甘肃3省25处国家级自然保护区成效评估试点

人民日报记者： 我们注意到，生态环境部近期发布了2017—2018年长江经济带120个国家级自然保护区管理评估结果，指出了这些保护区存在的主要问题，公布了前十名和后十名名单。请问，生态环境部准备如何应用这些评估结果促进自然保护区监督监管工作？2019年在自然保护区评估方面还将开展哪些工作？

崔书红： 为贯彻落实习近平总书记对长江经济带"共抓大保护、不搞大开发"的指示精神，切实做好长江经济带生态环境保护工作，2017—

2018 年，生态环境部联合相关部门组织开展了长江经济带 120 处国家级自然保护区管理评估。评估结果表明，长江经济带国家级自然保护区管理工作取得积极进展，但同时也存在一些共性问题，例如，部分地方政府重视程度仍然不高，落实保护区管理责任还不到位，以及人类活动负面影响仍然不同程度存在等。

目前，生态环境部正在根据评估结果进行深入分析研究，总结梳理好的保护区监管措施经验，为自然保护地监督监管政策制定等工作提供了重要参考。对评估结果为"中"或"差"的后 10 名保护区，针对监管措施不到位的，我们督促地方政府及相关部门落实监督管理责任，扎实推进保护区内违法、违规问题的查处和整改；针对监管能力薄弱的，开展帮扶指导，实施"三个一"帮扶措施，即"一个对口保护区、一名专业技术人员、一项监管专业技能"。后期，我们还将对这些保护区开展后评估工作，确保帮扶措施有效落地，逐步提升保护区和相关部门的监管能力。

2019 年，根据中共中央办公厅、国务院办公厅《关于建立以国家公园为主体的自然保护地体系的指导意见》要求，生态环境部将从以下三个方面开展今年的评估工作：

一是从保护区管理评估转向成效评估。评估的重点从过去对保护区管理水平、管理能力的评估，转变为对生态系统完整性、主要保护对象动态变化、生态系统服务价值以及主要威胁因素等方面内容的评估。

二是生态环境部正在组织开展评估试点，涉及陕西、河南、甘肃 3 省 25 处国家级自然保护区，拟于 11 月完成全部评估工作。同时，在试点评估的基础上，生态环境部将制定"自然保护区成效评估指标体系"，逐步规范自然保护区成效评估工作。

三是发布自然保护区成效评估报告。评估完成后，生态环境部将根据评估情况，按程序向社会公布成效评估结果，并就相关保护区的具体问题提出整改意见，推动地方建立健全管理体系，强化保护区监管能力，提升保护成效。

通过生态保护红线评估确保原来划定的面积不减、功能不降、性质不变

中央广播电视总台央视记者：目前，自然资源部和生态环境部正在组织开展生态保护红线评估，这是否意味着要重新划定红线？目前评估工作进展如何？我们注意到一些地方在涉及红线项目的审批方面有顾虑，请问红线管理总的原则和要求是什么？

崔书红：谢谢！划定并严守生态保护红线是党中央、国务院的决策部署，是我国在国土空间管控方面的制度创新，是我国在实现联合国生物多样性保护"人与自然和谐共生"2050年愿景方面贡献的中国方案和中国智慧。

生态保护红线划定工作已经完成阶段性目标任务。总体上，各方对生态保护红线划定的技术方法、方案是认可的。由于一些历史遗留问题、当时所用数据偏差和现在管控原则更新等原因，红线内存在少量不符合管控要求的生产建设用地，如永久基本农田、人工商品林、合规的矿产用地、基础设施用地和集中连片居民用地，需要用最新的数据和要求进行评估再

识别，按"先减法再加法"的原则，对原有红线划定方案予以优化。今年年初，自然资源部和生态环境部共同决定部署开展生态保护红线评估工作，强调评估不是重新划定、推倒重来，而是针对问题、解决问题、优化完善，而且通过评估要确保原来划定的生态保护红线面积不减少、功能不降低、性质不改变。目前，各省正在两部委指导下推进评估工作，评估优化后的红线划定方案将更加符合管控要求。已经完成初评的几个省的结果表明，评估不会对生态保护红线划定结果产生大的影响，生态保护红线总体格局不会发生变化。

现实中，一些地方认为生态保护红线是"禁区"，是"无人区"，任何项目都不能上，搞"一刀切"。这种想法是片面的，不正确的。中共中央办公厅、国务院办公厅印发的《划定并严守生态保护红线的若干意见》明确，"生态保护红线原则上按禁止开发区域的要求管理""因国家重大基础设施、重大民生保障项目建设等需要调整的，经省级政府组织论证，提出调整方案，经有关部门审核，报国务院批准"。这里，禁止开发区域管理要求是指在国土空间开发中禁止进行工业化、城镇化开发。对于关系国计民生的重大项目，经过严格的审批是允许在红线中实施的。

习近平总书记高度重视生态保护红线划定工作，指出要划定生态保护红线，为可持续发展留足空间，为子孙后代留下天蓝、地绿、水清的家园；强调划定并严守生态红线，不能越雷池一步，否则就应该受到惩罚。生态环境部坚决贯彻落实习近平总书记的要求，建立"事前严防""事中严管""事后奖惩"生态保护红线全过程监管体系，确保红线划得实、守得住、可持续。

一是将生态保护红线纳入国土空间规划和政府综合决策，确立生态保护红线在国土空间开发保护中的优先地位，禁止新增工业化和城镇化建设项目。

二是建立和完善生态保护红线监测网络，加快推进国家生态保护红线监管平台建设，实现常态化监管。

三是加强执法监督，建立常态化执法机制，定期执法，依法处罚违法、违规行为，切实做到有案必查、违法必究。

四是开展评估考核，考核结果作为党政领导班子和领导干部综合评价及责任追究、离任审计的重要参考。

五是建立奖励机制，对于保护成效好的，在生态保护补偿、政策扶持等方面予以倾斜奖励。

同时，我们也将公开生态保护红线有关信息，畅通监督举报渠道，加强政策宣传，积极发挥媒体、公益组织、志愿者、社会公众的力量，形成全社会共守生态保护红线的良好氛围。谢谢！

秋冬季攻坚行动坚决反对"一刀切"，严格依法依规、科学施策、因地制宜

路透社记者：请问今年秋冬季攻坚行动方案与去年相比有哪些调整？生态环境部是否担心一些地方会无法达成目标？另外，对于去年秋冬季已经达标的城市，今年的目标和措施是否会与没达标城市有所区别？

刘友宾：在社会方方面面的共同努力下，我国大气环境质量整体上

呈现出稳中向好、持续改善的态势。同时我们也应该看到，重点区域秋冬季期间大气环境形势依然严峻，已经成为影响我国大气环境质量的主要矛盾和突出"短板"。

近年来，为了有效应对秋冬季期间的重污染天气，切实改善秋冬季大气环境质量，让人民群众享受更多蓝天，呼吸更多清洁空气，生态环境部联合有关部门和地方，开展了秋冬季大气污染防治攻坚行动。在这几年的实践中，我们积累了应对秋冬季大气污染的有效经验和做法，也取得了明显成效。

今年秋冬季，我们将继续按照《打赢蓝天保卫战三年行动计划》的有关要求，联合有关部门和地方开展秋冬季大气污染防治攻坚行动。攻坚行动总体的思路是继承过去一些行之有效的经验和做法，聚焦影响秋冬季区域环境空气质量的主要矛盾和关键问题，立足于产业结构、能源结构、运输结构和用地结构调整优化，有效应对重污染天气，强调标本兼治、综合施策，同时强化组织保障，严格监督执法，确保责任落实，有效改善秋冬季空气质量。

2019—2020年秋冬季城市环境空气质量改善目标，是按照巩固成果、稳中求进的总要求科学设定的，充分考虑延续性、公平性与可达性。一是考虑上个秋冬季 $PM_{2.5}$ 浓度值，浓度值高的目标相应高。二是考虑过去两个秋冬季累计下降幅度，降幅小的目标相应高。三是对去年 $PM_{2.5}$ 年均浓度达标的城市进行豁免，不设置空气质量改善目标；对秋冬季 $PM_{2.5}$ 浓度较低的城市，要求其巩固成果。

与去年相比，攻坚行动措施的主要变化体现在以下三方面：

一是更加强调依法、依规。坚决反对"一刀切",攻坚行动方案中,强制性错峰生产、大范围停工、停产等要求一律没有涉及,坚决反对"一律关停""先停再说"等敷衍应对的做法,严格依法、依规。最近,个别自媒体把秋冬季攻坚行动和停产、停工画等号,这是不符合实际的。

二是更加突出科学施策。实施差异化应急管理,有效应对重污染天气。各地根据《关于加强重污染天气应对夯实应急减排措施的指导意见》,进一步完善重污染天气应急预案,夯实应急减排措施,实施企业分类分级管控,达到 A 级的企业在重污染天气应急期间可不采取减排措施,B 级企业适当少采取减排措施。

三是更加注重因地制宜。分类施策,推动工业、企业深度治理,加强对地方和企业的差别化指导,结合本地产业特征、发展定位等,科学确定治理方案。

目前,《京津冀及周边地区 2019—2020 年秋冬季大气污染综合治理攻坚行动方案》正在向相关部门、地方、专家等征求意见,待攻坚行动方案正式印发后,生态环境部将向媒体朋友通报,同时指导重点区域各城市依法治污、精准治污、科学治污,做好重污染天气应对工作。

形成全社会共同推进生物多样性保护和可持续利用的氛围

光明日报记者: 联合国《生物多样性公约》第 15 次缔约方大会即将在中国举办,请问目前大会筹备进展如何? 怎样让公众了解生物多样性,意识到自己与生物多样性的密切联系，从而主动参与保护生物多样性？

崔书红：谢谢。这是联合国首次以"生态文明"为主题召开全球性会议，彰显了习近平生态文明思想的鲜明世界意义。

我国政府高度重视这次大会的筹备。今年3月，习近平主席首访，与法方发表联合声明，明确提出"两国将共同努力，推动全球采取行动应对生物多样性丧失，迎接2020年年底在中国召开的第15次缔约方大会"。今年2月13日，由韩正副总理主持召开中国生物多样性保护国家委员会会议，审议通过了第15次缔约方大会筹备方案。会议决定成立第15次缔约方大会筹备工作组织委员会和执行委员会，要求把第15次缔约方大会办成一届成功的、具有里程碑意义的大会。目前，第15次缔约方大会筹备工作机制已经建立，并投入全面运转，各项筹备工作正在有条不紊地进行。

下一步，我们将认真落实党中央、国务院决策部署，与《生物多样性公约》秘书处保持密切沟通，切实履行东道国义务，积极推进框架文件制定进程，全面做好大会宣传，细致开展会务准备，确保将大会办成一届圆满成功、具有里程碑意义的大会。

生物多样性保护与我们的衣食住行息息相关，需要我们共同参与。让公众有更强的代入感、参与感也是我们近年来做好生物多样性保护工作一直努力的方向。第一，减少对野生动植物栖息地的影响，自觉与过度砍伐森林、破坏植被、滥捕乱猎、滥采乱伐等行为作斗争。第二，保护物种多样性，杜绝猎杀珍稀动物，停止野生动植物的贩卖交易，不吃野味，不穿野生动物皮毛做的衣服，不把野生环境的龟、鱼、鸟等作为宠物喂养等。第三，提高对生物多样性保护的意识，野外摄影和游览时，不惊扰野生动物，促进生物多样性的自我修复和保护。第四，提高节能减排意识，比如尽量采用天然光照明、出门关掉不用的电器；选择绿色出行方式；不购买过度包装的商品；不过度消费；不浪费食物，"光盘行动"；闲置物品与朋友交换或捐赠给有需要的人，平时生活生产中减少污染。第五，进一步推进垃圾分类，逐步推广禁塑令，购物自备购物袋，使用电子账单；外出自带水壶，少购买瓶装饮品；减少垃圾对环境和野生动物的影响。

明年，联合国《生物多样性公约》第 15 次缔约方大会将在我国举办，这是公众参与生物多样性保护的重要机遇。我们要充分利用好传统媒体和新媒体矩阵，加强对社会公众的宣传教育，加大力度宣传生物多样性保护和可持续利用的成功案例，提升全社会保护生物多样性的自觉性和参与度，培育自然保护后备力量，形成全社会共同推进生物多样性保护和可持续利用的氛围。希望我们能携起手来，共同保护我们的绿水青山。

切实加强日常监管，从源头上解决急时"一刀切"问题

新京报记者：请问如何看待近期山东省临沂市出现的治污"一刀切"问题？下一步针对"一刀切"将有哪些举措？

刘友宾：平时不作为、急时"一刀切"是典型的形式主义、官僚主义的表现，既损害党和政府的形象、公信力和合法、合规企业的正当权益，也危害生态环保工作的正常开展，违背生态环保工作的初心和使命。对此，人民群众深恶痛绝，生态环境部一直以来态度鲜明、坚决反对。

在环境执法过程中，我们一直强调以事实为依据，以法律为准绳，

坚持一切从实际出发，依法办事。针对部分地区出现的环保"一刀切"问题，我们相继出台多份文件严加防范、严格禁止。在中央生态环境保护督察中，我们坚持"双查"，既查不作为，也查乱作为，并通报了个别地方"一刀切"的典型案例。

急时"一刀切"的一个重要原因在于平时不作为。自9月1日起，生态环境部开展了为期3个月的专项整治行动，重点解决对群众反映强烈的生态破坏和环境污染问题不闻不问、敷衍整改等平时不作为行为，同时坚决纠正一些地方生态环境保护工作中存在的不分青红皂白的"一刀切"行为。生态环境部9月4日通报的山东省临沂市出现的"一刀切"问题，就是在专项行动中发现的反面典型。生态环境部已要求当地立即整改，吸取教训、举一反三，依纪依法严肃问责。

下一步，我们将继续紧盯不放"一刀切"等形式主义、官僚主义问题，发现一起，查处一起，严肃追责，决不姑息。同时，我们也将保持定力，坚持严格执法、依法办事，履职尽责，督促平时不作为的地方和部门切实加强日常监管，从源头上解决急时"一刀切"问题，切实维护人民群众的环境权益和守法企业的正当权益。

自然保护区不仅是美丽中国的精华所在，也是中华民族永续发展的重要根基

澎湃新闻记者：我们发现很多自然保护区在划定之初就存在不规范、不合理的问题，导致一系列历史遗留问题。请问有哪些政策去解决这些问题？

崔书红：感谢您的提问。这个现象是存在的，但这个说法不是完全准确的，对此我想谈四点看法：

第一，我国自然保护区的建设管理总体上是比较科学规范的。《自然保护区条例》《国家级自然保护区调整管理规定》等一大批法规，明确了自然保护区设立调整的各项要求。尤其是在国家级自然保护区的设立上，国家建立了科学考察、规划论证、省级政府申报、材料初审、实地考察、遥感监测、评审委员会审查、公示征求意见、意见反馈、社会公告等一整套比较完善的制度，所有国家级自然保护区均由国务院审定批准建立。地方级自然保护区也是参照这套程序设立的。

第二，由于受自然保护区成立时科学技术条件、资金投入等的限制，加上我国经济社会的快速发展，开发和保护的矛盾日益突出，对自然保护区管理工作科学化和精细化的要求也不断提升，一些自然保护区，尤其是早期在"抢救性保护"方针指导下设立的自然保护区确实存在着设立不够规范、科学考察不深入、范围和功能分区不科学、不合理的情况。这些问题需要历史、辩证地看待，但不影响自然保护区的整体保护效果。

第三，在各级政府、有关部门和广大自然保护区工作者长期不懈的努力下，自然保护区建设成效斐然。今天占陆地国土面积近 15% 的自然保护区保护了全国超过 90% 的陆地自然生态系统和 89% 的国家重点保护野生动植物种类以及大多数重要自然遗迹，部分珍稀濒危物种野外种群得到逐步恢复。最典型的就是大熊猫和朱鹮。自然保护区不仅是美丽中国的精华所在，也是中华民族永续发展的重要根基。

第四，当前最根本、最迫切的措施，是按照中共中央办公厅、国务院办公厅《关于建立以国家公园为主体的自然保护地体系的指导意见》的要求，开展自然保护地勘界立标并与生态保护红线衔接，健全国家公园体制，推动自然保护地整合归并优化，完善自然保护地体系的法律法规、管理和监督制度，加快建立以国家公园为主体的自然保护地体系，为自然保护地建设和管理提供更为全面的保障。

我们将依据职能，制定出台并实施各类自然保护地生态环境的监管制度，持续开展"绿盾"自然保护地强化监督工作，切实为我国自然保护地健康可持续发展建立起一道防火墙。

截至 9 月 10 日，全国共计核发火电、造纸等重点行业排污许可证 6.7 万余张

封面新闻记者：我们注意到，近日，长江经济带 11 个省（市）、环渤海 13 个城市完成污水处理厂排污许可证核发工作。请问排污许可工作总体进展情况如何？下一步有何打算和安排？

刘友宾：制定实施排污许可制度是中央生态文明体制改革部署的重要任务，也是助力打好污染防治攻坚战的重要基础。目前，排污许可制度各项改革正在有序推进。

一是加强法规制度建设。起草完成《排污许可管理条例（草案）》，修订《固定污染源排污许可分类管理名录》。共计发布排污许可证申请与核发技术规范 48 项、污染源源强核算指南 18 项、自行监测指南 14 项、污染防治可行技术指南 7 项，正在逐步健全完善排污许可法规标准体系。

二是组织开展固定污染源清理整顿试点。今年3月，生态环境部组织开展固定污染源清理整顿试点工作，对已发证的24个重点行业开展清理排查，对符合核发条件的发放排污许可证，对不符合核发条件的实行分类处置，提出整改要求。目前，北京、天津、河北等8个省（市），先行先试，基本完成清理整顿试点工作，实现了24个重点行业企业全部纳入排污许可管理。

三是推进衔接整合生态环境管理制度。充分运用信息化手段，强化环评、排污许可、执法之间有机衔接，基本构建环评管准入、许可管排污、执法管落实的环境管理体系。

截至9月10日，全国共计核发火电、造纸等重点行业排污许可证6.7万余张，登记企业排污信息4.3万余家。管控大气污染物排放口24.89万个、水污染物排放口5.14万个。

同时，为打好长江保护修复攻坚战、渤海综合治理攻坚战、城市黑臭水体治理攻坚战，长江经济带11个省（市）和环渤海沿岸13个城市的生态环境部门于8月底提前完成污水处理厂排污许可证核发任务，共计发放4 860张，实现了对工业废水集中污水处理厂和城镇污水处理厂排污许可管理全覆盖。

下一步，生态环境部将坚持以推进排污许可制改革、强化排污者责任为核心，加快推进重点行业排污许可证核发，开展"核发一个行业、清理一个行业"固定污染源清理整顿，强化证后检查和监管执法，逐步实现固定污染源全过程、多要素的"一证式"环境管理。

"绿盾"已成为生态环境强化监督的品牌，震慑了自然保护区内的违法行为

南方都市报记者：请问"绿盾 2018"专项行动曝光的自然保护区问题目前整改情况如何？"绿盾 2019"专项行动还将有哪些安排部署？

崔书红：谢谢。"绿盾"已经成为生态环境强化监督的品牌，有效震慑了自然保护区内的各种违法违规行为，有效提升了自然保护区的管理质量和水平。遥感监测数据显示，与往年比较，2018 年，自然保护区内出现了新增人类活动问题点位和面积"双下降"的可喜局面。截至目前，"绿盾 2018"查处涉及采石采砂、工矿企业、核心区缓冲区旅游设施和水电设施 4 类聚焦问题 2 518 个，整改完成率 71.4%。"绿盾 2017"发现问题的整改率已由 2017 年年底的 63% 提高至 2018 年年底的 81%。

今年 7 月 4 日，生态环境部、水利部、农业农村部、中国科学院、国家林业和草原局、中国海警局 6 部门联合召开"绿盾 2019"自然保护地强化监督工作部署视频会议，标志着"绿盾 2019"自然保护地监督检查专项行动全面启动。这次行动，范围上覆盖全部国家级自然保护区、长江经济带 11 个省（市）地方级自然保护区以及长江干流和雅砻江、岷江、嘉陵江、乌江、汉江、沅江、湘江、赣江 8 条主要支流和鄱阳湖、洞庭湖、洪泽湖、太湖、巢湖五大湖区 5 000 米范围内的其他各类自然保护地（不含 5 000 米范围内自然保护地面积占保护地总面积 30% 以下的其他自然保护地）。

内容上，国家级自然保护区内重点核查采石采砂、工矿用地、核心

区旅游设施和水电设施4类焦点问题；长江经济带11个省（市）自然保护地内重点核查采矿采石、采砂、设立码头、开办工矿企业、挤占河湖岸、侵占湿地以及核心区内旅游开发和水电开发8类焦点问题，以及对"绿盾2017""绿盾2018"专项行动中国家级自然保护区内4类焦点问题的整改"回头看"。

步骤上或时间安排上，一是由生态环境部组织开展人类活动变化遥感监测，并将问题线索移交地方。这项工作3月、4月已经做了安排。二是8月底前，地方落实问题排查、整改、问责的主体责任，建立并补充完善本行政区域内各类人类活动点位总台账、焦点问题台账和实地核查问题台账3本台账。三是10月，组织6部门参加生态环境部组织的2019年第二轮生态环境保护强化监督，针对"绿盾2019"问题开展实地督查。四是11月，将对查处和整改问题不力，存在较大问题的自然保护区、保护地所在市县级政府及省级相关主管部门进行公开重点督办，督促整改。五是12月，编制"绿盾2019"自然保护地强化监督工作总结报告，上报国务院。

有关情况，我们将向社会及时通报。也欢迎记者朋友们跟踪报道。

主持人刘友宾：今天的发布会到此结束。谢谢各位！

10 月例行新闻发布会实录

2019 年 10 月 29 日

10 月 29 日，生态环境部举行 10 月例行新闻发布会。生态环境部海洋生态环境司副司长霍传林出席发布会并介绍了海洋生态环境保护工作，特别是渤海综合治理攻坚战的有关进展。生态环境部新闻发言人刘友宾主持发布会，通报近期生态环境保护重点工作进展，并共同回答了记者关注的问题。

10月例行新闻发布会现场（1）

重点 工作

↗ 国家生态环境科技成果转化综合服务平台稳定运行

↗ 持之以恒推进秋冬季大气污染综合治理

↗ 生态环境部积极推进黄河流域生态环境治理

↗ 生态环境部加快建立项目环评信用监管体系

↗ 第二十九次"基础四国"气候变化部长级会议举行

10月例行新闻发布会现场（2）

主持人刘友宾：新闻界的朋友们，大家上午好！欢迎参加生态环境部 10 月例行新闻发布会。今天的发布会，我们邀请到海洋生态环境司副司长霍传林，介绍我国海洋生态环境保护，特别是渤海综合治理攻坚战的有关进展情况，并回答大家关心的问题。

下面，我先通报近期五项重点工作情况。

一、国家生态环境科技成果转化综合服务平台稳定运行

国家生态环境科技成果转化综合服务平台（以下简称平台）于 7 月 19 日正式开通以来，稳定运行。截至目前，总访问量 4.8 万人次。平台根据污染防治攻坚战的热点、难点问题开设技术专题，"无废城市"技术专版已于近期上线，重点展示该领域的技术成果和需求对接情况。

今年以来，生态环境部已先后在长江沿岸（成都、长沙）和广东、天津等省（市）多次举办平台的线下技术成果推介活动，覆盖工业行业、农业面源、城镇生活、黑臭水体治理、水体生态修复等污染控制及水环境管理等方面。本月，针对长江下游地区的"打好长江保护修复攻坚战生态环境科技成果推介活动"在江苏省南京市成功举办，集中展示了水污染防治、大气污染控制、海洋环境保护等多个领域的近百项环境科技成果，在科研人员、技术成果持有方和管理部门、企业等需求方之间搭起了互相了解、推进合作的桥梁，构建了产学研用"联姻"平台，及时将先进、适用的科技成果转化应用到治污一线，为污染防治攻坚战送科技、解难题。

下一阶段，平台将重点围绕"无废城市""畜禽养殖"等环境治理重点领域开展专题建设，举办专家分析会、开设专题窗口、更新展示案例。

在为打好污染防治攻坚战提供科技支撑的同时，积极开展与各重点行业协会的广泛合作，推动解决行业环境污染问题，助力产业高质量发展。

二、持之以恒推进秋冬季大气污染综合治理

2020 年是《打赢蓝天保卫战三年行动计划》的目标年、关键年，2019—2020 年秋冬季攻坚成效直接影响 2020 年目标的实现。据预测，受厄尔尼诺影响，2019—2020 年秋冬季气象条件整体偏差，不利于大气污染物扩散，进一步加大了大气污染治理压力，必须以更大的力度、更实的措施抵消不利气象条件带来的负面影响。

近日，生态环境部联合有关部门和地方发布《京津冀及周边地区 2019—2020 年秋冬季大气污染综合治理攻坚行动方案》，对今年京津冀及周边地区秋冬季大气污染综合治理进行了整体安排和部署，提出京津冀及周边地区要全面完成 2019 年环境空气质量改善目标，秋冬季期间 $PM_{2.5}$ 平均浓度同比下降 4%，重度及以上污染天数同比减少 6%。

今年秋冬季攻坚行动坚持稳中求进的总基调，对过去行之有效的、好的经验和做法持续予以推进。在保持工作连续性的基础上，今年秋冬季攻坚行动更加强调依法性、科学性、针对性和可操作性。

一是更加强化依法、依规。坚决反对"一刀切"，在今年的秋冬季攻坚行动方案中，一律没有涉及强制性错峰生产、大范围停工、停产等要求，坚决反对"一律关停""先停再说"等敷衍的应对做法，严格依法、依规做好秋冬季大气污染防治各项工作。

二是更加突出科学施策。实施差异化应急管理，有效应对重污染天气。

要求各地根据《关于加强重污染天气应对夯实应急减排措施的指导意见》，进一步完善重污染天气应急预案，夯实应急减排措施，实施企业分类、分级管控，达到 A 级的企业重污染天气应急期间可不采取减排措施，B 级企业适当少采取减排措施。

三是更加强调因地制宜。在确定 2019—2020 年秋冬季城市环境空气质量改善目标时，充分考虑各地工作实际和可操作性，依据各城市上个秋冬季 $PM_{2.5}$ 浓度值与过去两个秋冬季累计下降幅度分别进行分档，设定各档改善目标，上个秋冬季 $PM_{2.5}$ 浓度越高、累计下降幅度越小，本秋冬季目标越高。

下一步，生态环境部将按照党中央、国务院部署，联合有关部门和地方扎实推进各项任务措施，为坚决打赢蓝天保卫战、全面建成小康社会奠定坚实基础。

三、生态环境部积极推进黄河流域生态环境治理

生态环境部认真贯彻落实习近平总书记在黄河流域生态保护和高质量发展座谈会上的重要讲话精神，按照"共同抓好大保护、协同推进大治理"的要求，大力推进黄河流域生态环境治理，促进全流域高质量发展，让黄河成为造福人民的幸福河。

一是加强黄河生态保护治理顶层设计。研究起草《黄河生态保护治理总体工作方案》，以维护黄河生态安全为目标，立足全流域整体和长远利益，正确处理开发和保护的关系，坚持山水林田湖草综合治理、系统治理、源头治理，构筑国家重要生态安全屏障。

二是加强生态保护与修复。推进沿黄9个省（区）"三线一单"编制。划定祁连山区等生物多样性保护优先区域。启动黄河流域生态状况评估。落实黄河流域水生生物多样性保护方案。

三是推进流域污染治理。指导和支持沿黄9个省（区）实施大气、水、土壤污染防治行动计划及重点流域水污染防治规划，完成沿黄地级及以上城市103个饮用水水源地1 362个问题整治。完善生态环境风险管控体系。

四是加强生态环境保护督察和监督执法。将黄河生态破坏和环境污染问题作为第二轮中央生态环境保护督察的重要内容，今年对青海、甘肃开展第二轮督察。加强环境监督执法，严厉打击各类破坏黄河生态环境的违法问题。

四、生态环境部加快建立项目环评信用监管体系

为落实《环境影响评价法》（2018年修正），深化环境影响评价领域"放管服"改革，2019年9月20日，生态环境部公布《建设项目环境影响报告书（表）编制监督管理办法》（以下简称《管理办法》），将于11月1日施行。

为确保《管理办法》的顺利实施，生态环境部还配套建设了一个平台、配发三个文件，加快形成以质量为核心、以公开为手段、以信用为主线的建设项目环境影响报告书（表）编制监管体系。

一个平台，即环境影响评价信用平台，已在政府网站上线，将与《管理办法》同步施行和启用。这是生态环境领域首个全国统一的信用管理系统，对环评信用管理对象的失信行为，各级生态环境部门都可以记分，并

通过信用平台做到实时累计，实现对编制单位及从业人员的守信激励和失信惩戒，切实提升环评领域"互联网+"监管水平。

三个文件，即《建设项目环境影响报告书（表）编制能力建设指南（试行）》《建设项目环境影响报告书（表）编制单位和编制人员信息公开管理规定（试行）》《建设项目环境影响报告书（表）编制单位和编制人员失信行为记分管理办法（试行）》。

三个配套文件在依法取消环境影响评价技术服务资质管理的同时，遵循事前指导、事中规范和事后严管的工作思路，在环境影响报告书（表）编制主体的能力建设、信息公开和失信惩戒等方面提出可操作性的指导意见和要求。鼓励编制单位自觉加强人才培养，建立编制单位和编制人员基础信息公开制度和诚信档案体系，明确编制单位和编制人员失信行为记分规则，积极推进信用监管方式方法。

下一步，生态环境部将组织地方各级生态环境部门认真落实监管职责，继续狠抓环境影响报告书（表）编制质量，加强抽查与复核，完善信用监管体系。对存在问题的公开曝光并依法严惩，落实建设单位主体责任，对有关单位与人员实施"双罚制"，推动行业健康有序发展。

五、第二十九次"基础四国"气候变化部长级会议举行

第二十九次"基础四国"气候变化部长级会议于 10 月 25—26 日在北京市举行。中国、印度、巴西、南非四国代表出席本次会议，《联合国气候变化框架公约》第 25 次缔约方大会（COP25）主席国智利、"77 国集团＋中国"轮值主席国巴勒斯坦代表作为嘉宾国代表参会。

中国生态环境部部长李干杰在会议上指出，中国高度重视应对气候变化工作，始终坚定支持多边主义，落实"共同但有区别的责任"原则、公平原则、各自能力原则和"国家自主决定"的制度安排，立足国情百分之百恪守做出的承诺。中方高度重视"基础四国"机制，加强与印度、巴西、南非及其他国家合作，包括与广大发展中国家的"南南合作"，持续推动气候多边进程，为应对全球气候变化、构建人类命运共同体做出中国贡献。

会议期间，"基础四国"围绕多边进程形势、COP25 预期成果、四国合作及"南南合作"等主题进行深入探讨交流，进一步协调立场，达成广泛共识。会后，"基础四国"举行了新闻发布会，共同发表《第二十九次"基础四国"气候变化部长级会议联合声明》并回答了媒体提问，呼吁共同维护多边机制，同舟共济、携手应对气候变化，积极推动 COP25 大会取得成功。

下面，请霍传林副司长介绍情况。

生态环境部海洋生态环境司副司长霍传林

海洋生态环境保护工作由表及里、由浅入深

霍传林：各位记者朋友、女士们、先生们，大家上午好！很高兴就海洋生态环境保护的有关情况与大家进行交流。

首先，我代表生态环境部海洋生态环境司感谢各位媒体朋友长期以来对我国环保事业特别是海洋生态环境保护工作的关心和支持。媒体作为营造知海、爱海良好氛围的关键力量，是生态环境工作不可或缺的重要组成部分，我们衷心希望各位媒体朋友继续深切关心、深度报道海洋生态环境保护工作。

中国政府始终高度重视保护海洋生态环境，特别是今年以来，习近平总书记多次就海洋生态环境保护提出重要论述、做出重要批示：今年4月，在集体会见应邀出席中国人民解放军海军成立70周年多国海军活动的外方代表团团长时，指出"海洋孕育了生命、联通了世界、促进了发展"，提出了"海洋命运共同体"的重要理念；10月，在致2019年中国海洋经济博览会的贺信中强调："要高度重视海洋生态文明建设，加强海洋环境污染防治，保护海洋生物多样性，实现海洋资源有序开发利用，为子孙后代留下一片碧海蓝天。"

去年11月的例行新闻发布会上，我们对生态环境部海洋生态环境保护的基本情况进行了介绍。近一年来，生态环境部坚持以习近平生态文明思想为指导，贯彻落实全国生态环境保护大会精神，组织召开了全国海洋生态保护工作会议和渤海综合治理攻坚战座谈会。在部党组的坚强领导下，海洋生态环境保护工作由表及里、由浅入深，在发生"物理变化"的基础上不断催生"化学反应"，重建、重构和融合、融入明显加快。

一是渤海综合治理攻坚战开局良好，环渤海三省一市及有关地市全部出台具体实施方案，劣Ⅴ类入海河流国控断面整治和入海排污口"查、测、溯、治"取得阶段成效，各项重点工作正在平稳有序推进；

二是顶层设计工作有序推进，《海洋环境保护法》（2017年修正）和《"十四五"海洋生态环境保护规划》前期研究有序展开，《海洋石油勘探开发环境保护管理条例（修改草案）》报请国务院审定；

三是海洋生态环境监管不断加强，入海排污口和重要生态区域监管力度持续加强，海洋工程和海洋倾废有关审批事项实现平稳过渡；

四是机构改革进程平稳有序，流域、海域监管机构挂牌成立，陆海生态环境监测网络整合初见成效。

下一步，我们将继续贯彻落实党中央、国务院决策部署，以改善海洋生态环境质量为根本，切实强化综合治理、统筹谋划和系统监管，落实、落细渤海综合治理攻坚战等重点任务，切实将陆海统筹的体制优势转变为河清海晏的治理实绩，为高质量发展和生态文明建设继续做出贡献。

需要通报的是，我们近期调度了渤海综合治理攻坚战的有关情况，现场给大家准备了背景材料，感兴趣的朋友们可以查阅。

下面，我愿意回答媒体记者朋友们所关心的问题。谢谢大家！

将海洋生态环境监测纳入国家生态环境监测体系中

中央广播电视总台央广记者：机构改革以后，陆源入海排污口监测划入生态环境部职能范围内，大家普遍认为，这样可以解决海洋环境监测数据"打架"的现象。请问机构改革以后海洋环境监测职能具体如何调整？进展如何？

霍传林：谢谢记者的提问。我理解这个问题可能是讲过去机构改革之前数出多门的问题，不单是入海排污口，包括整个监测工作也存在这个问题。

我们通常讲，生态环境监测是生态环境保护的顶梁柱和生命线。国务院办公厅在2015年就发布了《生态环境监测网络建设方案》，启动了网络整合工作。这次机构改革之后，更是着力解决了数出多门的问题，像您刚才讲到的入海排污口、入河排污口设置管理都划到生态环境部的职能范围内。生态环境部监测工作构建了中国环境监测总站牵总,卫星中心、核辐射中心和海洋中心"一总三专"监测布局。其中海洋生态环境监测按照"统一组织领导、统一规划布局、统一制度规范、统一数据管理、统一信息发布"的原则,推进海洋生态环境监测职能调整,具体如下。

第一,统一监测布局方面,一是生态环境部印发了《生态环境监测规划纲要(2020—2035年)》,将海洋生态环境监测纳入国家生态环境监测体系中。二是统筹海洋生态环境监测业务布局,制定全国海洋生态环境监测工作实施方案,统一组织具有能力、资质的监测力量,实施监测,确保监测工作顺利实施。

第二,统一制度规范方面,一是生态环境部正在组织编制"生态环境监测条例",也将海洋生态环境监测纳入条例,进一步夯实依法实施海洋生态环境监测的制度基础。二是统一海洋生态环境监测的评价、监测标准,落实中共中央办公厅、国务院办公厅《关于深化环境监测改革 提高环境监测数据质量的意见》,为统一开展监测活动奠定基础。

第三,统一数据管理方面,整合海洋生态环境监测数据,建立统一监测数据平台,包括您讲的入海排污口都在这个平台上,实现海洋生态环境信息的互联、互通,共享、共用,推进海洋生态环境监测的信息公开。

第四,统一信息发布方面,2018年会同自然资源部、农业农村部和交通运输部发布《2018年中国海洋生态环境状况公报》。下一步,将按照"五个统一"的原则要求,构建符合经济发展水平和生态环境监管需求,布局科学、事权合理、具有代表性和历史延续性的点位网络和业务布局,构建国家与地方相协调的监测机构格局，推进监测机构标准化、规范化建设，提升监测机构的海洋生态环境监测能力，为提升监测工作的科学化、精细化、动态化奠定一个坚实的基础。

渤海的入海排污口排查工作在我们渤海的背景材料里已经提到了，这里我就不详细展开介绍了，谢谢。

积极推进陆源污染治理、海域污染治理、生态保护修复、环境风险防范等工作

每日经济新闻记者：《渤海综合治理攻坚战行动计划》已经印发实施近一年时间，各项主要任务的进展情况如何？取得了哪些成效？存在的问题和薄弱环节是什么？下一步有何措施？

霍传林：谢谢，我觉得您这是一起提了三个问题，非常感谢您对渤海攻坚战的高度关注。《渤海综合治理攻坚战行动计划》印发近一年以来，生态环境部会同相关部门和地方深入贯彻习近平新时代中国特色社会主义思想和习近平生态文明思想，积极推进陆源污染治理、海域污染治理、生态保护修复、环境风险防范等工作。在攻坚战行动计划上有明确时间节点的任务有 30 项，其中 2019 年有 13 项，现在正在有序地开展，其中 4 项任务已基本完成，还有 9 项任务仍在进行。

陆源污染治理方面，查排口、消劣 V。2019 年 2 月，生态环境部印发《渤海入海排污口排查整治工作方案》，通过三级排查，实现渤海 3 000 多千米的海岸线有口皆查，为有效管控陆源污染源、提升渤海生态环境质量奠

定基础。截至目前，已经完成了环渤海三省一市 13 个沿海城市（区）的一级和二级排查，正在进行三级排查。2019 年 6 月，生态环境部印发了《渤海入海河流劣 V 类国控断面整治专项行动工作方案》，将消除入海河流劣 V 类国控断面打造为渤海攻坚战的标志性成果。截至 9 月，入海河流"消劣"任务涉及的 10 个断面只有 2 个还是劣 V 类。

海域治理方面，清散乱、控污染。农业农村部、交通运输部、住房和城乡建设部分别在海水养殖污染治理、船舶和港口污染治理、海洋垃圾污染防治等方面多措并举，齐抓共管。截至目前，环渤海三省一市共创建水产健康养殖示范场 800 余家；天津市、山东省分别清理整治非法和不符合分区管控要求的海水养殖区域超过 2 万亩和 19 万亩；完成港口船舶污染物接收转运及处置设施建设。此外，环渤海三省一市编制了"海上环卫"工作机制建设方案，启动沿岸一定范围内生活垃圾堆放点的清除工作。

生态保护修复方面，治岸线、修湿地。自然资源部、国家林业和草原局、农业农村部、生态环境部等部门"保护"和"修复"两手同时发力。截至目前，环渤海三省一市均按照"一湾一策、一口一策"的要求，全部完成了河口海湾综合整治修复方案编制工作，海洋生态修复工作逐步推进；重点推进河北滦南湿地和黄骅湿地、天津大港湿地和汉沽湿地、山东莱州湾湿地等重要生态系统选划为自然保护地。

环境风险防范方面，消隐患、强应急。生态环境部强化海洋石油勘探开发活动溢油风险管控，与中海油等涉油企业研究建立协作支持和溢油应急响应联动机制；交通运输部加强船舶污染事故应急能力建设；应急管理部完善京津冀协同应对事故灾难机制，渤海生态环境安全得到进一步加强。截至目前，环渤海三省一市排查企业 565 家，排查整治环境风险隐患近 2 000 处，下达整改文书 187 份，对 5 400 余家企业环境应急计划进行备案。

我总结一下，渤海综合治理攻坚战之所以取得上述成效，是与国家有关部门、环渤海三省一市和 13 个沿海城市的周密部署、紧密配合、有序落实、分工协作密不可分的。

渤海攻坚战是个系统工程，国家层面通过多部门的联动，吹响动员号、建起调度账、派出帮扶组，有关部门及时组织召开海洋垃圾污染防治、生态整治修复、渔业污染防治等专题座谈会进行部署和动员，生态环境部组织部属单位、专家专门开展了驻点帮扶和技术指导，两次调度评估工作成效，及时发现并解决问题。财政部、国家发展改革委等加大了对攻坚战的扶持力度，2019 年支持经费数十亿元，科技部在原专项下专门设立三个渤海生态环境治理的项目，这是国家层面。

地方层面，通过画出路线图，定好时间表，落实责任人，多层级确保攻坚战见事、见人、见成效。环渤海三省一市及 13 个沿海城市（区）全部编制印发本地行动计划实施方案。天津市由市委书记担任总指挥，山东省自我加压，河北省唐山市先试先行，辽宁省大连市最早启动行动计划。通过上下联动，合力攻坚推动取得上述成效。

虽然取得了阶段性的成效，但还存在不少问题和薄弱环节。大家也都知道海洋生态环境综合治理成本高、见效慢、易反复，要实现持续改善只有锲而不舍、持之以恒才能巩固成效。

您刚才说的存在的问题可能有以下三方面：

第一，还有一些城市重视程度不够。个别城市站位不高，主体责任落实不到位，工作相对迟缓，甚至有些地方实施方案上下一般粗。部分城市一定程度上存在重部署、轻落实，重形式、轻实效的问题，在消除劣 V 类断面、海洋垃圾防治等方面进展缓慢。有些城市风险意识比较弱。

第二，不得不说海洋环境质量的改善还存在较大的压力。目前，渤海仍然处于污染排放和环境风险的高峰期，陆源和农业面源污染物入海量较大，辽东湾、莱州湾、渤海湾等部分海湾存在一部分劣 IV 类水体，而且水质非常容易产生波动。多个已经"消劣"的断面还可能会出现反弹。

第三，区域间成效不平衡，整体的攻坚目标实现具有不确定性。受到治理周期的影响，各地区在风险防控等方面成效不平衡，生态整治修复成效不明显，部分地区的水质改善有一定成效，但是距离目标还有较大的差距。

当然，渤海的情况"冰冻三尺非一日之寒"，这些突出的问题源于长期的积累和叠加，只有锲而不舍、持之以恒才能形成治理成效。

还有一项工作向大家报告一下，我们现在正在开展"十四五"全国海洋生态环境保护规划的编制工作，按照部党组确定的总体思路，以"管用，好用，解决问题"为出发点，为新时期海洋生态环境保护进行顶层设计和系统谋划。实际上，这个工作对渤海还有一个重要的意义，渤海攻坚战是对"十三五"期间的渤海综合治理进行攻坚，而"十四五"规划则是对"十三五"渤海攻坚战之后的渤海生态环境保护奠定一个工作基础。谢谢。

试点地区的海洋生态环境治理主体责任都得到了大大的压实

光明日报记者： 我们了解到，沿海部分地方近两年正在推进湾长制试点工作，《渤海综合治理攻坚战行动计划》也提出建立实施湾长制，可否介绍一下有关工作进展和成效？生态环境部后续将有何打算？

霍传林： 谢谢，非常感谢您对这项工作的关注。湾长制这项工作还在试点的过程中，是我们当前做好海洋生态环境保护工作的一项制度机制探索，主要目的是建立陆海统筹的治理协调机制和"党政同责"的海洋生态环境保护长效治理机制，着力解决近海治理体制不健全、监管缺位等长期存在的问题，既为打好污染防治攻坚战提供有效抓手，也为攻坚战后建立长效机制提供制度保障。

2017年以来，浙江省和海口市、青岛市、秦皇岛市、连云港市"一省四市"开展了湾长制的试点工作。目前，各个地区试点结合本地区的实际，因地制宜，创新制度，纷纷探索出台了各具特色的湾长制模式。例如，浙江省从"一打三整治"到"五水共治"，将湾（滩）长制纳入全省的治水体系，形成了"大治水"的格局；秦皇岛市逐级细化责任区域，做到"每一米海岸都有人管"；连云港市成立"民间湾长"志愿者队伍，充分调度社会力量参与；青岛市实施重点海湾巡湾制度，强化执法督查；海口市专门制定出台了湾长制地方法规，使湾长制从试点走向依法行政。此外，山东省和海南省分别将试点工作拓展至全省范围，通过以点带面、以面实践的方式，逐步探索湾长制模式。根据我们的初步摸底，试点地区的海洋生态环境治理主体责任都得到了大大的压实,海洋生态环境保护责任不明晰、压力不传导等"老大难"的问题正在逐步得到解决。

下一步,我们将在"打通陆地和海洋"的基础上,进一步聚焦海洋生态环境保护的新形势、新要求,逐步推动湾长制从试点到规范、从有名到有实,主要有三个方面的考虑:

一是总结经验。各地试点提供了非常好的实践基础,我们将评估工作成效,总结好的做法和经验,提炼出行之有效的制度。

二是系统谋划。聚焦构建现代化的环境治理体系,以构建长效治理机制为主线,坚持问题导向和责任导向,以压实责任、协同共治、多元参与为重点,抓好湾长制的顶层设计和发展定位。

三是实践推进。按照渤海综合治理攻坚战工作部署,率先在渤海出台湾长制指导意见,结合环渤海三省一市实际情况及各主要海湾的环境特点,探索具有普适性和区域特色的海洋生态环境治理制度,也探索渤海综合治理攻坚战之后的长效机制,为全面推行湾长制进一步打下坚实基础。

上半年我国近岸海域优良海水水质面积较上年同期增加 6.7 个百分点

封面新闻记者: 海洋环境监管职能转隶生态环境部门已经一年多时间了,"打通陆地和海洋"的目标是否已经实现?我国海洋环境是否有明显好转?

霍传林: 谢谢您的提问,也感谢您对我们工作的关注。海洋环境保护职责整合到生态环境部之后，打通了陆地和海洋，这也是李干杰部长经常讲的"五个打通"之一。一年多以来，海洋生态环境保护工作的融合、融入既有"物理变化"又有"化学反应"，机构职能、人员编制整合优化、融合增效，正在向"表里如一、形实一致"的方向发展，逐步形成了陆海统筹的有效合力。

去年的新闻发布会上，我们提出了陆海统筹"四个衔接"的基本思路。借这个机会，我也汇报一下相关工作的进展情况。

第一个衔接，是陆域（区域、海域）环境保护设施要与海洋环境质量要求相衔接，以实现污染物入海监管方面的"以海定陆"。在这方面，我们强化了陆海污染的联防联控，特别是强化了海洋环境污染治理从陆上抓起的基本思路，在渤海组织开展入海排污口排查整治和劣Ⅴ类入海河流国控断面整治的专项行动，管好直接向海排放污染物的两道"闸口"，初步实现了陆海统筹、河海联治。

第二个衔接，是沿海陆域产业布局要与海域资源环境承载能力相衔接，实现产业布局方面的"以海定产"。在这方面，我们充分发挥"三线一单"和环境影响评价的门槛作用和引导作用，促进陆域和海域"三线一单"在管控条件、准入类型等方面的有机融合，同时在开展沿海地区规划环评、工程项目环评的过程中，建立部门间协调联动机制，注重加强海洋生态环境保护方面的审查，逐步实现产业布局方面的"以海定产"。

第三个衔接，是陆域海域综合治理规划、工程和海洋环境保护目标相衔接。在这方面，生态环境部同步启动了"十四五"重点流域水污染防治规划和海洋生态环境保护规划的编制工作，注重流域、区域、海域在管控措施、断面要求、治理目标等方面的衔接，确保"十四五"期间从规划层面、从起始阶段就充分体现陆海统筹的理念。

第四个衔接，是统一陆海生态环境监测布局，以实现标准和数据相衔接。过去的一年，我们按照陆海统筹、全面覆盖、聚焦重点的原则，对原环境保护部和原国家海洋局的海洋生态环境监测网络进行了整合优化，涉及 1 434 个海水水质监测站位、195 个入海河流国控监测断面和 453 个日排放污水量大于 100 米 ^{3} 的直排海污染源，实现了陆海监测网络的整合优化、融合增效。

通过上述工作，2019 年上半年我国近岸海域水质状况延续稳中向好态势，近岸海域优良海水水质（一、二类）面积比例为 76.5%，较上年同期增加了 6.7 个百分点，劣Ⅳ类水质面积比例 13.2%，较上年同期减少 2.1 个百分点。

陆地、海洋是不可分割的有机整体，习近平总书记强调的中医整体观非常适用于陆海统筹的污染治理和生态修复。我们将按照习近平总书记关于长江、黄河流域治理的重要指示精神，科学运用中医整体观，研究从源头上系统开展生态环境保护的整体预案和行动方案，分类施策，重点突破，将陆海统筹这个长期课题和系统工程研究好、规划好、落实好。谢谢！

组建生态环境应急专家组，必要时将参加突发环境事件现场应急处置

新京报记者：我想提问两个问题，第一，我们注意到，生态环境部

近日组建了第一届生态环境应急专家组，请问专家组在生态环境治理中将发挥什么样的作用？第二，我们注意到生态环境部发布了9月全国空气质量状况，有不少地方出现空气质量的反弹，请问原因是什么？

刘友宾：突发环境事件不仅影响环境质量，对人民群众的生产、生活也会带来很大影响。近年来，我国突发环境事件延续了逐年下降的趋势，但一些重大及敏感突发环境事件仍有发生，总体来看环境安全形势依然严峻，必须高度重视。

为进一步提升环境应急管理能力，持续推动生态环境应急治理体系和治理能力现代化，进一步发挥专家团队的支撑作用，生态环境部近日组建生态环境应急专家组，设立生态环境应急指挥领导小组办公室（以下简称生态环境部应急办）具体负责专家组的建设和管理工作。专家组成员实行聘任制，每届任期5年。生态环境部还专门出台了《生态环境部生态环境应急专家组管理办法》，界定了专家组的定位和组成方式，规定了专家的入选条件和职责任务，明确了专家激励和保障措施，保障专家组智力优势和技术优势的充分发挥，切实服务生态环境安全。

下一步，专家组将重点在以下三方面发挥作用。

一是突发环境事件应急应对工作。协助处置突发环境事件，必要时参加现场应急处置工作，指导和制定应急处置方案，提供科学决策建议。

二是全面开展环境应急科学研究。探索环境应急管理的工作规律，推动环境应急处置工作的规范化、科学化，丰富应急技术的储备，开展应急状态下污染物排放或者控制标准体系的研究等。

三是积极推进环境应急管理上台阶。参与环境应急相关法律法规制定，履行好技术咨询职责，积极参与环境应急相关的教育培训，不断提升整个应急队伍的整体战斗力。

你刚才提到的第二个问题是 9 月空气质量下降的问题，不久前我们公布了 9 月和 1—9 月全国空气质量，确实如你所说，部分地区出现了一些波动。我们也组织专家对这些情况进行了认真分析，有以下几个原因：

首先，受比常年同期偏高气温的影响，全国臭氧浓度同比上升，优良天数比例同比下降。2019 年 9 月，全国平均气温 17.7℃，比常年同期偏高 1.1℃，其中北京、天津、吉林、内蒙古、湖北等省（市）的平均气温为 1961 年以来历史同期最高或次高水平。受高温、较强光照影响，日间臭氧浓度明显上升，导致优良天数比例下降。初步分析显示，2019 年 9 月，全国 337 个地级及以上城市首要污染物为臭氧（8 小时）的天数占污染天数的 95% 以上、23 个重污染天数的 40% 左右，其余重污染天气的首要污染物为 PM_{10}，说明 9 月日均空气质量主要受臭氧浓度影响。全国 337 个地级及以上城市臭氧平均浓度为 157 微克 / 米 ^{3}，同比上升 23.6%，优良天数比例同比下降了 14.7 个百分点。

对流层（近地层）臭氧是一种典型的二次大气污染物，人为排放极少。地面臭氧主要来源氮氧化物和挥发性有机物在热和太阳光的作用下发生光化学反应。在前体物氮氧化物和挥发性有机物较高的情况下，夏秋季由于温度高、太阳辐射强容易发生臭氧污染。我国标准规定臭氧日最大 8 小时平均浓度为 160 微克 / 米 ^{3}，与发达国家基本相当。从 2015 年起，全国 337 个城市 1 436 个点位均开展臭氧监测，数据显示，目前，我国臭氧污染虽然有所上升，但以轻度污染为主，总体处于可防、可控状态。

其次，降水偏少和气象条件不利，导致颗粒物浓度上升。2019年9月，京津冀地区大气静稳指数同比升高约50%，其中北京市静稳指数同比升高约40%，大气扩散能力明显下降。特别是在2019年9月下旬，京津冀及周边地区出现了持续一周以上的静稳、高湿和逆温天气，导致污染物的持续累积和转化。

针对上述情况，下一步将推动以$PM_{2.5}$和臭氧协同控制、以氮氧化物和挥发性有机物为重点的多污染物协同减排，积极推进产业、能源、运输和用地结构的优化调整。

现在，秋冬季已来临，气温下降，臭氧污染水平下降。特别是进入采暖季后各类污染物的排放强度将进一步增加，气象条件转差，$PM_{2.5}$成为决定环境空气质量的首要污染物。生态环境部将会同有关部门和地方，对重点行业采取差异化分级管控等措施，积极应对重污染天气，以抵消采暖排放增加和不利气象条件带来的影响。

入海排污口排查实现环渤海13个城市全覆盖，下一步将健全台账落实整治

中国海洋报记者：请问渤海入海排污口排查整治工作进展情况如何？下一步将有哪些安排？对其他地区入海排污口排查整治有哪些经验借鉴？

霍传林：非常感谢海洋报的记者，也是我们之前的同事。关于入海排污口，原来海洋部门也做了大量的工作。

在《渤海综合治理攻坚战行动计划》中，我们启动了两项很重要的

工作，其中一项就是入海排污口的排查整治。入海排污口的排查整治是"牛鼻子"，通过排查实行清单式管理，拉条挂账，将"牛鼻子"抓住了，行动计划实施就有比较大的把握。

渤海入海排污口排查工作从 2019 年 1 月启动，截至 9 月，已经完成了现场排查，实现了环渤海 13 个城市的全覆盖，涉及排查区域上万平方千米。目前，我们正在对排污口分布的"热点区域"进行查缺补漏、精准识别，健全完善统一规范的入海排污口名录，真正实现有口皆查、应查尽查的目标。可以说取得了成效，初步摸清了底数，掌握了状况、规律和特点，形成了一套排查工作的程序方法。

因为这项工作是部里的执法局牵头开展的，执法局的同志总结了入海排污口排查渤海的四个经验：

一是"一竿子插到底"。紧扣地方管理实际需求，有效增强排查工作的科学性和可操作性，实现管用、实用、好用。

二是"两条腿走路"，既用高科技，又下笨功夫。综合利用遥感、无人机、无人船、红外等技术手段，并组织人员用脚丈量每一米海岸线，到现场实施拉网式核查，进一步提高排查的精度。

三是"实行三个统一"。统一尺度规范，统一协调调度，统筹安排陆地、海域、岛屿的排查工作，实现排查全覆盖，建立入海排污口的统一台账。

四是边排查边监测，每个现场配备快检包，快检发现异常，可立即组织规范监测。

在上述基础上，形成了三级排查的模式，提炼出来了一系列排查"36字法""72字诀"，形成了一套可以快速复制并推广应用的技术体系。

我也是在和执法局的同志们交流的基础上总结的，不见得说得非常全面，因为整个渤海的排查历时 9 个多月，可能亮点还不止于此，我们部里的网站上也会定期发布一些信息，请大家关注。

下一步，我们将继续推进"查、测、溯、治"后续任务。一方面，在攻坚排查的基础上，加快推进排污口分类命名并健全台账，进一步落实排污口整治"交办给政府、落实到湾（河）长"，逐级压实地方政府排污口监管责任。另一方面，总结渤海入海排污口排查整治的工作经验，建立入海排污口排查、监测、溯源、整治的工作体系，出台监管办法，明确备案程序，建立长效监管机制，实现对入海排污口全过程、规范化、精细化的动态管理。这是一个基本情况，谢谢。

长江入河排污口第一批排查工作实地排查沿江岸线 7 000 千米

北京青年报记者：我们注意到，生态环境部启动长江入河排污口排查工作。请问进展如何？下一步还有何安排？

刘友宾：为深入贯彻党中央、国务院关于长江经济带"共抓大保护、不搞大开发"的重要指示精神，根据《长江保护修复攻坚战行动计划》的有关要求，生态环境部于 2019 年 9 月开展第一批长江入河排污口现场排查工作，对江苏、浙江、重庆、贵州和云南 5 省（市）入河排污口开展现场排查。排查工作按照"水陆统筹，以水定岸"的原则，在无人机航测的基础上，又采取"拉网式"排查方式，确保将所有入河排污口查清楚、数明白。

第一批排查工作实地排查沿江岸线 7 000 千米，包括入江河沟 986 条、江（湖）心洲 103 座、沿江工业园区 79 个，以及各类沿江城镇村庄、港口码头、滩涂湿地、农田渔业等，初步建立入河排污口台账。

按照计划，2019 年年底前，生态环境部将分三批完成长江入河排污口现场排查工作。第二批排查工作预计 11 月开展，涉及上海、湖北、安徽 3 省（市），合计岸线长度约 8 000 千米；第三批排查工作预计 12 月开展，涉及江西、湖南、四川 3 省，合计岸线长度约 9 000 千米。排查工作全部完成后，将全面掌握长江入河排污口情况，为下一步开展排污口监测、溯源和有效治理，加快形成权责清晰、监控到位、管理规范的长江入河排污口管理体系奠定基础。

海洋微塑料已纳入常规监测范围，监测结果每年定期发布

中国日报记者： 有媒体报道称，中国目前是最大的塑料生产国和出口国之一，也是海洋微塑料的主要输出国。请问，生态环境部对此有何评论？中国在海洋垃圾和微塑料治理方面做了哪些工作？

霍传林： 您提的这个问题，也是我们长期以来一直关注的问题。我想明确一点，中国是最大的塑料生产国和出口国，但并不代表我们是塑料污染大国，越来越多的研究也证明了这一点。

海洋垃圾和塑料污染是国际社会普遍关注的热点问题，其治理涉及生产、流通、消费多个环节，需要政府、企业、公众共同参与。中国高度

重视海洋垃圾和塑料污染治理，已积极采取了一系列的措施。主要有六个方面：

一是推动无害化处理。相关部门积极推行生活垃圾分类制度，加强塑料废弃物回收利用，推动环境无害化处置，努力从源头减少塑料垃圾进入海洋环境。

二是加强专项治理。将海洋垃圾污染防治纳入湾长制试点工作，禁止生产、生活垃圾倾倒入海。加大海洋垃圾清理力度，开展沿海城市海洋垃圾污染综合防控示范。例如，依据《渤海综合治理攻坚战行动计划》，开展了渤海入海河流和近岸海域垃圾的综合治理；依据《农业农村治理攻坚战行动计划》，加强农村生产生活垃圾污染防治，试点地膜生产者责任延伸制度，力争到2020年实现90%以上的村庄生活垃圾得到治理，农膜回收率达到80%以上。

三是强化公众参与。积极推动公众参与海滩清扫活动，加强清洁海洋宣传教育，先后在烟台、大连、日照等海滨城市组织开展海滩垃圾清扫活动，并以此为契机教育公众转变消费习惯，提倡减少一次性塑料用品的使用，增强公众海洋垃圾污染防治的意识。

四是开展监测评价。从2007年开始，将海洋垃圾纳入海洋环境例行监测范围，2016年将海洋微塑料纳入海洋环境常规监测范围，并通过海洋生态环境状况公报定期向公众公布监测结果。2017年，还首次在大洋、极地开展了海洋微塑料的监测活动。

五是加强科学研究。2017年，启动国家重点研发专项，系统调查近岸海域海洋微塑料污染，深入开展海洋微塑料传输途径、环境行为和生物毒性研究。鼓励学术交流和数据信息共享，推进海洋垃圾与微塑料监测技术和风险评估方法研究。

六是积极参与国际合作。积极参与应对海洋垃圾和塑料污染的国际进程，参与了联合国环境规划署区域海行动计划，认真遵守《控制危险废物越境转移及其处置巴塞尔公约》，积极推动出台《东亚峰会领导人关于应对海洋塑料垃圾的声明》《G20海洋垃圾行动计划的实施框架》等文件，共同推进全球海洋垃圾和塑料污染防治。同时，我们也积极地推动双边合作，如中日、中加、中美都建立海洋垃圾防治方面的合作机制。

今年9月9日，中央全面深化改革委员会审议通过了《关于进一步加强塑料污染治理的意见》。下一步，我们将结合该意见的贯彻落实，持续加大海洋垃圾和塑料污染的防治力度。相信按照习近平总书记提出的"海洋命运共同体"的理念，我们一定会与国际社会一道，治理好海洋垃圾污染，维护好全球海洋环境安全。谢谢。

继续推进北方地区清洁取暖工作，没有任何动摇

路透社记者：我有两个问题，第一，今年秋冬季攻坚行动方案已经下发，根据我们的计算，即使"2+26"城市全部达到空气质量改善目标，整体的$PM_{2.5}$浓度可能仍然高于去年的目标值，请问生态环境部对此有何评论？我们注意到今年秋冬季攻坚方案中"2+26"城市的$PM_{2.5}$削减目标弱于之前的征求意见稿，请问出于何种考量降低最终的目标？第二个问题，近期有评论认为，由于经济下行压力和外部复杂的局势，今年中国要着力

发展煤电，冬季北方的"煤改气"将会暂缓或者是搁置，生态环境部有什么评论？

刘友宾：根据《打赢蓝天保卫战三年行动计划》总体部署，生态环境部编制发布了《京津冀及周边地区 2019—2020 年秋冬季大气污染综合治理攻坚行动方案》（以下简称《方案》）。《方案》设定了秋冬季环境空气质量改善目标，要求区域 2019—2020 年秋冬季 $PM_{2.5}$ 浓度同比下降 4% 左右，重污染天数同比下降 6%。这个目标是在广泛征求相关部门、地方政府及专家们意见的基础上科学、合理制定的。目标设定主要考虑以下因素：

一是秋冬季重污染天气还处于"气象敏感型"阶段，2017—2018 年秋冬季气象条件显著好于常年平均水平，助推了当年空气质量大幅改善。研究表明，当年空气质量改善是"人努力、天帮忙"的结果，大气污染防治各项工作占七成，相对有利的气象条件占三成。根据气象部门预测结果，2019—2020 年秋冬季气象条件相比往年不利，将面临雾霾持续时间长、覆盖范围广的情况。这就要求我们首先要将气象条件差异造成的环境空气质量变化差异补回来，再进一步下降，大气污染防治工作难度和压力进一步加大。

二是《方案》中工作任务保持力度不减、压力不变。《方案》提出很多具体工作进度要求，如河北省完成钢铁行业超低排放改造 1 亿吨，"2+26"城市完成散煤替代 524 万户，按计划推进铁路专用线建设等。多项工作任务量都超过前两个秋冬季，充分表明了政府对污染防治攻坚战的决心。

三是秋冬季环境空气质量改善目标是一项严肃的工作任务，完不成任务的城市将被严肃问责。按照巩固成果、稳中求进的总要求，我们在充分考虑延续性、公平性与可达性的基础上科学设定 2019—2020 年秋冬季目标。

接下来，我们将全力落实《方案》各项任务，大力削减主要大气污染物排放量，妥善应对重污染天气，确保完成秋冬季改善目标，积小胜为大胜，推动空气质量持续改善，确保完成打赢蓝天保卫战各项任务。

第二个问题是"煤改气"的问题。党中央、国务院高度重视北方地区清洁取暖工作，习近平总书记多次做出批示，有关部门和地方也出台了规划和计划，对北方地区清洁取暖工作进行了安排部署。

实践表明，清洁取暖是京津冀及周边地区改善空气质量最关键的举措，对降低 $PM_{2.5}$ 浓度的贡献率达 1/3 以上。不仅改善大气环境质量，而且对于老百姓来讲，也可以让他们生活得更加舒适，是一件为民造福的事。

今年，我们将坚定不移地会同有关部门和地方继续推进清洁取暖工作，这个没有任何动摇，没有任何变化。在清洁取暖工作推进中，我们始终坚持五个原则：一是坚持统筹协调温暖过冬与清洁取暖，以保障群众温暖过冬为第一原则；二是坚持以供定需、以气定改，根据天然气签订合同量确定"煤改气"户数；三是坚持因地制宜、多元施策，宜电则电、宜气则气、宜煤则煤、宜热则热；四是坚持突出重点、有取有舍，重点推进京津冀及周边地区和汾渭平原散煤治理；五是坚持先立后破、不立不破，在新的取暖方式没有稳定供应前，原有取暖设施不予拆除。

下一步，我们将按照攻坚方案继续做好以下工作：

一是合理确定年度散煤治理任务。根据各地上报，2019 年 10 月底前，"2+26"城市完成散煤替代 524 万户。各地散煤治理任务中，"煤改电"、集中供热、地热能等方式替代比例超过 50%，更加突出多种方式替代，较大程度缓解天然气保供压力。

二是全力做好气源、电源供应保障。抓好天然气产供储销体系建设，加快 2019 年天然气基础设施互联、互通重点工程建设，加快储气设施建设步伐，优化天然气使用方向，保障清洁取暖与温暖过冬。

三是加大政策支持力度。中央财政支持北方地区冬季清洁取暖试点，对"2+26"城市做到全覆盖，全面加大支持力度。加大价格政策支持力度，进一步制定和完善补贴政策，确保农村居民用得起、用得好。

四是严防散煤复烧。对已完成清洁取暖改造的地区，要建立长效监管机制，确保不出现散煤复烧问题。同时，要加大清洁取暖资金投入，保障补贴资金及时足额发放。

霍传林：我补充一句，打赢蓝天保卫战是打好污染防治攻坚战的重中之重，我参加了强化监督定点帮扶，前两周刚从河北省沧州市回来，当地老百姓对清洁取暖非常期待，认为提升了生活水平，是生活方式的转变。

强化监管，建立港口和船舶污染物接收、转运、处置联合监管机制

人民网记者：请问生态环境部在加强船舶污染防治监管和治理方面开展了哪些工作？取得了哪些成效？

霍传林：谢谢您的提问，您关心的船舶污染排放包括几方面，一个是气体方面的污染物排放，这一方面，生态环境部相关业务司及交通运输部前期已经开展了很多工作，我就不详细讲了。

我主要介绍一下渤海综合治理攻坚战中关于加强船舶污染防治方面的工作。就像我前面讲到的，渤海综合治理攻坚战是一个系统工程，船舶污染防治也是这样。按照《渤海综合治理攻坚战行动计划》的要求，交通运输部会同包括生态环境部在内的有关部门在加强渤海船舶污染防治方面，主要开展了以下工作：

一是印发《关于建立完善船舶水污染物转移处置联合监管制度的指导意见》，建立港口和船舶污染物接收、转运、处置联合监管机制，保障船舶污染物与市政公共转运处置设施之间的衔接。

二是严格执行《船舶水污染物排放控制标准》，推动环渤海地区建立完善船舶水污染物接收、转运、处置联单制度。

三是开展船舶污染防治专项整治行动，强化船舶涉污作业现场监管，督促落实污染防治措施，排查并消除污染隐患，推动建立辖区不达标船舶档案，对未达标的船舶提出限期整改要求。

四是加强对长期在渤海海域航行、停泊、作业船舶的铅封管理，对符合条件船舶的排污设备实施铅封。

五是开展渤海海上油污染近岸海域风险评估工作。

这是我们通过前期调度，了解到的相关部门包括我们生态环境部在内开展的一些工作。交通运输部那边可能还有更丰富的资料，你们可以去了解。

下一步，生态环境部、交通运输部将加强《渤海综合治理攻坚战行动计划》工作的信息调度、督促沿海地区继续加强船舶污染综合治理，确保渤海综合治理攻坚目标的实现，谢谢。

主持人刘友宾：今天的发布会到此结束。谢谢各位！

11 月例行新闻发布会实录

2019 年 11 月 29 日

11 月 29 日，生态环境部举行 11 月例行新闻发布会。生态环境部土壤生态环境司司长苏克敬、副司长钟斌出席发布会，向媒体介绍了土壤生态环境保护工作进展等有关情况。生态环境部新闻发言人刘友宾主持发布会，通报近期生态环境保护重点工作进展，并共同回答了记者关注的问题。

11 月例行新闻发布会现场（1）

↗ 生态环境部贯彻落实党的十九届四中全会精神

↗ 生态环境部与全国工商联合力推动民营企业绿色发展

↗ 第二十一次中日韩环境部长会议在日本举行

11月例行新闻发布会现场（2）

主持人刘友宾：新闻界的朋友们，大家上午好！欢迎参加生态环境部 11 月例行新闻发布会。在去年党和国家机构改革中，生态环境部设立了土壤生态环境司，主要职责是负责全国土壤、地下水等污染防治和生态保护的监督管理，组织指导农村生态环境保护，监督指导农业面源污染治理工作。

今天的新闻发布会，我们邀请到土壤生态环境司司长苏克敬，介绍土壤生态环境保护工作情况，并回答大家关心的问题。出席今天发布会的还有土壤生态环境司副司长钟斌。下面，我先通报近期生态环境部三项重点工作。

一、生态环境部贯彻落实党的十九届四中全会精神

10 月 28—31 日，具有里程碑意义的党的十九届四中全会在北京市举行，重点研究坚持和完善中国特色社会主义制度、推进国家治理体系和治理能力现代化问题并做出决定。11 月 26 日，习近平总书记主持召开中央全面深化改革委员会第十一次会议，审议通过了《关于构建现代环境治理体系的指导意见》等文件，对推进环境治理体系和治理能力现代化做出了明确部署。

生态环境部把学习宣传贯彻全会精神和中央有关部署要求作为当前和今后一个时期生态环境系统的重要政治任务，坚持以习近平生态文明思想为指引，以建设美丽中国为目标，以改善生态环境质量为核心，以解决制约生态环境保护事业发展的体制机制问题为重点，推进生态环境领域国家治理体系和治理能力现代化。将着力抓好六个方面工作：

一是加强生态环境监管体制机制建设。完善污染防治区域联动机制和陆海统筹的生态环境治理体系。落实中央生态环境保护督察制度。制定实施中央和国家机关生态环境保护责任清单。实行生态环境损害责任终身追究制。

二是推动生态环境保护全民参与。曝光突出生态环境问题及整改情况。推进环保设施向社会开放。推动环保社会组织和志愿者队伍规范健康发展。

三是完善生态环境保护法律体系和执法司法制度。加快制定和修改长江保护、海洋环境保护、固体废物污染防治、生态环境监测、排污许可、碳排放权交易管理等方面的法律法规。完善生态环境公益诉讼制度，加大生态环境违法犯罪行为的制裁和惩处力度。

四是完善生态环境经济政策。逐步建立常态化、稳定的财政资金投入机制。加快制定、健全有利于推动绿色发展和生态环境保护的价格、税收、金融、投资等政策。

五是加强生态环境保护能力建设。推动污染治理和生态保护重点领域科技攻关和成果转化。开展大数据应用和环境承载力监测预警。健全生态环境监测网络。

六是加快打造生态环境保护铁军。落实全面从严治党要求，深入推进党风廉政建设，着力培养选拔忠诚、干净、担当的高素质干部。

二、生态环境部与全国工商联合力推动民营企业绿色发展

近日，生态环境部与全国工商联联合召开支持服务民营企业绿色发

展交流推进会，进一步推动落实两部门联合印发的《关于支持服务民营企业绿色发展的意见》，合力打好污染防治攻坚战，协同推进经济高质量发展和生态环境高水平保护。

近年来，生态环境部门在工商联系统的大力支持下，将服务民营企业绿色发展作为打好污染防治攻坚战的重要内容，严格监管与优化服务并重，引导激励与约束惩戒并举，持续加大工作力度。

一是注重顶层设计，先后印发实施3份文件，对服务民营企业绿色发展等做出安排部署。天津、山东、内蒙古等11个省份生态环境厅（局）和工商联出台支持服务民营企业绿色发展的实施意见或建立工作协调机制。

二是依法、依规监管，营造公平环境。出台统筹规范强化监督工作实施方案，将原有27项督查检查考核事项减少为中央生态环境保护督察和强化监督两项。推动精准实施差别化监管执法。

三是减少审批许可，释放发展活力。做好中央本级和中央指定地方实施行政许可事项清单的整合，该取消的坚决取消，能下放的全部下放。将环评相关的5项行政许可取消4项，仅保留建设项目环评审批1项。

四是加强帮扶指导，提供技术服务。对京津冀及周边地区、汾渭平原城市大气治理，开展"一市一策"驻点跟踪研究。对长江干流沿线和重要节点城市生态环境保护修复，派驻专家团队进行驻点研究和技术指导。

五是倾听企业诉求，稳定信心预期。在法规标准制（修）订和实施过程中，广泛听取企业和行业协会意见。认真做好生态环境领域信息公开，鼓励民营企业主动公开生态环境信息。

六是完善环境政策，提供支撑保障。推动设立国家绿色发展基金，

473

完成环境保护费改税，健全企业环境信用评价制度，大力推进绿色金融。

下一步，生态环境部门将深入学习贯彻党的十九届四中全会精神，进一步加强与工商联合作联动，把支持服务民营企业绿色发展作为政治任务，深入了解和准确把握企业关切诉求，发扬"店小二"精神，切实帮助企业解决实际困难，以更加热情的服务和更加有力的举措，鼓励、支持、引导民营企业绿色发展。

三、第二十一次中日韩环境部长会议在日本举行

11 月 23—24 日，第二十一次中日韩环境部长会议在日本北九州市举行。中国生态环境部部长李干杰、日本环境大臣小泉进次郎、韩国环境部部长赵明来分别率团出席会议，交流了本国环境政策及最新进展，并就共同关心的区域和全球环境议题交换意见。

开幕式上，李干杰部长发表了题为《以生态优先、绿色发展为导向，推动经济高质量发展和生态环境高水平保护》的主旨演讲，总结和回顾了新中国成立 70 周年来，中国生态环境保护事业取得的历史性成就、发生的历史性变革，并介绍了过去一年来中国政府以改善生态环境质量为核心、扎实推进生态环境治理体系和治理能力现代化、持续改善生态环境质量所取得的进展和成效，表示愿继续与日韩一道，围绕共同关注的生态环境问题深化交流合作，用好包括"一带一路"绿色发展国际联盟在内的合作平台，推动"中日韩 +X"生态环保合作，将三国环境合作成功经验、生态文明建设和绿色发展理念与更多合作伙伴分享。日本、韩国部长也分别做了主旨发言。

会议期间，三国部长审议了《中日韩环境合作联合行动计划（2015—2019）》实施情况，对工作进展表示满意；听取了青年论坛、企业圆桌会、城市脱碳与可持续发展联合研究项目代表的成果报告。三国部长对中日韩环境合作的发展前景和未来方向进行了展望和探讨，明确了包括生物多样性、绿色经济转型在内的未来优先合作领域，通过并签署了《第二十一次中日韩环境部长会议联合公报》。三国部长还为中国的柴发合、日本的内田圭一（Uchida Keiichi）和韩国的李宗宰（Lee Jong-Jae）颁发了2019年度"中日韩三国环境部长会议环境奖"。

下面，请苏克敬司长介绍情况。

生态环境部土壤生态环境司司长苏克敬

依据《土壤污染防治法》，扎实推进土壤污染防治工作

苏克敬： 谢谢主持人。各位新闻界的朋友，上午好，今天非常高兴有机会与大家就土壤生态环境保护相关问题进行交流。

土壤生态环境司是在 2018 年机构改革过程中，整合原环境保护部、原国土资源部、原农业部有关职责的基础上组建的，职责涉及土壤、地下水、农业农村生态环境保护三个领域。下面，我简要介绍一下这三方面工作的主要进展和成效。

一、落实《土壤污染防治行动计划》，依法扎实推进净土保卫战

针对我国土壤污染防治工作基础薄弱的现实，按照"打基础、建体系、守底线、控风险"的思路，依据《土壤污染防治法》，扎实推进土壤污染防治工作。

第一，在打基础、建体系方面：

一是健全和完善法律法规标准体系。2016 年 12 月—2018 年 5 月，生态环境部先后发布实施了污染地块、农用地、工矿用地土壤环境管理办法 3 个部门规章；2019 年 1 月，《土壤污染防治法》正式实施。自 2017 年开始陆续制定发布一系列土壤污染防治与风险管控技术规范，2018 年 6 月，发布农用地土壤污染风险管控标准、建设用地土壤污染风险管控标准。

二是扎实推进全国土壤污染状况详查。农用地土壤污染状况详查的主体工作已经完成，重点行业企业用地土壤污染状况调查工作稳步推进，为土壤污染风险管控奠定坚实基础。

三是推动健全土壤生态环境保护管理及支撑体系。组建生态环境部土壤与农业农村生态环境监管技术中心。各级生态环境部门陆续成立负责土壤生态环境保护工作的机构。建设国家土壤环境监测网。与10个部委签署数据资源共享协议，共同建立全国土壤环境信息平台。

四是推进浙江省台州市等7个先行区建设和200余个土壤污染治理修复与风险管控试点示范项目实施，为土壤生态环境保护探索管理经验和技术模式。

第二，在守底线、控风险方面：

一是推进农用地土壤污染风险管控。深入开展涉镉等重金属重点行业企业三年排查整治行动，从源头防控农用地土壤污染，保障粮食安全。积极配合农业农村部，做好耕地土壤环境质量类别划分、受污染耕地安全利用试点等工作。

二是完善建设用地准入管理，防范人居环境风险。各地建立建设用地土壤污染调查评估制度、土壤污染风险管控和修复名录制度，基本建立污染地块准入管理机制。部署应用全国污染地块信息系统，实现污染地块信息从国家到基层多部门共享。

三是完善工矿用地土壤污染防治监管。各省（自治区、直辖市）发布土壤环境重点监管企业名单，有序推进在排污许可证核发中纳入土壤污染防治相关责任和义务。推动城镇人口密集区危险化学品生产企业搬迁改造过程中的土壤污染风险管控。

二、强化农村环境综合整治，积极推进农业农村污染治理攻坚战

发布实施《农业农村污染治理攻坚战行动计划》，聚焦广大人民群

众最关心、最直接、最现实的突出环境问题,推动攻坚战重点任务落地见效。

农村饮水安全保障水平不断提升。全国11个省份基本完成"千吨万人"(日供水1 000吨以上和供水人口在10 000人的饮用水水源地)农村(乡镇)集中式饮用水水源保护区划定工作,13个省份按季度开展农村饮用水水质监测,17个省份基本实现农村饮用水卫生监测乡镇全覆盖。

农村环境综合整治成效明显。"十三五"以来,生态环境部配合财政部安排资金222亿元,支持各地实现10.1万多个建制村环境综合整治,完成目标任务的77%。整治后的村庄人居环境得到改善,农村居民的获得感、安全感和幸福感明显增强。

农村生活污水和垃圾治理体系逐步健全。在深入调研的基础上,梳理推荐适合农村实际的污水治理技术路线。指导各地因地制宜制定农村生活污水处理排放标准。16个省份农村生活垃圾治理建制村覆盖率达到90%以上。

农业面源污染防治稳步推进。17个省份提前实现化肥施用量负增长,11个省份提前实现农药使用量负增长,21个省份畜禽粪污综合利用率达到75%以上。

三、制定《地下水污染防治实施方案》,稳步推进地下水污染防治

坚持强基础、建体系、控风险、保安全,推动分区管理、分类防控,不断深化地下水污染防治。

法律法规标准体系不断完善。在制(修)订《水污染防治法》(2017年修正)、《土壤污染防治法》过程中,进一步完善地下水污染防治法律规定。制定印发20余项地下水污染防治相关技术标准规范。

持续开展地下水环境状况调查。初步掌握了集中式地下水型饮用水水源和地下水污染源的基本信息、环境管理状况。

健全地下水环境监测网络。组织开展地级及以上城市集中式生活饮用水水源包括地下水水源的水质监测工作。自然资源部和水利部初步建立区域尺度的地下水监测网络。

《水十条》相关目标任务落实初见成效。全国 1 170 个地下水考核点位连续两年实现质量极差比例控制在 15% 左右的年度目标。

主持人刘友宾：下面，请大家提问。

正在研究制定建设用地、农用地土壤污染责任人认定办法

时代周报记者：《土壤污染防治法》已经实施一年多了，请问生态环境部如何推动《土壤污染防治法》落地见效？有何进展？

苏克敬：《土壤污染防治法》于 2018 年 8 月 31 日由十三届全国人大常委会审议通过，并于今年 1 月 1 日起正式实施，这是我国第一部土壤污染防治领域的法律。《土壤污染防治法》坚持预防为主、保护优先，坚持风险管控、分类管理，坚持明确责任、严惩重罚，确立了土壤污染防治工作的基本原则、基本制度和法律责任体系。《土壤污染防治法》的出台，从根本上改变了土壤污染防治无法可依的局面，为扎实推进净土保卫战，让老百姓吃得放心、住得安心提供了法治保障。

生态环境部会同相关部门积极贯彻落实《土壤污染防治法》。

479

一是积极开展宣传培训。与全国人大环资委联合召开《土壤污染防治法》实施座谈会。利用电视、网络、报纸、新媒体等多种渠道，积极做好《土壤污染防治法》的宣传解读，举办多期专题培训班，推动政府部门、企业和社会公众知法、懂法、守法，提高贯彻落实的自觉性。

二是制定完善配套政策法规。会同有关部门印发《关于贯彻落实〈土壤污染防治法〉推动解决突出土壤污染问题的实施意见》；正在研究制定建设用地、农用地土壤污染责任人认定办法，以及建设用地土壤污染状况调查、风险评估、风险管控及修复效果评估报告评审指南，计划年底前出台；在《土壤污染防治法》颁布实施前，贯彻立法过程中突出强调的土壤污染风险管控思路，制定出台了《农用地土壤污染风险管控标准》《建设用地土壤污染风险管控标准》及一系列配套的技术规范。《土壤污染防治法》配套法规标准、制度框架体系基本建立。

三是扎实推进有关法律制度的落实。北京市等14个省（自治区、直辖市）已公布建设用地土壤污染风险管控和修复名录，涉及地块340块；全国31个省（自治区、直辖市）和新疆生产建设兵团发布土壤环境重点监管企业名单，共计一万余家；完善重点行业排污许可证申请与核发技术规范，依法推进在排污许可证核发中纳入土壤污染防治相关责任和义务；各地在环境管理中，依据《土壤污染防治法》查处多起环境违法行为。

下一步，生态环境部将会同各地区各部门，持续深化《土壤污染防治法》普法宣传工作，完善配套政策法规规范体系，强化土壤污染防治日常监管执法，通过贯彻落实《土壤污染防治法》推动净土保卫战取得实效，保护土壤生态环境。

耕地周边工矿污染源得到有力整治，有效防范了耕地的污染风险

每日经济新闻记者：请问生态环境部在农用地土壤治理方面开展了哪些工作？如何保障居民粮食安全？

苏克敬：为了确保农用地环境安全，保障居民粮食安全，让老百姓吃得放心，着重从两个方面开展工作。

一是强化污染源头防控。近年来，我国先后发布实施了《全国重金属污染防治规划》《大气污染防治行动计划》《水污染防治行动计划》，加强工矿污染防治；"十三五"以来，全国关停涉重金属行业企业 1 300 余家，实施重金属减排工程 900 多个，重金属等污染物排放得到有效控制。《土壤污染防治行动计划》发布实施后，生态环境部会同有关部门进一步组织开展了涉镉等重金属重点行业企业排查整治行动，共排查企业 1.3 万多家，确定需整治污染源近 2 000 个。截至目前，已有近 700 个完成整治，切断了污染物进入农田的链条，取得明显成效。从日常工作调度和基层调研情况看，耕地周边的工矿污染源得到有力整治，有效防范了耕地的污染风险。

二是推进农用地安全利用。配合农业农村部开展农用地分类管理和受污染耕地安全利用工作。据了解，农业农村部牵头组织在部分省（自治区、直辖市）开展了农用地土壤环境质量类别划分试点，以及农用地安全利用和治理修复试点示范等工作，为推动受污染耕地安全利用探索道路、积累经验。今年 4 月，农业农村部、生态环境部联合印发通知，督促各地进一步分解落实任务，采取建设受污染耕地安全利用集中推进区、强化污

染源管控、推进耕地土壤环境质量类别划分等举措，推动受污染耕地安全利用工作。今年10月，农业农村部在湖南省长沙市召开受污染耕地安全利用现场推进会，进一步推动相关工作。

农用地土壤污染状况详查主体工作结束后，生态环境部配合农业农村部，督促指导各地依据详查结果，进一步采取有效措施、系统科学推进受污染耕地安全利用。目前来看，到2020年年底受污染耕地安全利用率达到《土壤污染防治行动计划》要求的90%左右的目标预期是可以实现的。

不能盲目地大治理、大修复，还是应该坚持风险管控的总体思路

路透社记者：在当前大气和水污染防治攻坚战已取得一定成效的背景下，下一步是否会加大土壤污染的防治力度？有何具体措施？土壤污染防治通常涉及巨大的资金投入，但地方政府往往没有足够的财力，企业也没有足够的动力，请问现在是否有土壤修复的财政支持机制？《土壤污染防治法》中提到将建立土壤污染防治基金制度，请问这部分资金投入每年有多少？政府将如何建立机制鼓励民间资本和企业投入土壤修复？

苏克敬：首先我回答第一个问题。土壤污染具有长期性、累积性，顺应土壤污染防治客观规律，土壤污染防治坚持预防为主、保护优先、分类管理、风险管控、污染担责、公众参与的原则。地方各级人民政府应当对本行政区域的土壤污染防治和安全利用负责。在土壤污染防治方面，与水、大气污染防治不同，没有明确类似的年度质量类目标，但是从土壤污

染风险管控和安全利用的角度，《土壤污染防治行动计划》明确设置了受污染耕地安全利用率要达到 90% 左右，污染地块安全利用率达到 90% 以上的阶段性目标指标。

近年来，净土保卫战得到扎实推进，取得积极成效，但是部分重有色金属矿区周边耕地土壤重金属污染问题依然突出，污染地块再开发利用环境风险依然存在，土壤污染防治任务仍然很艰巨。

下一步，生态环境部将会同有关部门，进一步加大土壤污染防治的力度，持续扎实推进净土保卫战。一是协调督促各部门和地方人民政府抓紧推进重点工作，确保《土壤污染防治行动计划》目标任务如期实现。二是进一步夯实基础工作支撑，完成全国土壤污染状况详查，优化土壤环境监测网络。三是深入推进土壤污染综合防治先行区建设和土壤污染防治试点示范项目实施，总结推广好的经验，有效提升农用地和建设用地土壤污染风险管控水平。四是推进《土壤污染防治法》的贯彻实施，持续完善配套的法规政策制度体系，有效落实法律规定，加强监管工作。五是积极谋划"十四五"土壤污染防治工作，做好顶层设计。

关于第二个问题。说到土壤污染防治，需要澄清一个片面的认识，就是一说土壤污染治理就是要花大价钱去治理修复受污染土壤的片面认识，不能盲目地大治理、大修复，还是应该坚持风险管控的总体思路，真正需要修复的还是小部分。如从试点经验来看，受污染耕地安全利用可以通过调整种植结构来实现，过去种水稻，现在可以改种玉米、马铃薯、红薯、高粱、葵花等不易吸收重金属的农产品，或者蚕桑、棉花、麻类、花卉苗木等经济作物，花钱不多并且能保障农产品质量安全。

对一些轻度污染的耕地，可以通过采取调整 pH、采用低累积品种的措施，推动安全利用、保障农产品安全，每亩的成本在 500～2 000 元不等，代价也不大。对工业企业用地，如果依然要作为工业用地，或者转为绿地等，根据情况也不一定要进行治理修复。所以，对于受污染耕地，应以保障农产品质量安全为出发点，在此基础之上因地制宜采取多种措施，确保安全利用；对于建设用地，应以保障人居环境安全为出发点，重点针对拟开发为居住用地和商业、学校、医疗、养老机构等公共设施与公共服务用地的污染地块，因地制宜采取风险管控和修复措施。

根据《土壤污染防治行动计划》，中央财政设立了土壤污染防治专项资金，2016 年以来累计下达 280 亿元，有力支持了土壤污染状况详查、土壤污染源头防控、土壤污染风险管控和修复、土壤污染综合防治先行区建设、土壤污染治理与修复技术应用试点、土壤环境监管能力提升等工作。

《土壤污染防治法》规定设立省级土壤污染防治基金，土壤污染防治专项资金支持范围也包括支持设立省级土壤污染防治基金。下一步，我们将配合有关部门推动相关工作，鼓励民间资本和企业投入土壤修复。

针对宁夏中卫污染事件，已确定了地下水监测调查方案

红星新闻记者：针对宁夏中卫市腾格里沙漠污染事件，最新调查结果如何？如何避免类似事件再次发生？

刘友宾：不久前，有媒体报道宁夏回族自治区中卫市腾格里沙漠边缘再现大面积污染物。生态环境部高度重视，于 11 月 9 日派工作组连夜

赶赴现场，指导、督促地方政府做好调查处置工作，11 月 13 日，生态环境部对中卫市环境污染问题公开挂牌督办。

宁夏回族自治区高度重视，有关领导同志及时赶赴现场进行调查处理。截至 11 月 25 日 18 时，现场累计已清挖污染物 129 264 吨袋，14 个污染地块中已有 11 个初步清理完毕，完成总清挖量的 93.2%。目前，已确定了地下水监测调查方案，正在建设地下水监测井，开展取样监测分析。

为尽快消除环境安全隐患，生态环境部已责成宁夏回族自治区生态环境厅督促中卫市人民政府继续做好以下工作：

一是持续清污，科学处置。继续抓紧组织对现场污染物进行清理，加快污染物属性鉴定，制定污染物处置措施、土壤风险管控和修复措施。

二是全面调查，严肃处理。依法、依纪追究相关责任人的责任，及时公开有关情况，依法、依规开展生态环境损害赔偿工作。

三是举一反三，排查隐患。开展腾格里沙漠及周边地区环境污染问题大排查，坚决依法打击环境污染违法行为，保障生态环境安全。

农用地详查主体工作已经完成，企业用地调查工作正在按计划稳步推进

封面新闻记者：请问目前全国土壤污染状况详查工作进展如何？我国农用地土壤污染状况如何？结果何时发布？

苏克敬：全国土壤污染状况详查是根据《土壤污染防治行动计划》要求，经国务院批准，由生态环境部（原环境保护部）、财政部、自然资

源部（原国土资源部）、农业农村部（原农业部）、国家卫生健康委（原国家卫生计生委）共同组织开展的，是土壤污染防治领域一项非常重要的"打基础"的工作。

2016年12月，五部委印发《全国土壤污染状况详查总体方案》；2017年7月，联合召开动员部署会议，全面启动详查工作。本次详查，包括农用地土壤污染状况详查和重点行业企业用地土壤污染状况调查两个方面。

农用地详查是在已有调查基础上，以耕地为重点、兼顾园地和牧草地，进行全面深入、重点突出、针对性强的调查。本次农用地详查历时两年，共布设了55.8万个详查点位，采集分析了69.8万份详查样品，全国约3.5万人参与这项工作。工作过程中，从国家到各省（自治区、直辖市）切实打破部门界限，充分共享已有的调查数据和相关基础资料，充分发挥各部门专业优势，认真做好顶层设计，共同研究建立统一的技术体系，共同开展技术指导和质量监管，共同做好数据分析与成果集成。经过各级各部门工作人员及诸多专家学者的共同努力，农用地详查主体工作已经完成，目前进入总结收尾阶段。详查结果表明，我国农用地土壤环境状况总体稳定，部分区域土壤污染风险突出，超筛选值农用地安全利用和严格管控的任务依然较重。目前，各地正依据本次详查结果，开展农用地分类管理、推动安全利用。

重点行业企业用地调查围绕《国民经济行业分类》中对土壤环境影响突出的73个重点行业小类来开展，主要集中在金属矿采选、金属冶炼、石油开采、石油加工、化工、医药制造、金属制品、电池制造、制革等行业；调查对象主要是一定规模以上或一定生产年限以上的企业。目前，企业用地调查工作正在按计划稳步推进。计划到2020年年底各省（自治区、直辖市）要完成企业用地调查工作。

关于全国土壤污染状况详查结果，我们将借鉴国际、国内的通行做法，在详查工作结束后，按照一定的程序、以合适的方式予以发布。

警示片以警示促重视、以警示促落实、以警示促整改，发挥了较好的效果

南方周末记者：生态环境部和中央广播电视总台联合制作了《长江经济带生态环境警示片》，请介绍一下有关情况。另外，请问去年警示片中反映的问题整改进展如何？

刘友宾：制作《长江经济带生态环境警示片》是中央领导同志亲自指示、直接交办的一项重要工作任务，是贯彻落实习近平总书记关于长江经济带"共抓大保护、不搞大开发"战略部署的有效举措，也是持续深入推进长江生态环境保护工作的新抓手。

生态环境部与中央广播电视总台于2018年首次联合制作完成《2018年长江经济带生态环境警示片》，并在2018年12月14日韩正副总理主持召开的推动长江经济带发展领导小组会议上进行了播放，同时分送长江经济带11个省（市），以警示促重视、以警示促落实、以警示促整改，发现问题、解决问题，发挥了较好的效果。

《2018年长江经济带生态环境警示片》共披露问题163个，截至2019年10月底，已完成整改84个，到年底预计可完成整改129个，其

余绝大多数问题正按时序要求推进，效果明显。

按照中央领导同志指示精神，生态环境部与中央广播电视总台还签订了警示片制作协议，形成工作机制，约定 2019—2022 年，每年策划、制作一部警示片，通过坚持问题导向，推动长江经济带 11 个省（市）统一思想，真抓实干，解决问题。

2019 年 11 月 12 日，《2018 年长江经济带生态环境警示片》在安徽省马鞍山市召开的长江经济带生态环境突出问题整改现场会暨推动长江经济带发展领导小组全体会议上进行了播放，披露了 152 个生态环境严重违法、违规问题，为进一步提高思想认识、增强工作紧迫性、抓好问题整改发挥了重要作用。

后续生态环境部将继续做好警示片制作工作，并推动长江经济带 11 个省（市）加快问题整改，将长江保护修复攻坚战各项举措落实、落地。

除了《2019 年长江经济带生态环境警示片》之外，最近，我们还配合中央广播电视总台拍摄了《美丽中国》专题片，生动展现了新中国成立 70 年来特别是党的十八大以来，我国生态文明建设和生态环境保护取得的历史性成就、发生的历史性变革，反映了人民群众在生态环境方面的获得感、幸福感，进一步坚定了我们加强生态环境保护、建设美丽中国的决心和信心。

在这里特别感谢中央广播电视总台、有关部门和地方给予的支持，希望更多媒体朋友和我们一起，一方面大力报道我国生态文明建设和生态环境保护的进展成效，另一方面也及时曝光一些突出环境问题，讲好中国生态环境保护故事，共同建设美丽中国。

积极开展治理修复技术研发和试点，有序推进土壤污染治理与修复

中国青年报中国青年网记者：请问当前土壤修复工作进展如何？有哪些成功案例？

苏克敬：这个问题请土壤生态环境司钟斌副司长回答。钟斌同志主要负责土壤污染防治工作，有请钟斌同志。

生态环境部土壤生态环境司副司长钟斌

钟斌：《土壤污染防治法》《土壤污染防治行动计划》明确土壤污染防治要坚持预防为主、保护优先、分类管理、风险管控的原则。根据上述原则，我们抓紧建立健全土壤污染治理修复规范标准，积极开展治理、修复技术研发和试点，有序推进土壤污染治理与修复。据不完全统计，目前，全国已完成风险评估并确认需要采取风险管控或者修复的地块550多块，其中已完成风险管控或者修复的地块460多块。

《土壤污染防治行动计划》实施以来，生态环境部会同相关部门在浙江台州、湖北黄石、湖南常德、广东韶关、广西河池、贵州铜仁等地区开展了土壤污染综合防治先行区建设，组织在全国实施了约200个土壤污染治理与修复技术应用试点项目。通过试点示范，在源头预防、污染耕地安全利用、污染地块治理修复等方面探索了经验，形成一批成功案例：

在污染源头预防方面，浙江台州对重污染行业企业（化工、电镀等）的污水等各种管道和生产设施采用架空方式设计和建设；湖北黄石在原材料或固体废物存放等可能存在土壤污染隐患的区域，采取多级防渗、防泄漏措施，最大限度地降低了土壤污染风险。

在污染耕地安全利用方面，浙江、广西等地通过调整种植结构实现土壤安全利用，浙江某地结合当地花卉产业发展需求，将数千亩受污染农用地改种花卉，广西某地结合桑蚕养殖发展需要，将600余亩重污染耕地改种桑树；湖南、贵州等地采用低累积品种、农艺调控等措施，如贵州某地对200多亩汞污染农田开展油菜低累积品种筛选，降低农产品超标的风险；江西、河南等地采用超积累植物，通过植物提取方式去除土壤的污染物，如河南某地试点在200余亩受污染耕地上种植景天、龙葵等镉富集植物。

在污染地块风险管控与治理修复方面，结合土地规划用途，重庆等地探索了"源头治理—途径阻断—制度控制—跟踪监测"的风险管控模式，北京等地探索了"合理规划—管控为主—有限修复"的安全利用模式，江苏苏州等地探索了"原位为主—控制开挖—防控异味"的修复模式等。

下一步，我们将进一步总结提炼和推广各地好的经验和做法，持续提升土壤污染防治和治理修复的水平。

各地已完成企业绩效分级及认定工作，应急减排措施更加精细化、科学化

澎湃新闻记者：我的问题是关于大气污染防治的，今年秋冬季，生态环境部印发了《关于加强重污染天气应对夯实应急减排措施的指导意见》，特别提到将重点行业企业分为 A、B、C 三个等级，想问一下三级划分标准是什么？如何保证其公平性？

刘友宾：在大气污染防治工作中，我们越来越强调依法治污、精准治污。为更好地保障人民群众身体健康，积极应对重污染天气，2019 年 7 月 26 日，生态环境部印发了《关于加强重污染天气应对夯实应急减排措施的指导意见》（以下简称《指导意见》），首次提出了绩效分级、差异化管控，鼓励"先进"鞭策"后进"，促进重点行业加快升级改造进程，全面减少区域污染物排放强度。

《指导意见》从工业设备、污染治理技术、无组织管控、监测监控水平、排放限值、运输方式等方面，对钢铁、焦化等 15 个重点行业进行绩效分级，

491

将重点行业企业分为 A、B、C 三个等级，本着"多排多减、少排少减、不排不减"的原则，在重污染天气期间采取差异化减排措施。原则上，A 级企业从生产工艺到污染治理水平上，基本属于国家一流、行业带头水平，是同行业企业升级改造的范例。我们还对重点区域城市已实现超低排放、具有铁路专用线的燃煤电厂，予以重污染天气应急管控豁免；对工艺水平先进、污染治理设施高效的 1 万余家涉及新兴产业、战略性产业、民生保障类企业，纳入保障类企业清单，不采取或仅在高级别预警下采取应急管控措施。

企业绩效分级工作，按照"短板原则"执行，在评级时，需满足该级别指标中规定的各项要求；当企业涉及跨行业、跨工序时，按所含行业或工序中绩效评级较差的为准。

目前，各地已完成企业绩效分级及认定工作，相关结果将由省级相关主管部门公示。A 级企业及保障、豁免类企业在重污染天气预警期间，将免除停限产措施、减少监督检查频次，避免"劣币驱逐良币"。

下一步，生态环境部将坚持绩效分级、差异化管控，细化重点行业绩效分级标准，使应急减排措施更加精细化、科学化，最大限度地减少重污染天气应对对人民群众正常生产、生活的影响。

村庄"脏、乱、差"问题得到初步解决，农村居民的获得感、安全感和幸福感增强

中央广播电视总台央视记者：我们注意到，国务院检查组近日赴多地开展农村人居环境整治大检查。请问生态环境部在推进农村环境综合整

治，特别是在农村生活污水治理方面，做了哪些工作？存在哪些难点？下一步有何安排？

苏克敬：2008 年以来，生态环境部不断深化"以奖促治"政策，推动农村环境综合整治。在中央财政的大力支持下，累计安排专项资金 537 亿元，支持各地开展农村生活污水和垃圾处理、畜禽养殖污染治理、饮用水水源地保护等工作，目前，共完成 17.9 万个建制村整治，建成农村生活污水处理设施近 30 万套，2 亿多农村人口受益；其中"十三五"以来安排资金 222 亿元，支持各地实现 10.1 万多个建制村环境综合整治，完成《水污染防治行动计划》确定的"十三五"新增 13 万个建制村环境综合整治目标任务的 77%。整治后村庄的"脏乱差"问题得到初步解决，农村居民的获得感、安全感和幸福感增强。

农村生活污水治理是农村人居环境整治的重要内容，是实施乡村振兴战略的重要举措，是全面建成小康社会的内在要求。根据国务院《农村人居环境整治三年行动方案》的部署和要求，生态环境部重点从以下五个方面，推动建立农村生活污水治理体系，促进农村人居环境改善。

一是编制专项规划。编制印发《县域农村生活污水治理规划编制指南》，指导各地以县域为单元，以污水减量化、分类就地处理、循环利用为导向，加强统筹规划，指导各地根据地形地貌、气候条件、民俗文化和经济发展水平等，因地制宜、分区分类开展治理：靠近城镇周边的村庄，将污水纳入城镇污水处理厂集中处理；规模较大的独立村庄或有条件的相邻村庄，建设或联合建设集中式污水处理设施；位置偏远、规模较小的村庄，建设分散式污水处理设施。

二是制定排放标准。出台《农村生活污水处理设施水污染物排放控制规范编制工作指南（试行）》，指导各地从实际出发，依照分区分级、宽严相济、回用优先、注重实效、便于监管的原则，分类确定控制要求，制、修订农村生活污水处理排放标准，提高污水治理水平。

三是统筹污水改厕。指导各地将厕所粪污治理作为重点，纳入农村生活污水治理，采用厕所粪污分散处理、集中处理、接入污水管网统一处理等模式，加强改厕和污水治理有效衔接：主要使用水冲式厕所的地区，将农村改厕与污水治理一体化建设；主要使用传统旱厕和无水式厕所的地区，做好粪污无害化处理和资源化利用，并为后期污水处理预留建设空间。

四是强化技术指导。联合农业农村部等部门组成调研组，赴22个省（自治区、直辖市）150个县（市、区）的近400个村庄开展农村生活污水治理情况大调研，总结典型地区治理技术路线，编制《农村生活污水治理技术手册》，指导各地明确治理思路，选择适宜的治理技术与模式。

五是抓好试点示范。指导各地学习浙江省"千村示范、万村整治"的经验做法，打造农村生活污水治理典型样板。逐步建立以县级政府为责任主体、乡镇为管理主体、村级为落实主体、农户为受益主体、第三方机构为服务主体的"五位一体"运维管理体系，确保设施"建成一个、运行一个、见效一个"。

下一步，生态环境部将会同相关部门，进一步强化对各省（自治区、直辖市）农村环境综合整治工作（包括农村生活污水治理）的协调指导，确保2020年年底前完成剩余2.9万个建制村的环境综合整治任务，逐步推动建立农村生活污水治理体系，促进农村人居环境改善。

我国一直高度重视废弃物海洋倾倒的环境保护管理，采取了一系列治理措施

第一财经日报记者：有外媒报道称，2018 年中国向沿海水域倾倒垃圾量为近十年最高水平。请问您对此怎么看？倾倒的海洋垃圾对水体环境影响如何？

刘友宾：根据生态环境部发布的《2018 年中国海洋生态环境质量公报》，2018 年中国海洋废弃物的倾倒量为 20 067 万米^3，相比于 2017 年的 15 771 万米^3，增长约 27.24%。个别媒体在报道时，将海洋废弃物（Waste）等同于海洋垃圾（Trash），错误地将向海洋倾倒的废弃物总量当作是海洋垃圾的入海总量，这是概念混淆。

允许向海洋倾倒的废弃物与海洋垃圾截然不同，将它们混为一谈主要是有两个方面的混淆：

一是物质类型的混淆。根据国际公约和中国现行的法律法规，允许向海洋倾倒的废弃物只有疏浚物、城市阴沟淤泥、渔业加工废料、惰性无机地质材料、天然有机物、岛上建筑物料、船舶平台共 7 类废弃物。这些废弃物中绝大部分都是来自海洋，可以说是"来自于海洋、倾倒于海洋"。而海洋垃圾是指海洋和海岸环境中具持久性、人造或经加工的垃圾废物，主要成分有塑料袋、漂浮木块、塑料瓶、玻璃瓶、饮料罐和渔网等，主要是来自陆源，大部分属于"产生于陆地、输送到海洋"。

二是计量单位的混淆。废弃物海洋倾倒的计量单位是米^3，而海洋垃圾无论国际还是国内，都是按照"个 / 米^3"的密度单位进行计量。

中国作为《防止倾倒废弃和其他物质污染海洋的公约》（即《伦敦倾废公约》）及其《1996议定书》的缔约国，一直高度重视废弃物海洋倾倒的环境保护管理，出台了《海洋环境保护法》（2017年修正）和《海洋倾废管理条例》，实施严格的废弃物成分检验和评价程序，严厉查处各种违法倾倒不符合要求废弃物的行为。根据多年的管理统计数据，中国向海洋倾倒的废弃物基本上全部为清洁疏浚物，仅有少量的惰性无机地质材料和天然有机物。

这里，我还想介绍一下中国的海洋垃圾和塑料污染防治工作。我国高度重视这项工作，采取了一系列治理措施：推行生活垃圾分类制度，加强塑料废弃物回收利用，推动环境无害化处置；加大海洋垃圾清理力度，开展沿海城市海洋垃圾污染综合防控示范；在烟台、大连、日照等海滨城市组织开展海滩垃圾清扫活动，增强公众海洋垃圾污染防治意识；将海洋垃圾纳入海洋环境例行监测范围，系统调查近岸海域海洋微塑料污染；加强国际交流合作，积极参与应对海洋垃圾和塑料污染的国际进程。我国自2007年起在沿海近岸代表性区域开展海洋垃圾监测工作。监测结果显示，近年来漂浮垃圾数量整体呈下降趋势。对比全球其他区域，我国海洋垃圾污染整体处于中低水平。

我国将展现负责任大国形象，持续加大海洋垃圾和塑料污染防治工作力度，与国际社会一道努力，维护全球海洋环境安全。

海洋生态环境保护对于很多记者朋友来讲，可能是一个新的领域，海洋生态环境保护里也有很多名词术语，有一定的专业性。为了帮助大家了解相关知识，我们在"生态环境部"微博微信公众号专门开设"海洋环境科普"栏目,向大家介绍海洋生态环境保护的基本名词和科普知识,帮助大家更好、更准确地报道好海洋生态环境保护工作。

主持人刘友宾:今天的发布会到此结束。谢谢各位!

12 月例行新闻发布会实录

2019 年 12 月 26 日

　　12 月 26 日，生态环境部举行 12 月例行新闻发布会，生态环境部综合司司长徐必久出席发布会并介绍了深化"放管服"改革、推动高质量发展方面的工作进展。生态环境部新闻发言人刘友宾主持发布会，通报近期生态环境保护重点工作进展，并共同回答了记者关注的问题。

12 月例行新闻发布会现场（1）

重点工作

↗ 学习贯彻中央经济工作会议精神

↗ 生态环境部和中国科学院签署合作备忘录

↗ 加强生活垃圾焚烧发电行业环境监管

12月例行新闻发布会现场（2）

主持人刘友宾：新闻界的朋友们，大家上午好！欢迎参加生态环境部 12 月例行新闻发布会。

去年，党和国家机构改革中，生态环境部内设综合司，主要职责是组织起草生态环境政策、规划，协调和审核生态环境专项规划，组织生态环境统计、污染源普查和生态环境形势分析，承担污染物排放总量控制综合协调和管理工作，拟定生态环境保护年度目标和考核计划。今天的新闻发布会，我们邀请到综合司司长徐必久，重点介绍生态环境部深化"放管服"改革、推动高质量发展方面开展的工作，并回答大家关心的问题。

下面，我先通报三项我部近期重点工作情况。

一、学习贯彻中央经济工作会议精神

中央经济工作会议全面总结了 2019 年经济工作，深入分析当前国内、国际经济形势，明确提出 2020 年经济工作的总体要求和重点任务，为做好 2020 年乃至未来一段时间的经济工作提供了重要指南和根本遵循。

12 月 13 日，生态环境部党组召开扩大会议，传达学习贯彻中央经济工作会议精神，要求全国生态环境系统增强"四个意识"、坚定"四个自信"、做到"两个维护"，切实把思想和行动统一到习近平总书记重要讲话精神上来，统一到中央经济工作会议部署上来，坚定信念和信心，结合实际和职责创造性地抓好贯彻落实。

一是深入贯彻落实新发展理念，方向不变、力度不减，既依法、依规严格监管，以生态环境保护倒逼经济高质量发展，又加强帮扶指导，继续推进"放管服"改革，支持服务企业绿色发展，加大对绿色环保产业的支持力度。

二是全力以赴打好、打胜污染防治攻坚战，以打赢蓝天保卫战为重中之重，着力打好碧水保卫战和净土保卫战，推动生态环境质量持续好转。

三是加强生态系统保护和修复，推进生态保护红线监管平台建设，持续开展自然保护地强化监督工作，做好《生物多样性公约》第 15 次缔约方大会筹备工作。

四是完善生态环境治理体系，推动落实关于构建现代环境治理体系的指导意见，推进生态环境保护综合行政执法，持续开展中央生态环境保护督察。

五是统筹谋划"十四五"生态环境重点工作，研究提出生态环境保护的主要目标指标、重点任务、保障措施和重大工程。

六是坚决落实全面从严治党要求，加快打造生态环境保护铁军。

二、生态环境部和中国科学院签署合作备忘录

为加强生态环境科学研究和科技创新，近日，生态环境部和中国科学院签署深化生态保护监管领域合作备忘录，进一步加强双方在生态环境保护科研、监测、信息共享等方面的合作，为推动生态文明建设做出新的更大贡献。

根据合作备忘录，双方将在国家生态战略及政策、建设野外监测（观测）站点、生态保护评估和生态保护红线监管、自然保护地监管、生物多样性管理及信息共享等领域进一步加强合作。

双方将合作开展国家生态安全战略、生态空间管控政策、重要生态

功能区生态补偿政策、生态文明示范创建与"绿水青山就是金山银山"转化途径及基于自然的应对全球气候变化举措等生态保护国家战略和政策研究；共同完善生态状况监测网络，联合建设生态保护红线、自然保护地、生物多样性保护优先区域和其他生态保护重点区域野外监测（观测）站点；开展全国和区域生态状况评估、自然资源开发的生态影响评估；共同推动以国家公园为主体的自然保护地监管体系建设；联合开展全国生物多样性调查，推动《生物多样性公约》履约工作等。

双方将建立合作机制。开展重大任务委托合作、联合攻关合作，建立人才互访、业务交流和协作机制。

三、加强生活垃圾焚烧发电行业环境监管

为进一步加强生活垃圾焚烧发电行业的环境监管，生态环境部于12月2日向社会发布了《生活垃圾焚烧发电厂自动监测数据应用管理规定》（以下简称《管理规定》），将于2020年1月1日起正式施行。

《管理规定》明确了垃圾焚烧厂生态环境治理的主体责任和生态环境部门的日常监管责任；明确了垃圾焚烧厂自动监测数据作为执法证据的基本要求，明确了垃圾焚烧厂自动监测数据的达标判定标准，提出了焚烧炉焚烧工况不达标可以实施处罚的规定；根据不同违法类型，提出了相应的处罚条款及豁免情形。

为推动《管理规定》的实施，12月13日，中国环境保护产业协会在杭州市举办了"我是环境守法者"首批承诺发布活动。13家生活垃圾焚烧发电集团（企业）负责人，公开向社会做出"我是环境守法者，欢迎任

505

何人员、任何时间对我进行监督"的郑重承诺，对整个行业起到良好的示范引领作用。

生态环境部高度重视垃圾焚烧发电行业的环境监管工作，采取了一系列针对性措施：

一是实施"装、树、联"。2017 年，要求全国所有投运的生活垃圾焚烧发电厂实施"装、树、联"，即安装自动监测设备，在厂区门口树立电子显示屏公布数据，与生态环境部门联网。目前，与生态环境部联网的垃圾焚烧厂已达到 401 家。

二是开展精准帮扶。2017 年年底开始，组织专家团队716人次"点对点"地帮助 170 余家垃圾焚烧厂解决问题。

三是落实责任传导压力。及时将有关问题通报所在地人民政府，督促落实监管责任。

下一步，我们将不断完善监管措施，强化环境监管：

一是严查、严处。督促各地严格执行《管理规定》，严肃查处违法行为。

二是加强信息公开。建立自动监测数据信息公开平台，2020 年 1 月 2 日起向社会公开各垃圾焚烧厂烟气等 5 项常规污染物日均值和炉膛温度的自动监测数据，接受公众监督。

三是精准帮扶。继续组织行业技术专家赴现场开展精准帮扶，并督促企业加强管理。

四是继续开展专项培训，提升能力水平。

五是指导中国环境保护产业协会搭建长期的"我是环境守法者"公开承诺平台，倡议更多的垃圾焚烧厂主动参与守法承诺活动。

下面，请徐必久司长介绍情况。

生态环境部综合司司长徐必久

高质量发展就是体现新发展理念的发展，就要坚持 "绿水青山就是金山银山"

徐必久：新闻界的朋友们，大家上午好。很高兴在冬至刚过、元旦将至的时候与媒体朋友们见面，也很荣幸参加生态环境部在老办公区最后一场新闻发布会。记得上次和朋友们见面是在一年多前，我向大家介绍了习近平生态文明思想和全国生态环境保护大会的有关情况。一年多来，我们深入贯彻习近平生态文明思想，有力、有序、有效地推进污染防治攻坚战，取得关键进展，生态环境质量总体改善。这也得益于媒体朋友们一直以来对生态环境保护工作的关心、支持、理解和帮助。借此机会表示衷心感谢！

综合司是 2018 年生态环境部机构改革新成立的部门，刚才刘友宾司长做了相应介绍。按照部党组和李干杰部长要求，我们明确了自身的职责定位，简单地说就是"1235"，"1"就是积极发挥生态环境保护特别是打好污染防治攻坚战"参谋部"这一角色作用，"2"就是要做好服务高质量发展和打好污染防治攻坚战两件大事，"3"就是要推动实现要素、业务、政策三大综合，"5"就是统筹把握形势分析、环境政策、规划区划、计划调度和支撑体系五大重点任务，努力在打造生态环境保护铁军中走在前列。今天主要就"放管服"改革、推动高质量发展有关情况向大家做些介绍。

大家知道，习近平总书记多次指出，我国经济已由高速增长阶段转向高质量发展阶段。高质量发展就是体现新发展理念的发展，就要坚持"绿水青山就是金山银山"。绿色发展是构建高质量现代化经济体系的必然要求，是解决污染问题的根本之策。习近平总书记在刚刚召开的中央经济工作会议上强调，要坚定不移贯彻新发展理念，对打好污染防治攻坚战提出明确要求，坚持方向不变、力度不减，突出精准治污、科学治污、依法治污，推动生态环境质量持续好转。李克强总理提出明确要求，协同推动经济高质量发展和生态环境高水平保护，在高质量发展中实现高水平保护、在高水平保护中促进高质量发展。韩正副总理也多次提出具体要求。

生态环境部坚决贯彻落实习近平总书记重要指示要求，按照党中央、国务院决策部署，把做好"六稳"工作摆在突出位置，以解决突出生态环境问题、改善生态环境质量、推动高质量发展为重点，将深化生态环境领域"放管服"改革、优化营商环境作为重点工作任务，严格监管与优化服务并重，引导激励与约束惩戒并举，推动实现环境效益、经济效益、社会效益共赢。

关于经济与环境的关系，大家都很理解，对于这些年经济与环境协调发展的成就也是有目共睹。借此机会再谈点认识。经济与环境互为一体、相互作用、相得益彰。两者是正相关，不是对立面。离开经济发展谈环境保护是"缘木求鱼"，离开环境保护谈经济发展是"竭泽而渔"。经济与环境统筹好、坚持好，并且长时间做到，并不容易。这考验我们的发展理念，考验我们的定力和耐心，考验我们的执政方式和工作方式，考验我们的能力和本领。经济发展和环境保护都搞好，才是真正的好、持续的好、有底色的好。我们大家都希望全面建成小康社会绿色底色更浓、更厚一些。

这些年，我们把生态环境保护作为推动高质量发展的重要动力，也有很大压力，充分发挥倒逼、引导、优化、服务功能，并出台了相关指导性文件，明确了措施和要求，突出抓好顶层设计，严格依法依规监管，大幅减少审批许可，加大帮扶指导力度，持续完善环境政策，做了大量工作，并取得一定成效，也得到了地方党委、政府及相关部门，广大企业家，媒体朋友和社会公众的理解。

下面我愿意回答各位媒体朋友的问题，欢迎大家提问。

主持人刘友宾：下面，请大家提问。

污染防治攻坚战到了收官阶段，唯有勇往直前，别无他途

人民日报记者： 在深入推进打好污染防治攻坚战的背景下，生态环境部门在推进环境治理体系和治理能力现代化方面有什么进展？另外，当前经济下行压力下，有些地方存在放松环境监管的风险，也有声音说生态环境保护工作影响了经济发展，您对此怎么看？

徐必久： 谢谢你的问题，你提了两个很重要的问题。

首先回答第一个问题，关于生态环境治理体系和治理能力。对于这一点，跟大家再回顾一下三次重要会议对生态环境治理体系和治理能力提出的重要要求。

第一次重要会议，去年5月召开的全国生态环境保护大会，习近平总书记在大会上发表了重要讲话，明确了新时期生态环境保护的领导体制和管理体制，即党委领导、政府主导、企业主体、公众参与。这与以前我们的生态环境保护领导体制和管理体制有很大差别，更加突出了党对生态文明建设和生态环境保护的全面领导。

第二次重要会议，今年召开的党的十九届四中全会，《关于坚持和完善中国特色社会主义制度、推进国家治理体系和治理能力现代化若干重大问题的决定》（以下简称《决定》）第十部分是坚持和完善生态文明制度体系，从四个方面对生态环境保护制度做出了明确规定。

第三次重要会议，刚刚召开的中央全面深化改革委员会第十一次会议，审议通过了《关于构建现代环境治理体系的指导意见》（以下简称《指

导意见》），明确了七个体系，即领导责任体系、企业责任体系、全民行动体系、监管体系、市场体系、信用体系、法律政策体系。我们按照习近平总书记的重要指示要求，做了很多工作，污染防治攻坚战按照中央部署有力、有序、有效地推进，生态环境质量持续好转，说明我们在打造生态环境保护铁军、提升生态环境领域治理体系和治理能力方面取得了积极进展。但是，对照习近平总书记的要求，对照中央有关文件部署，我们还要继续加大力度。

下一步，我们考虑以下四点：

第一，全面加强党对生态文明建设和生态环境保护的领导，把全国生态环境保护大会精神、党的十九届四中全会精神、中央全面深化改革委员会第十一次会议精神贯彻落实好，特别是在《关于构建现代环境治理体系的指导意见》出台以后，进一步细化抓好贯彻落实。

第二，加强生态环境监管体制机制建设，制度是管根本的，制度要体现执行力，体现它的刚性，在这方面我们有很多制度要继续推进，在党的十九届四中全会《决定》以及《指导意见》中都有明确要求，包括落实中央生态环境保护督察制度，推动出台中央和国家机关有关部门生态环境保护责任清单，出台打好污染防治攻坚战成效考核办法，以及推进生态环境保护综合行政执法改革，构建以排污许可制为核心的固定污染源环境监管制度等一系列制度。

第三，完善相关法律体系，我们正在加快推动和制（修）订长江保护、海洋环境保护、生态环境监测、排污许可等方面的制度，努力推动和健全生态环境保护综合行政执法和刑事司法衔接机制。

第四，推动全民参与，大力宣传习近平生态文明思想，让生态环境保护，特别是打好污染防治攻坚战这项人民群众共同参与、共同建设、共同享有的事业，经过我们的努力取得更好的成效。

第二个问题，关于经济下行压力加大，有些地方可能存在放松监管、环保影响经济发展的问题，我感觉到近几年秋冬季都有所反映，特别是在经济下行压力加大的形势下，的确存在这方面的声音。

我们一定要贯彻落实好习近平总书记提出的明确要求。习近平总书记讲过不动摇、不松劲、不开口子，在这次中央经济工作会议上又再次强调坚持方向不变、力度不减。我们大家都讲，"行百里者半九十"，污染防治攻坚战到了收官阶段，"滚石上山到半山腰""逆水行舟到水中游"，唯有勇往直前，别无他途。

环境与经济是正相关，不是对立面。无论从主观愿望、两者关系还是从实际效果来看，环境与经济两者可以相互融合、互相促进。

一是从主观愿望来讲，两者联为一体，生态环境部门从来都没有产生过要用牺牲发展来保护环境的想法。

二是从两者关系来看，尤其是进入高质量发展阶段，加强生态环境保护，完全可以做到不影响经济发展，还可以对经济发展起到很好的作用，就是我前面给大家介绍的，发挥引导、倒逼、优化和促进作用，把它的动力作用充分发挥出来，把压力作用传导下去。

我给大家介绍两个例子，大家就会有很深的印象：

治理黑臭水体，这几年力度很大，拉动经济发展效应非常明显，环境效应也非常明显。我认为有三个提高，一是提高了城市的品位，二是提高了经济的竞争力，三是提高了老百姓的幸福感。感谢媒体朋友们，对黑臭水体的治理做了很多报道，这个的确是一举多得，经济效益、环境效益、社会效益都很明显。

治理"散乱污"企业，为环境治理好的企业腾出了市场空间，促进市场秩序规范。

三是从行业发展来看，我给大家介绍一些情况。经济下行明显的行业大多不是环境治理的重点行业，这里有几组数，我给大家报一报。2019年1—11月，重点治理的高耗能行业仍保持较快的增长速度。首先是在工业增加值上，全国高耗能行业保持较稳定增长。有色、钢铁、建材、电力行业增加值同比分别增长9.6%、9.9%、8.9%、6.4%，显著高于5.6%的全国工业平均增速。其次是在产品、产量上，全国粗钢、乙烯、焦炭、水泥、平板玻璃同比分别增长7.0%、9.3%、5.9%、6.1%、6.9%。最后是在重点区域上，高耗能行业产品、产量增长势头明显。山西、河北、天津、山东水泥产量同比分别增长22.6%、13.4%、11.9%、9%，天津、山西、陕西粗钢产量同比分别增长9%、10.0%、7.6%，山东、陕西焦炭产量同比分别增长24.8%、21.9%。

四是从实际效果来看，生态环境保护与经济发展协调共赢态势也已经显现。从国家层面来讲，2013—2018年GDP从59万亿元增加到90万亿元，同期大气污染实现大幅下降，大家最关心的第一批74个重点城市中，开展$PM_{2.5}$监测的城市平均浓度下降42%，二氧化硫下降68%。

对全国来讲是这样，从地方来讲也是这样，包括北京、浙江等很多地方都实现了环境效益与经济效益共赢。北京市很明显，北京市$PM_{2.5}$从当年的89.5微克/米^{3}下降到2018年的51微克/米^3，今年还在大幅下降。

我们希望媒体朋友们在这方面多做正面宣传，同时对一些反映也及时反馈给我们，有利于我们更好地改进工作。谢谢。

精准治污、科学治污、依法治污

中央广播电视总台央广记者：中央经济工作会议提出，要突出精准治污、科学治污、依法治污，推动生态环境质量持续好转，生态环境部在这方面的主要做法有哪些？今后将如何进一步深入落实？

徐必久：谢谢你的提问。这是一个非常重要的问题，这也是中央经济工作会议上，习近平总书记对我们提出的明确要求。做到精准治污、科学治污、依法治污，既为我们提供了根本遵循，也为我们明确了方法论，生态环境部高度重视，坚决抓好贯彻落实。

我们将坚决按照习近平总书记的要求，结合工作实际，把近几年好的做法经验固化下来，同时改进和优化我们的方式，最终达到精准治污、科学治污和依法治污。

在精准治污方面：

一是突出重点。盯住三类重点，即重点区域、重点行业、重点问题。打好污染防治攻坚战，重中之重是打赢蓝天保卫战，蓝天保卫战将京津冀及周边、汾渭平原、长三角作为重点区域。将钢铁、有色、火电、焦化、铸造等作为重点行业。将秋冬季污染防治、柴油货车、工业炉窑、挥发性有机物治理等作为重点问题。

二是差别化监管。根据实际情况将企业分为三类，对守法意识强、管理规范、记录良好的企业减少监管频次，做到无事不扰。对群众投诉反映强烈、违法违规频次高的企业加密执法监管频次，依法惩处违法者。对主观希望治理，但能力不足的企业重点加强帮扶指导。

三是分级、分类治理。今年，在重污染天气应急方面，要求各地建立更加明晰的重污染天气应急减排清单，这与往年相比有很大差别。对重点区域、重点企业按环保绩效水平分级管控，A级企业在重污染天气期间可以不采取应急减排措施，B级企业适当减少减排措施，C级企业正常减排。

在科学治污方面：

科学技术是解决环境问题的利器，环境治理要讲究科学性，这些年我们做了很多工作。

一是加大重大项目攻关，这一点既是习近平总书记的要求，也是李克强总理的要求。李克强总理在总理基金中专门设立了大气重污染成因与治理攻关项目，集中了全国相关领域2 000名高水平专家进行集中攻关，在源解析、区域传输特征等方面取得重大成果，这些成果已经应用到京津冀及周边地区的大气污染治理工作中，并取得重大成效。同时，在其他领域，我们也组织开展了重大环保科技攻关项目，通过科学研究为污染防治攻坚战提供重要支撑。

二是开展"一市一策"驻点研究。对京津冀及周边地区"2+26"城市、汾渭平原11个城市，共39个城市开展"一市一策"长期驻点，专门派出专家团队进行定点帮扶，对长江经济带沿江城市派出58个专家团队进行驻点研究和技术指导。

三是搭建科技成果转化平台。今年，国家生态环境科技成果转化综合服务平台正式启动上线运行，汇聚近十多年研发的环境治理技术类和管理类成果4 000多项。举办打好污染防治攻坚战生态环境科技成果推介系列活动，累计推介先进技术670余项，同时筛选和发布一批优秀示范工程，供地方和企业选择使用。

在依法治污方面：

一是完善法律、法规、标准体系。特别是在法律、法规、标准制（修）订过程中，通过座谈会、互联网等多种渠道充分听取企业和行业协会、商会意见，征求意见过程向社会全部公开。在实施过程当中，给企业预留时间。大家可能对标准也特别关注，在这方面着重多介绍几句。生态环境部把现有标准执行放在更加突出的位置，同时，根据污染防治攻坚战的需要，对一些不平衡、不充分的方面进行填平补齐。在标准制（修）订过程中，也欢迎媒体朋友们积极给我们提出意见，大家听到好的意见和建议，请及时反馈给我们，我们将更好地吸收采纳。

二是推进"双随机，一公开"。这项制度已经在全国实施，目前，所有市、县级生态环境部门均已建立"双随机、一公开"监管执法制度，涵盖企业近80万家。

三是推进公开、公平执法，规范自由裁量。2019年，我们在这方面做了大量工作，在生态环境领域推行行政执法公示制度、执法全过程记录制度、重大执法决定法制审核制度，近期，出台了进一步规范自由裁量权的文件，各方面效果逐步显现。

最后跟大家报告一下，2019年，全国生态环境系统对企业实施行政处罚的数量在下降，我们认为这是一个好的趋势。谢谢。

推动将生态环境质量指标纳入核心指标

中国青年报记者： 生态环境部把服务高质量发展作为一项重要任务，并提出了目标任务，请问这些目标任务落实情况如何？另外，"放管服"力度加大以后，会不会在监管方面有所放松？明年围绕服务高质量发展还会有哪些举措？

徐必久： 谢谢你的提问。服务高质量发展是生态环境部非常重要的一项工作，这些年我们在这方面充分发挥倒逼、引导服务优化功能，协同推动经济高质量发展和生态环境高水平保护方面做了大量事情，也取得了积极成效。

从目标导向上，坚决贯彻党中央、国务院关于推动高质量发展的意见，推动将生态环境质量指标纳入核心指标，设置了重大生态破坏事件、重大环境污染事件两项指标，发挥"指挥棒"作用。

从倒逼转型上，大力推进"三线一单"（生态保护红线、环境质量底线、资源利用上线和生态环境准入清单）编制落地，引导产业结构、能源结构、运输结构调整优化，深化重点区域、重点行业、重点领域规划。

从优化服务上，生态环境部近两年出台了三份重要文件，在中央要求大力削减文件，控制发文数量的背景下，我们连续印发三份文件，充分表明了生态环境部和李干杰部长对这件事情的高度重视，也表明了我们的态度和决心。

一是去年印发的《关于生态环境领域进一步深化"放管服"改革 推动经济高质量发展的指导意见》，提出 15 项举措。

517

二是今年 1 月联合全国工商联印发的《关于支持服务民营企业绿色发展的意见》，提出 18 项举措。

三是今年 9 月出台的《关于进一步深化生态环境监管服务 推动经济高质量发展的意见》，从放出活力、管出公平、服出便利、治出精准等方面提出了 20 项举措，实施进展比较好，成效比较明显。

第二个问题，你担心会不会执法缺失，"放管服"以后事中、事后监管怎么来办。"放管服"改革，我们认为放、管、服、治是连为一体的，该放的要放开，该管的要管住。我们在"放管服"改革，尤其是在审批权下放，包括进一步减少许可事项以后，加强了事中、事后监管。并且，我们出台了相关意见，对一些环评报告书进行抽查。此外，我们还加快推动排污许可证发放，推动企业按照排污许可要求加强自身监管。我们的执法也在加强，在执法检查中也把事中、事后监管作为很重要的方面，通过各方面努力来保证上面放得开，下面接得住，还能管得好。

我们在明年推动高质量发展方面有一些初步考虑，给大家通报一下，我们将在明年 1 月召开全国生态环境保护工作会议，对下一步工作进行布置。

根据现有的初步考虑，服务高质量发展作为重中之重，有四件事情会进一步明确：

一是服务于重大国家战略。包括京津冀协同发展、长江经济带、黄河流域生态保护和高质量发展，"一带一路"、雄安新区、海南自贸港建设等一系列重大国家战略，我们要积极主动服务。

二是进一步深化"放管服"改革。昨天，部里专门开了会，对今年"放管服"改革进行总结，对明年"放管服"改革进行安排部署，明年我们要进一步推进"放管服"改革，更好地优化营商环境。

三是我们将按照习近平总书记提出的精准治污、科学治污、依法治污的重要要求，更好地提高我们自身的能力和水平，更好地服务企业。

四是加强与全国工商联的合作，共同印发了文件，今年也做了一些联合调研培训，将把支持服务民营企业绿色发展、打好污染防治攻坚战这项部署进一步贯彻好、落实好。谢谢。

依法、依规监管，营造公开、公平、公正法治环境

每日经济新闻记者：当前不少民营企业在经营发展中遇到不少困难和问题，生态环境部在支持服务民营企业绿色发展方面采取了哪些具体举措？成效如何？

徐必久：谢谢你的问题。这是一个很重要的问题，在高质量发展中，民营企业发展也是很重要的一方面。

去年11月，习近平总书记在民营企业座谈会上发表重要讲话，我们深入贯彻习近平总书记的重要讲话精神，积极主动作为。在河南省召开的支持服务民营企业绿色发展交流推进会上，李干杰部长强调，我们要当好"店小二"，服务千万家。在这方面我们与全国工商联加强合作，做了大量事情，概括起来是五个"一"。

第一个"一"，联合印发一份文件，在今年1月，印发《关于支持服务民营企业绿色发展的意见》。

第二个"一"，两个部门签署了共同推进民营企业绿色发展，打好

污染防治攻坚战合作协议。

第三个"一"，11月，联合召开了支持服务民营企业绿色发展交流推进会，李干杰部长在会上再次强调有关要求，邀请了不少民营企业家，也请民营企业家代表做了发言，大家反映很好。感谢媒体朋友做了很好的报道。

第四个"一"，生态环境部和全国工商联集中报道一批先进典型。

第五个"一"， 生态环境部和全国工商联商量，要帮助解决一批民营企业的实际困难问题。

在会前给大家提供的材料中，怎样服务民营企业、怎样服务于高质量发展也讲到了。我给大家再介绍三方面情况。

一、依法、依规监管，营造公平竞争环境

政府既监管又服务，对政府部门而言，依法、依规监管，营造公开、公平、公正法治的环境，就是对合规、合法民营企业最大的支持和帮扶，这是我们的职责，我们怎么做都是应该的，而且我们要做得更好。

对企业而言，守法经营、依法治污也是很重要的，我们有关要求会提前告诉大家，对大家的实际困难给予帮扶，也提请企业切实做到依法治企。

采取的主要措施: 一是统筹强化监督，一项是中央生态环境保护督察，一项是强化监督。二是规范执法，我们进一步规范执法，制定生态环境保护综合行政执法事项指导目录，建立"双随机、一公开"制度，在生态环境系统推进行政执法公示、执法全过程记录、重大执法决定法制审核等制度。三是实施差异化监管。

二、增强服务意识，帮助民营企业提升治理水平

在这方面，送政策注重讲全、讲透，送技术注重成熟稳定，送方案注重经济可靠，及时帮助企业解决困难问题，做了大量工作，也有很多好的做法。现在地方上，有十多个省印发了相关文件，与工商联签署了相关合作协议，河南省专门开展"千名专家进百县帮万企"活动，参与专家五千多名，帮助企业发现一万多个问题，河北省开展"万名环保干部进万企、助力提升环境治理水平"活动，帮扶包联企业 9 300 余家。可以说，帮助企业解决困难、解决问题，各个地方都在推动。

部里搞强化监督帮扶，很重要的一个方面就是帮助地方发现问题，推动地方解决问题。我们综合司定点帮扶廊坊市，我去过好几次。廊坊市怎么推动？廊坊市—县—乡联动，对于企业发现的一万多个问题登记在册，企业做出承诺，能两周解决的两周解决，能一个月解决的一个月解决，能三个月解决的三个月解决，政府部门、环保部门给予帮助，企业很获益。

三、完善环境政策，帮助企业减税负、促融资

民营企业在这方面有困难，我们也尽力推动，积极主动作为。在税收方面，推动落实环境保护税优惠政策，会同国家税务总局、财政部、国家发展改革委联合发布公告，对于符合条件的从事污染防治第三方企业减按15%的税率征收企业所得税。在减轻企业负担方面，推动在环境影响评价评估评审环节实施政府购买服务，明确规定各级生态环境部门不得向企业转嫁评估评审费用。在融资方面，推动设立国家绿色发展基金，2020 年将正式运行，绿色信贷、绿色金融以及地方政府专项债券方面，都把生态环保列为重点领域。

地方也做了大量工作。江苏省生态环境、金融、财政等部门深入推进绿色金融服务生态环境高质量发展，累计投放"环保贷"54.8亿元。河南省推进设立160亿元的绿色发展基金。全国工商联和民生银行设立了服务民营企业的绿色基金。从效果看，大家的反响很好，很多民营企业也在积极主动作为，既成为绿色发展理念的受益者，也为加强生态环境保护做了很多工作。

下一步，我们将和全国工商联把"五个一"落实好，近期双方进一步对接，通过调研、培训及梳理困难问题清单等进一步做好帮扶。谢谢。

继续指导各地精准、科学、依法治污，确保蓝天保卫战各项目标任务圆满完成

新京报记者：我有两个问题，第一个问题是关于大气治理的，我们关注到京津冀地区的大气污染治理成效明显，但华中、西南等区域的污染问题却日渐凸显，请问污染原因是什么？下一步有哪些重点举措？第二个问题，最近山西省临汾市洪洞县发生了水泥堵炉灶事件，请问生态环境部对此有何评论？

刘友宾：党中央、国务院高度重视大气污染防治工作，近年来，各地、各相关部门按照党中央、国务院关于打赢蓝天保卫战的决策部署，狠抓工作落实，全国的空气质量持续稳中向好，有了明显改善。

正如你所说，重点地区的大气污染治理取得了明显成效，以最近刚发布的数据为例，11月，京津冀及周边地区"2+26"城市平均优良天数

比例为 63%，同比上升 18.6 个百分点，$PM_{2.5}$ 浓度为 63 微克 / 米^3，同比下降 25.9%。北京市 11 月优良天数比例为 83.3%，同比上升 26.6 个百分点，$PM_{2.5}$ 浓度为 44 微克 / 米^3，同比下降 38%。

这些成绩的取得，进一步坚定了我们做好大气污染防治工作的决心和信心。同时，我们也应该看到，重点地区大气环境质量的改善，绝对不是风景这边独好。一方面，重点地区大气环境质量改善为重点地区带来更多的蓝天白云，也为其他地区的大气环境治理工作提供了宝贵经验，促进了全国大气污染防治工作的整体推进。另一方面，其他地区也没有止步不前，也在按照大气污染防治的有关要求，扎实推进各项工作，大气环境质量也取得了明显改善。11 月，全国 337 个地级及以上城市平均优良天数比例为 85.4%，同比上升 3 个百分点，$PM_{2.5}$ 浓度为 41 微克 / 米^3，同比下降 8.9%。从更长的时间尺度看，2019 年 1—11 月，261 个 $PM_{2.5}$ 未达标地级及以上城市 $PM_{2.5}$ 平均浓度为 38 微克 / 米^3，比 2015 年同期下降 22.4%，超过"十三五"约束性指标进度要求。其中，华中地区、西南地区分别下降 22%、13%；云南、贵州、广东、浙江、黑龙江、内蒙古等十几个省份 $PM_{2.5}$ 平均浓度由不达标转为达标。

同时，我们也看到，今年以来，受工作压力传导不够、重污染天气应对不得力等因素影响，部分地区空气质量出现波动。如地处"2+26"城市和长三角交汇带的苏皖鲁豫交界地区、华中地区的湖南等地 $PM_{2.5}$ 浓度出现不同程度的上升。针对上述情况，生态环境部及时组织召开空气质量预警和区域大气污染联防联控座谈会、按季度开展空气质量预警、对污染反弹严重的地区采取约谈等措施，目前，部分地区出现的污染反弹势头得到了有效遏制。

下一步，生态环境部将继续指导各地精准治污、科学治污、依法治污，确保蓝天保卫战各项目标任务圆满完成。一是实施"预警、约谈、问责"的工作机制，对空气质量明显恶化、约束性指标完成进度严重滞后的地区开展专项督察。二是加强对非重点区域城市的指导帮扶。对跨地区污染问题，加强区域联防联控。三是加强重污染天气应对。指导各地实施绩效分级、差异化管控，有效减轻重污染天气影响。

您提到的第二个问题，我们注意到媒体的有关报道，也看到当地已就此事进行了回应。

散煤治理事关人民群众切身利益，在推进散煤治理的过程中，生态环境部始终强调依法、依规，坚持以人民为中心，把保障基本民生作为底线。特别是进入秋冬季，更是把确保群众温暖过冬作为头等大事、第一原则。

散煤治理是打赢蓝天保卫战的重要举措，研究表明，散煤治理对当地 $PM_{2.5}$ 改善贡献率达 1/3 以上。同时，散煤治理也是改善农村人居环境的重要举措，能同步解决室内空气污染等问题，是一件为民造福的好事。

散煤治理工作量大、面广，特别是涉及居民做饭取暖等传统生活方式的改变，需要得到社会的理解和认同，需要公众的积极支持和参与。工作中切忌简单生硬，要做实、做细，加强宣传动员，把好事办好，让公众切实感受到环境获得感，生活幸福感。

《黄河生态环境保护总体方案》目前正在征求相关部门和地方意见

中央广播电视总台央视记者： 近日《经济半小时》栏目曝光了甘肃省天水市渭河水体污染以及河南省洛阳市企业违法排污问题。请问生态环境部采取了哪些措施？下一步有何举措？

刘友宾： 我们注意到央视的有关报道，生态环境部高度重视，针对甘肃省天水市渭河及支流清水河污染问题，生态环境部第一时间派出工作组赶赴现场，指导、督促地方政府做好调查处置工作。

经调查，陕西省渭南市人刘某强租用天水市张家川县龙山镇冯塬村场地私设染料作坊，将生产废液违法偷排至清水河，导致部分河段遭受污染。

甘肃省高度重视，迅速采取应急处置措施，截至11月28日22时，清水河及其支流南河连续四次监测指标正常，天水市终止了清水河河水污染事件应急响应。当地正在开展损害评估和相关监管人员责任追究等工作。

针对媒体反映的河道采砂、河道倾倒垃圾等问题，天水市政府已责令相关企业立即停产整顿，并对河道沿线垃圾进行了处置。

生态环境部已责成甘肃省生态环境厅督促相关地方政府依法、依规，持续做好环境污染事件调查处理，及时公开整治进展和查处结果；同时，举一反三，进一步排查、消除各类生态环境隐患，保障生态环境安全。

同时，针对媒体报道的河南省洛阳市相关环境污染问题。生态环境部已要求河南省生态环境厅进行查处，对存在环境违法行为的，将依法予以打击；并督促相关地方政府及时向社会公开调查处理进展及查处结果。

曝光的两个地方均位于沿黄省（区），黄河是中华文明的摇篮，保护黄河事关中华民族伟大复兴。下一步，生态环境部将认真落实习近平总书记重要讲话精神，进一步加强黄河流域生态环境监管，坚决打击生态环境违法行为，为黄河流域生态保护和高质量发展做出积极贡献，让古老的母亲河焕发新活力。

徐必久：谢谢你的提问，我借这个机会把推进黄河流域生态环境保护治理相关工作给大家做个介绍。

习近平总书记在黄河流域生态保护和高质量发展座谈会上发表重要讲话，推进黄河流域生态保护和高质量发展，是国家战略。习近平总书记在会上明确提出，"共同抓好大保护、协同推进大治理"。黄河是我们的母亲河，我们是炎黄子孙，抓好黄河流域生态环境治理刻不容缓。

按照习近平总书记在黄河流域生态保护和高质量发展座谈会上的重要讲话精神，我们深入研究，全力推进相关工作，坚持山水林田湖草综合治理，坚持"绿水青山就是金山银山"的理念，坚持生态优先，绿色发展，大力推进黄河流域生态环境治理，促进全流域高质量发展，让黄河成为造福人民的幸福河。

近期有四项工作：

一、加强黄河生态环境保护治理顶层设计。研究起草《黄河生态环境保护总体方案》，目前正在征求相关部门和地方意见，并将进行深入的研究和进一步的修改完善。

二、加强生态保护与修复。黄河流域和长江流域不一样，黄河流域上、中、下游和河口湿地所面临的生态环境问题完全不一样，在黄河流域中重点是围绕水来做文章。黄河上游区域重点是在水土的涵养和保持，中游区域重点是污染和水土流失的治理，下游是河口湿地的保护和修复。目前，我们正在推进沿黄9个省（区）"三线一单"编制；划定祁连山区等生物多样性保护优先区域；落实黄河流域水生生物多样性保护方案；启动黄河流域生态状况评估。

三、推进流域污染治理。指导和支持沿黄9个省（区）实施大气、水、土壤污染防治行动计划及重点流域水污染防治规划，完成沿黄地级及以上城市103个饮用水水源地整治。

四、严格督察执法。对沿黄9个省（区）开展了第一轮中央生态环境保护督察，对7个省（区）开展了督察"回头看"，今年对青海省和甘肃省开展了第二轮督察。此外，深入开展"绿盾"自然保护地强化监督，加强了执法，严肃查处发现的问题，例如，对甘肃省和河南省的问题，包括前一段时间暴露出来的一些问题。我们对发现的问题不但要严肃查处，而且还要举一反三，要推动地方落实责任。

我相信，明年我们会在适当的时候，给大家进一步介绍相关工作进展和安排。我们将进一步加大黄河流域生态环境保护治理力度，促进黄河流域生态环境质量持续改善，谢谢。

国家财政对于生态环境保护工作的支持力度逐年加大

中新社记者：环境经济政策在推动企业绿色发展方面发挥了重要作用，也是近期很多企业关心的重点。请问生态环境部在推进环境经济政策方面的主要工作进展和成效如何？

徐必久：谢谢你的提问，环境经济政策是生态环境部门一项很重要的工作，多年来在生态环境保护，特别是在污染治理方面，我们一直强调多种手段并用，多种政策并行，实现多种效果。

环境经济政策是激发企业治污的内生动力，也是解决环境问题的有效途径。生态环境部一直把环境经济政策作为一项很重要的工作，采取经济手段、市场手段，充分发挥财政、金融、价格机制的作用。特别是习近平总书记提出要推进结构调整优化，需要环境经济政策来提供支撑和保障。

这些年，我们所做的工作，主要体现在四个方面：

一、推动加大财政投入。近年来，国家财政对于生态环境保护工作的支持力度逐年加大。中央持续强化生态环境保护资金保障，2018年，生态环境部参与管理中央环保专项资金预算规模达551亿元。特别感谢财政部，聚焦打好污染防治攻坚战七大战役，2019年，中央财政支持大气、农村环境综合整治和土壤污染防治的专项资金比2018年增长近1/4。在当前情况下国家财政增加投入很不容易，体现了财政部门的大力支持。

二、完善价格税收政策。我们一定要充分利用好价格政策，这些年来有一些价格政策发挥了巨大作用。火电行业价格补贴效果非常明显，脱硫、脱硝、除尘合计有每度电0.027元的价格补贴，完成超低排放改造的企业可以再享受0.01元的电价补贴。火电行业价格政策起到了"四两拨千斤"的作用，不仅是火电行业大幅削减了污染物排放量，而且大气环境质量改善和这个政策也有关系，同时，推动我国建成了全球最大的清洁煤电体系，作用非常明显。李克强总理在多种重要会议和场合上强调了这项政策，同时也希望我们能有更多的，能像脱硫脱硝、超低排放电价这样"四两拨千斤"的价格政策出现，所以我们在这方面还要进一步加强。税收政策方面，今年有几项政策社会反响非常好。我们推动完成环境保护费改税，对低于污染物排放标准的企业实施减税优惠，对符合条件的第三方企业减按 15% 的税率征收企业所得税，环保专用设备投资额的 10% 可以享受企业所得税抵免。税收价格的政策我们还是要更多使用。

三、推动绿色金融。设立国家绿色发展基金，2020 年正式运营。绿色金融、绿色信贷、环保信用作用已充分体现出来，中国人民银行、银保监会及银行信贷部门做了很多事情。

四、出台专项环境经济政策，这里面有两项政策大家很关注，也是打好污染防治攻坚战很重要的政策。一项是黄标车的淘汰补贴政策，各地因地制宜加大黄标车淘汰补贴力度，近两年全国淘汰老旧车、黄标车 2 400 多万辆。补贴政策的实施起到了巨大的推动作用。

刚才，刘友宾司长介绍了"煤改气"的政策，中央财政支持北方地区冬季清洁取暖试点，对实施"气代煤"居民用户，给予设备安装费补贴 1 000 元左右，采暖用气 1 元 / 米^3 的气价补贴，每户每年最高补贴气量 1 200 米^3。对实施"电代煤"居民用户，给予设备购置和运行费补贴 1 200 ~ 7 400 元不等，居民不实施阶梯电价，确保农村居民用得起、用得好。

下一步，我们将把环境经济政策作为重点，推动出台一些有利于产业结构、能源结构、运输结构、用地结构调整优化的政策，对现在正在实施的重点工作，推动建立长效机制。探索排污权、生态补偿等方面更加完善的政策，形成一套组合拳，更好地发挥作用，为打好污染防治攻坚战提供保障和支撑。

将继续深入实施积极应对气候变化国家战略

中国日报记者： 第 25 届联合国气候变化大会近日在马德里闭幕，但结果并不理想。请问中方对此有何态度？下一步还有何部署？

刘友宾：《联合国气候变化框架公约》第 25 次缔约方大会（COP25）在延期 40 多个小时后闭幕。中方自始至终本着积极建设性态度参与大会，为推动大会取得进展做出积极努力和贡献。

大会就《联合国气候变化框架公约》《京都议定书》和《巴黎协定》的落实和治理事项通过了 30 余项决议，包括坚持多边主义、反映各方气候治理共识的《智利—马德里行动时刻》决议，为下阶段各方达成实质性共识奠定了基础。但大会未能完成《巴黎协定》第六条实施细则谈判这项核心任务，在发展中国家关心的资金问题上也未取得实质进展，大会成果与国际社会期待有一定差距，中方对此表示遗憾。

中方认为，应对气候变化的当务之急是要继续高举多边主义旗帜，切实聚焦全面准确理解《巴黎协定》，特别是其目标和原则，切实落实所作承诺。在应对气候变化，特别是减排方面，发达国家和发展中国家处于完全不同的起点，发达国家应加强对发展中国家在资金、技术、能力建设等方面的支持，并提高相关支持的透明度，确保发达国家提供的支持力度与发展中国家行动力度相匹配。

中国作为最大的发展中国家，始终立足国情采取强有力的政策行动，百分之百落实承诺。据初步核算，截至 2018 年，中国单位 GDP 二氧化碳排放比 2005 年下降 45.8%，相当于减少二氧化碳排放 52.6 亿吨；中国也是对可再生能源投资最多的国家，可再生能源装机占全球的 30%，在全球增量中占比 44%；中国新能源汽车保有量也占全球一半以上，为应对全球气候变化做出重大贡献。

下一步，我们将继续深入实施积极应对气候变化国家战略，全面完成"十三五"应对气候变化目标任务，立足国情提出"十四五"应对气候变化目标。同时，坚定不移高举多边主义旗帜，反对一切形式的单边主义，继续与各方一道，努力推动《巴黎协定》实施细则"最后一公里"的谈判，深入推进应对气候变化"南南合作"，为构建人类命运共同体做出不懈努力。

"十四五"规划将充分体现协同推动经济高质量发展和生态环境高水平保护要求

科技日报记者：请问"十四五"生态环保规划编制情况如何？有哪些考虑？规划中关于污染物控制指标和环境质量目标等有哪些新变化？

徐必久：谢谢你的问题。这个问题非常好，说明很多记者朋友们对环保工作的关注是持续的，不仅希望我们干好"十三五"，还着眼我们的"十四五"。

生态环境部高度重视"十四五"规划的研究编制工作，成立了以李干杰部长为组长的规划编制领导小组，年初全面启动，部领导多次专门听取汇报。目前，主要开展了以下三项工作：

一是加强专题研究。坚持"开门编规划"，设置了 62 个专题开展研究，邀请了国务院发展研究中心、中国科学院、清华大学、北京大学等高校、科研机构及部委的研究机构参与工作。

二是广泛听取意见。围绕不同的主题，召开了一系列的专家会，现在已经召开了11次专家会，邀请了这些年对生态环境保护工作非常关心、做出很多贡献的70多位专家、院士，他们来自经济、政治、能源、环境、文化、社会、行政管理等不同领域。此外，召开了"十四五"生态环保规划的国际研讨会，邀请了30多位国际专家进行研究。同时，组织开展了公众关注的热点问题调查，广泛听取意见。

三是注重上下联合。规划编制需要国家、省、市、县共同参与。现在已经召开了12个省、13个城市的"十四五"规划编制座谈会，大家对"十四五"规划的定位、编制内容、重大谋划、实施管理等都谈了很好的想法。

生态环境部将持续推进"十四五"规划研究工作，也会召开不同主题的建言献策会议，希望社会各界继续支持。

现在向大家报告一下，目前已经形成了规划基本思路、初稿等成果，将按照时间节点进一步进行研究、修改、完善、上报，我向大家作一下介绍。

一是战略引领。"十四五"规划是我们全面建成小康社会、开启社会主义现代化国家新征程的第一个五年规划，是对标美丽中国建设目标的规划，所以这个规划不仅针对"十四五"五年，同时要着眼长远，与2035年及21世纪中叶的目标进行相应对接。

二是绿色发展。将协同推动经济高质量发展和生态环境高水平保护的要求、加快结构调整优化贯彻始终，充分体现在规划里。

三是科技创新。充分发挥科技作用，增强科技攻关，为决策、管理、治理提供有力支撑，同时调动企业在创新方面的活力，带动生态环境产业革新。

四是科学合理。以改善生态环境质量为核心，以解决突出生态环境问题为重点，做到目标、规划的科学性、针对性、可行性和有效性。

后面我们还会召开一系列会议研究和深化"十四五"规划。

对您提出的目标、指标等方面的问题，打好污染防治攻坚战，2020年是收官之年，我们要坚决完成污染防治攻坚战的阶段性目标任务。同时，生态环境质量改善又是一个持续的过程，我们在"十四五"还将继续推动生态环境质量的改善。对大家现在所关注的目标、指标，特别是环境质量、总量、碳排放等指标，我们正在与相关部门进行沟通，把体现导向性、约束性的目标、指标充分体现出来。对你关注的这个问题，我们还将在后续的时候做详细介绍，谢谢。

《再生黄铜原料》等标准已完成审查

路透社记者：请问再生铜、铝原料标准上报国家审批后进展如何，预计何时会发布？请问生态环境部是否对新标准提出任何意见和反馈？新标准对于进口铜废料和进口铝废料的铜、铝含量分别如何规定？

刘友宾：您说的"进口铜废料"和"进口铝废碎料"应该是"进口再生铜原料"和"进口再生铝原料"。

生态环境部会同有关部门坚决贯彻落实习近平总书记重要指示精神，坚定不移地抓好禁止洋垃圾进口这一生态文明建设的标志性举措，不折不扣落实《禁止洋垃圾入境　推进固体废物进口管理制度改革实施方案》，确保实现预定工作目标。

据了解，由国家市场监督管理总局（标准委）组织全国有色金属标准化技术委员会起草的《再生黄铜原料》《再生铜原料》《再生铸造铝合金原料》标准，均已完成审查。按照上述标准，在国外经过预处理加工并符合原料产品质量标准的再生黄铜原料、再生铜原料、再生铸造铝合金原料，将按照产品进口管理。

在标准制定过程中，生态环境部高度重视，多次与国家市场监督管理总局（标准委）、行业协会、主要企业进行研究讨论，提出意见建议。新标准不仅对铜、铝含量提出了高要求，还明确了原料产品的环保指标要求。

各位记者朋友，时光匆匆，不知不觉 2019 年即将过去，2020 年已经近在眼前。

回顾一年来，各位媒体朋友积极参与生态环境保护宣传工作，发出好声音，弘扬正能量，成为生态环境保护发展历程重要的见证者、参与者和贡献者，对推动打好污染防治攻坚战、改善环境质量、建设生态文明发挥了重要作用。

一年来，媒体朋友们积极参与生态环境部例行新闻发布会，及时向公众传递生态环境保护各项政策举措；参加"督察整改看成效"、生态文明示范创建主题采访活动，走进基层一线，报道鲜活实践，推广典型经验；参加统筹强化监督、渤海入海排污口整治排查等伴随式采访活动，深入宣传污染防治攻坚战治理成效，传递治污决心，坚定公众信心；走进环保设施开放现场会，参与"走进直属单位"系列活动，加大科普解读力度，增强公众对环保工作的理解和支持。媒体朋友们兢兢业业，笔耕不辍，刊发了一批优秀报道，是 2019 年生态环境新闻、生态环保事业的一道亮丽风景线，也是新闻工作的一道亮丽风景线。借此机会，向各位媒体朋友一年来的辛苦付出，以及对我们的支持、理解和关心表示衷心感谢。

2020 年是全面建成小康社会的收官之年，也是打好污染防治攻坚战的收官之年。希望媒体朋友们继续与我们并肩战斗，一如既往深入宣传习近平生态文明思想，报道生态环境保护工作进展成效，曝光环境违法行为，为美丽中国建设呐喊助威。

同时，为进一步加大信息公开力度，帮助媒体朋友们做好环境新闻报道，今天，我们将在生态环境部"两微"公布 31 个省级生态环境部门新闻发言人和新闻发布机构名单，各位媒体朋友如有采访事项，欢迎及时与他们联系。

2020 年马上就要到了，提前祝媒体朋友们新年快乐，阖家安康。谢谢大家！

图书在版编目（CIP）数据

生态环境部新闻发布会实录. 2019 / 生态环境部编. -- 北京 : 中国环境出版集团, 2020.4（2020.6重印）

ISBN 978-7-5111-4280-1

Ⅰ. ①生… Ⅱ. ①生… Ⅲ. ①生态环境保护－新闻公报－中国－2019 Ⅳ. ①X321.2

中国版本图书馆CIP数据核字(2020)第050522号

出 版 人	武德凯
责任编辑	王　琳
责任校对	任　丽
装帧设计	彭　杉

出版发行　中国环境出版集团
　　　　　（100062 北京市东城区广渠门内大街16号）
　　　　　网　　　址：http://www.cesp.com.cn
　　　　　电子邮箱：bjgl@cesp.com.cn
　　　　　联系电话：010-67112765（编辑管理部）
　　　　　发行热线：010-67125803 010-67113405（传真）

印　　刷	北京建宏印刷有限公司
经　　销	各地新华书店
版　　次	2020年4月第1版
印　　次	2020年6月第2次印刷
开　　本	787×960　1/16
印　　张	34
字　　数	450千字
定　　价	136.00元